L'ARITHMÉTIQUE

RAISONNÉE ET DÉMONTRÉE,

ŒUVRES POSTHUMES

DE

LÉONARD EULER,

TRADUITE EN FRANÇOIS

PAR

BERNOULLI,

Directeur de l'Observatoire de Berlin, &c. &c.

BERLIN,

Chez VOSS & Fils,

Et DECKER & Fils.

1792.

AVERTISSEMENT DE L'ÉDITEUR.

L'Arithmétique raisonnée & démontrée que je donne au Public, est le premier des Ouvrages d'Euler. Son vaste génie pour les Mathématiques, lui avoit fait mettre dans l'oubli ; mais le fameux Bernoulli, Traducteur de l'Algebre de ce Savant, a cru rendre service au Public, en traduisant un Ouvrage dont la clarté, la précision, & la facilité qu'il offre aux Commerçants, méritent de le faire connoître ; d'ailleurs, il sert naturellement d'introduction à son Algebre. Ces principes sont plus simples que ceux de Bezout, moins obscurs que ceux de la Caille, & plus courts même que ceux de Bossut, sans y rien perdre de la profondeur.

L'ARITHMÉTIQUE
DÉMONTRÉE,
OPÉRÉE ET EXPLIQUÉE.

Définition de l'Arithmétique.

Par le moyen de l'Arithmétique, on apprend à faire toute sorte de calculs, & à représenter en écrit tout nombre proposé par augmentation ou par diminution.

L'Arithmétique s'entend de deux manieres, l'une est théorique & l'autre est pratique.

Par la théorique, on considére la propriété des nombres, en tant qu'ils sont composés de plusieurs unités.

L'Arithmétique pratique est celle qui met en usage la connoissance qu'elle a de la propriété des nombres, & qui en fait l'application à toute sorte de sujets.

Par l'Arithmétique, on considére le nombre qui est un assemblage de plusieurs unités.

A

L'unité est ce que l'on conçoit une chose seule, comme, une aune, une livre, &c.

Le nombre est ou entier, ou en fraction. L'entier représente la quantité des choses dans leur étendue, sans en considérer les parties, comme un, deux, trois, quatre, cinq, six, sept, huit, neuf, hommes, livres, aunes ou toises, &c.

Les nombres de cette nature s'expriment par une ou plusieurs figures Arithmétiques mises de suite comme ci-après, dont on voit sous ces figures le nom de ce qu'elles signifient.

1, 2, 3, 4, 5, 6, 7, 8, 9, 0.

un, deux, trois, quatre, cinq, six, sept, huit, neuf, zéro.

Le nombre en fraction, qui est appellé par plusieurs, nombre rompu, représente une ou plusieurs parties de quelque entier, comme une moitié, ci 1/2, un tiers, ci 1/3, un quart, ci 1/4, deux tiers, ci 2/3, trois quarts, ci 3/4, d'une aune, d'une toise, &c.

Pour exprimer la quantité des parties d'un certain tout, on se sert de deux nombres, comme on voit ci-dessus, & comme on va l'expliquer ci-après.

On met le premier au côté gauche d'une ligne oblique, faite en cette sorte /, & sert à nombrer la quantité des parties que l'on doit prendre dans le nombre entier ; c'est pourquoi on l'appelle numérateur.

Le deuxieme de ces nombres qui ſe poſe au côté droit de la ligne oblique, nomme & détermine toutes les parties dans leſquelles l'entier eſt diviſé; c'eſt pourquoi on le nomme dénominateur.

Ainſi pour exprimer la moitié d'une aune, d'une toiſe, &c. on ſe ſert de ces deux chiffres diſpoſés en cette ſorte $\frac{1}{2}$.

Si l'on vouloit repréſenter les trois quarts de quelque choſe que ce ſoit, on les écriroit ainſi $\frac{3}{4}$; mais ayant à exprimer vingt-cinq parties d'un tout diviſé en trente-ſept, on ſe ſervira de ces deux nombres diſpoſés en cette maniere 25/37, &c.

DE LA NUMÉRATION.

La numération eſt l'art d'exprimer la valeur de tout nombre propoſé, en ſe ſervant de dix figures différentes qui nous viennent des Arabes, dont neuf ſont les unités des choſes qu'elles repréſentent. On en peut facilement connoître la valeur par la remarque repréſentée ci-après, des dix chiffres qui y ſont décrits; les mots qui ſont écrits deſſous en marquent la valeur.

Pour apprendre à nombrer une ſomme,

il faut commencer par la premiere figure à droite, disant, unité ou nombre (a), dixaine, centaine, mille, dixaine de mille, centaine de mille, million, dixaine de million, centaine de million; il faut remarquer que de trois chiffres en trois chiffres, il faut dire centaine, de deux chiffres en deux chiffres, il faut dire dixaine, & d'un premier chiffre, il faut dire unité ou nombre, à aller jusqu'au quatrieme chiffre qu'il faut compter pour unité ou nombre; ainsi des autres jusqu'à la fin des chiffres : & à la fin des trois premiers à gauche pour venir à droite, il faut prononcer millions; à la fin des trois chiffres suivans, il faut prononcer mille; & à la fin des trois suivans, il faut dire ce que c'est, si ce sont des livres, aunes ou toiles, &c.

Voilà l'explication & les nombres posés ci-dessous.

centaine de millions	dixaine de millions	million,	centaine de mille,	dixaine de mille,	cent.	dixaine,	unité ou nombre.
1	2	3	4	5	6	7	8	9

cent   vingt - trois   quatre cent cinquante six   sept   quatre vingt nf.
millions,   mille   cent

(a) Je dis nombre, parce que quelques commençans n'entendroient pas le terme d'unité, qui est cependant celui qu'il convient donner au premier chiffre à droite d'un montant qui est proposé ; mais comme la plûpart des jeunes gens sont enseignés à dire nombre, j'ai mis les deux termes qui auront la même signification.

L'explication de la numération ci-contre peut servir pour celle ci-dessous qui est plus étendue.

Centaine de trilliards	3	trois cent
Dixaine de trilliards	5	cinquante
Trilliard	7	sept trilliards
Centaine de billiards	6	six cent
Dixaine de billiards	8	quatre vingt
Billiard	9	neuf billiards
Centaine de milliards	1	cent
Dixaine de milliards	2	vingt
Milliard	4	quatre milliards
Centaine de millions	0	
Dixaine de millions	6	soixante
Million	7	sept millions
Centaine de mille	5	cinq cent
Dixaine de mille	7	soixante-seize ou septante-six
Mille	6	mille
Centaine	1	cent
Dixaine	4	quarante
Unité ou nombre	6	six

TABLE

Contenant le nom des chiffres,

Leurs puiſſances, tant arithmétiques que financiers.

noms des chiffres,	arabiques, nommés arithmétiques	financiers ou romains.
Un	1	I
Deux	2	II
Trois	3	III
Quatre	4	IIII ou IV
Cinq	5	V
Six	6	VI
Sept	7	VII
Huit	8	VIII
Neuf	9	IX
Dix	10	X
Onze	11	XI
Douze	12	XII
Treize	13	XIII
Quatorze	14	XIV
Quinze	15	XV
Seize	16	XVI
Dix-ſept	17	XVII
Dix huit	18	XVIII
Dix-neuf	19	XIX
Vingt	20	XX
Vingt-un	21	XXI
Vingt-deux	22	XXII
Vingt-trois	23	XXIII
Vingt-quatre	24	XXIV

Noms des chiffres,	arabiques, nommés arithmétiques,	financiers ou romains.
Vingt-cinq	25	XXV
Vingt-six	26	XXVI
Vingt-sept	27	XXVII
Vingt-huit	28	XXVIII
Vingt-neuf	29	XXIX
Trente	30	XXX
Trente-un	31	XXXI
Trente-deux	32	XXXII
Trente-trois	33	XXXIII
Trente-quatre	34	XXXIV
Trente-cinq	35	XXXV
Trente-six	36	XXXVI
Trente-sept	37	XXXVII
Trente-huit	38	XXXVIII
Trente-neuf	39	XXXIX
Quarante	40	XXXX ou XL
Quarante-un	41	XXXXI ou XLI
Quarante-deux	42	XLII
Quarante-trois	43	XLIII
Quarante-quatre	44	XLIV
Quarante-cinq	45	XLV
Quarante-six	46	XLVI
Quarante-sept	47	XLVII
Quarante-huit	48	XLVIII
Quarante-neuf	49	XLIX
Cinquante	50	L
Cinquante-un	51	LI
Cinquante-deux	52	LII
Cinquante-trois	53	LIII
Cinquante-quatre	54	LIV
Cinquante-cinq	55	LV
Cinquante-six	56	LVI

Noms des chiffres,	arabiques, nommés arithmétiques,	financiers ou romains.
Cinquante-sept..............	57	 LVII
Cinquante-huit..............	58	 LVIII
Cinquante-neuf..............	59	 LIX
Soixante....................	60	 LX
Soixante-un.................	61	 LXI
Soixante-deux..............	62	 LXII
Soixante-trois..............	63	 LXIII
Soixante-quatre............	64	 LXIV
Soixante-cinq..............	65	 LXV
Soixante-six...............	66	 LXVI
Soixante-sept.............	67	 LXVII
Soixante-huit..............	68	 LXVIII
Soixante-neuf..............	69	 LXIX
Soixante-dix ou septante.......	70	 LXX
Soixante-onze..............	71	 LXXI
Soixante-douze............	72	 LXXII
Soixante-treize.............	73	 LXXIII
Soixante-quatorze..........	74	 LXXIV
Soixante-quinze...........	75	 LXXV
Soixante-seize..............	76	 LXXVI
Soixante-dix-sept	77	 LXXVII
Soixante-dix-huit	78	 LXXVIII
Soixante-dix-neuf..........	79	 LXXIX
Quatre vingt..............	80	 LXXX
Quatre-vingt-un............	81	 LXXXI
Quatre-vingt-deux..........	82	 LXXXII
Quatre-vingt-trois	83	 LXXXIII
Quatre-vingt-quatre.........	84	 LXXXIV
Quatre-vingt-cinq..........	85	 LXXXV
Quatre-vingt-six...........	86	 LXXXVI
Quatre-vingt-sept..........	87	 LXXXVII
Quatre-vingt-huit	88	 LXXXVIII

Quatre-

Noms des chiffres,	arabiques, nommés arithmétiques,	financiers ou romains.
Quatre-vingt-neuf	89	LXXXIX
Quatre-vingt-dix ou nonante	90	LXXXX ou XC
Quatre-vingt-onze	91	LXXXXI ou XCI
Quatre-vingt-douze	92	XCII
Quatre-vingt-treize	93	XCIII
Quatre-vingt-quatorze	94	XCIV
Quatre-vingt-quinze	95	XCV
Quatre-vingt-seize	96	XCVI
Quatre-vingt-dix-sept	97	XCVII
Quatre-vingt-dix-huit	98	XCVIII
Quatre-vingt-dix-neuf	99	XCXIX
Cent	100	C
Deux cent	200	CC
Trois cent	300	CCC
Quatre cent	400	CCCC
Cinq cent	500	D
Six cent	600	DC
Sept cent	700	DCC
Huit cent	800	DCCC
Neuf cent	900	DCCCC ou CM
Mille	1000	M
Dix mille	10000	XM
Cent mille	100000	CM
Million	1000000	MM
Dix millions	10000000	XMM
Cent millions	100000000	CMM
Milliard	1000000000	MMM
Dix milliards	10000000000	XMMM
Cent milliards	100000000000	CMMM
Billiard	1000000000000	MMMM

B

Explication de l'addition.

L'addition eſt une opération par laquelle (ayant pluſieurs nombres) on en cherche le montant ou la ſomme principale. Par exemple, cherchant le montant de 15 & 18 qui eſt 33, cela s'appelle s'ajouter enſemble, & trouver un tout dont on connoît les parties. Pour faire cette opération, & toute autre, il faut diſpoſer, comme on le verra à la ſuite, les unités ou nombres ſous les unités ou nombres, les dixaines ſous les dixaines, les centaines ſous les centaines, les mille ſous les mille, &c. enſuite il faut tirer une barre ſous tous les nombres propoſés, & commencer à additionner par la colonne des unités ou nombres qui ſont à droite ; ſi cette ſomme ou montant s'exprime par un ſeul chiffre comme 9, alors il faut écrire 9 au-deſſous des unités ou nombres ; ou ſi la ſomme des nombres s'exprime par deux chiffres, il faut écrire ſous la colonne des unités ou nombres le dernier des deux chiffres de gauche à droite ; par exemple, s'il y a 27, il faut mettre 7 ſous la colonne des unités ou nombres & retenir 2, pour l'ajouter aux dixaines qui ſont dans la colonne ſuivante en allant vers la gauche : on opére de la même maniere ſur la colonne des dixaines que ſur celle des centaines,

&c. Il faut remarquer que, lorſque dans quelqu'unes des colonnes, il ne ſe trouve aucun chiffre poſitif, pour lors il faut mettre un zéro, ci o, au-deſſous, ſi on n'a rien retenu de la colonne des chiffres précédens ; mais ſi on avoit retenu quelque choſe, par exemple 3, il faudroit écrire 3 ſous la colonne ſuivante, comme on le verra en l'exemple ci-après.

Si on propoſoit les nombres ſuivans à ajouter enſemble, ſavoir 473603 pieds 847300.…814004.…73009. Après avoir diſpoſé les unités ou nombres ſous les unités ou nombres, les dixaines ſous les dixaines, les centaines ſous les centaines, les mille ſous les mille, &c. comme il ſe voit en l'exemple ci-deſſous, il faut opérer en premier lieu ſur les nombres que l'on peut ajouter en commençant toujours par le haut de la colonne.

E X E M P L E,

473603
847300
814004
73009

─────────────

2207916 pieds.

─────────────

Je dis 3 & 4 font 7, 7 & 9 font 16 ; cette

ſomme s'exprimant par deux chiffres , j'écris le dernier qui eſt 6 ſous la colonne des unités ou nombres , & je retiens 1 dixaine pour la colonne des dixaines , & comme il n'y a point d'autres chiffres à la colonne des dixaines , je poſe 1 ſous ladite colonne, lequel j'ai retenu ; je paſſe enſuite à la centaine, & je dis 6 & 3 font 9 centaines. Je poſe 9 ſous la colonne des centaines , & je paſſe à la colonne des milles , je dis 3 & 7 font 10 & 4 font 14 , 14 & 3 font 17 , je poſe 7 ſous la colonne des milles , & je retiens une dixaine pour les dixaines de mille , & je dis 1 que j'ai retenu & 7 font 8 , 8 & 4 font 12 , 12 & 1 font 13 , 13 & 7 font 20. Je poſe o ſous les dixaines de mille , & je retiens 2 centaines pour les centaines de mille ; je dis 2 que j'ai retenu & 4 font 6 , 6 & 8 font 14 , 14 & 8 font 22 centaines de mille ; je poſe 2 au-deſſous des centaines de mille & j'avance le 2 reſtant qui eſt 2 millions , devant le 2 des centaines de mille ; de ſorte que l'addition des nombres propoſés ſe monte en total à deux millions deux cens ſept mille neuf cens ſeize pieds , comme on le voit ci-devant.

L'on propoſe les cinq nombres ſuivans qui ſont incomplexes (a) ; ſavoir, 1604301 ,

____

(a) Incomplexe ſignifie que tous les nombres de chiffres des colonnes horiſontales , ne ſont pas de même force ,

704900 206400, 3504, 1703, dont il faut favoir le montant total, les ayant difposés comme ci-après.

$$1604301$$
$$704900$$
$$206400$$
$$3504$$
$$1703$$

$$2520808$$

Après avoir tiré une ligne fous les rangs ou colonnes horifontales (*a*) , il faut commencer par additionner les chiffres de la colonne verticale des unités ou nombres. De-là , additionner les dixaines , puis les centaines , ainfi de fuite , comme il a été dit au précédent exemple , remarquant qu'il faut pofer o fous la colonne des dixaines , parce qu'elle ne contient aucun chiffre po-

---

c'eft à-dire qu'il n'y a pas tant de chiffres à une colonne qu'à l'autre.

(*a*) J'appelle colonne horifontale une fuite de chiffres mis à côté des uns des autres, & une colonne verticale une fuite de chiffres mis directement les uns fous les au-tres. La fuite de chiffres 1604301 eft une colonne ho-rifontale, mais la fuite 1 eft une colonne verticale.

$$0$$
$$0$$
$$4$$
$$3$$

fitif; & que d'ailleurs il n'y a rien de retenu de la colonne des unités ou nombres, de même paffant de la colonne des mille de laquelle j'ai retenu 2, à celle des dixaines de mille, je n'ai trouvé aucun chiffre pofitif, ainfi je pofe fous cette colonne le 2 que j'ai retenu, lequel fait vingt mille, & je continue toujours à additionner. Ces chiffres ajoutés enfemble font deux millions cinq cent vingt mille huit cent huit, comme on le voit par l'opération ci-devant.

De la Livre.

La livre tournois vaut 20 fols tournois*.

Le fol tournois vaut 12 deniers tournois.

La livre parifis vaut 25 fols tournois.

Le fol parifis vaut 15 deniers tournois.

L'écu d'or en matiere de banque vaut 60 fols tournois**.

Le fol d'or vaut 3 fols tournois.

Le denier d'or vaut 3 deniers tournois.

---

* Tournois eft un nom que l'on donnoit à la monnoie qui fe battoit autrefois à Tours, & qui étoit plus foible d'un quart que celle de Paris. Le mot de Parifis vient de ce qu'on battoit monnoie à Paris, laquelle étoit plus forte d'un quart que celle de Tours.

** L'écu d'or eft une piece *de monnoie d'or;* Banque eft un lieu où l'on prête de l'argent avec intérêt fur gage, billets ou bonne affurance.

ADDITION.

Premiere régle par deniers.

7 . deniers.
9 ——
10 ——
6.
5 ——
9
11 ——
4 ——
3
———————
5 f. 4 den.

Ayant additionné les unités de mes deniers, je trouve qu'ils font en total 64 ; je m'interroge & demande en 64 deniers combien il y a de fols, je fai qu'ils font 5 fols & 4 deniers ; je pose les 4 deniers fous les deniers & avance les 5 fols ; ou bien à cause de la trop grande quantité de deniers qui pourroient être propofés, on fait une petite barre à chaque fols que l'on trouve, comme on le voit en l'opération ci-deffus, commençant à additionner par en haut, & difant 7 & 9 font 16, il y a 1 fol & 4 d. ; je fais une petite barre & retiens 4 d. ; je dis 4 & 10 qui fuivent font 14, je fais une petite barre & retiens 2 d., parce qu'il y a 1 f. & 2 d. ; je dis 2 & 6 font 8 & 5 fuivans font 13 d., je fais une petite barre & retiens 1 d. ; je continue difant 1 & 9 font 10 & 11 font 21 d., je fais une petite barre & retiens 9 d. ; je dis 9 & 4 font 13 d. ; je fais une petite barre & retiens 1 d. ; & je dis 1 & 3 font 4 d., lequel 4 je pose aux deniers & avance 5 aux sols, parce que j'ai trouvé cinq petites lignes ou barres qui désignent cinq sols. L'on peut se conformer sur cette régle pour quelque grand que soit le nombre de deniers que l'on proposera.

Addition par sols.

8 sols.
9
5
6
7
4
3
____
2 l. 2 sols.
____

Ayant fait l'addition de mes sols, je trouve quarante-deux ; je raisonne & dis qu'en 42 sols, il y a deux livres deux sols, puisqu'il faut 20 sols pour une livre ; ainsi je pose 2 aux sols & avance 2 l., comme on le voit ci-contre : je pourrois faire la même chose qu'à la précédente régle, en tirant une petite ligne de 20 sols en 20 sols, & posant aux sols ce qu'il s'y trouve au-dessus de 20 sols, selon la quantité de sols que l'on a. C'est à la volonté du calculateur qui pourra se conformer à la précédente régle.

Addition par dixaines de sols.

17 sols.	Il faut commencer
15	par additionner les sols,
19	poser tout ce qui est
14	au-dessus des dixaines,
9	retenir les dixaines
16	pour les additionner
11	avec les autres dixaines
5 l. —— 1 s.	qui sont devant les uni-
	tés ou les nombres. Les

ayant additionnées, il faut prendre la moitié
du montant pour en faire des livres, parce
qu'il faut deux dixaines de sols pour faire
une livre ; & ce qui restera impair (au-dessus
de cette dite moitié) qui ne peut être que
1 , il faut le poser aux dixaines de sols,
comme vous allez voir par la démonstration
ci-après :

Je dis donc 7 & 5 font 12, & 9 font 21, &
4 font 25, 25 & 9 font 34, & 6 font 40 &
1 font 41 ; en 41 sols il y a 4 dixaines & 1 ,
je pose 1 sol sous les unités ou nombres &
je retiens 4 , qui étant ajoutés avec six autres
dixaines qui sont devant les unités ou nombres, cela fait 10 dixaines qui, en prenant la
moitié, font 5 livres, parce que une dixaine
est $\frac{1}{2}$ l , je pose donc o ou plutôt je ne pose rien
aux dixaines de sols & avance mes 5 livres.
Voyez ci-dessus l'opération qui en est faite.

C

Addition par livres.

4 livres.
12
3
9
19
38
———
85 liv.

Il faut commencer comme on a de coutume, à additionner les unités ou nombres, poſer tout ce qui eſt au-deſſus des dixaines, c'eſt-à-dire, l'unité ſous les unités, & retenir les dixaines pour les additionner avec les autres dixaines, dont il en faut poſer le montant à la ſuite du chiffre, unité ou nombre vers la gauche, comme on le voit en l'opération ci-deſſus. Diſant 4 & 2 font 6, & 3 font 9, & 9 font 18, & 9 font 27, & 8 font 35 ; en 35 liv. je poſe 5 ſous les unités & retiens 3, que j'additionne avec les dixaines qui ſont devant les unités, diſant 3 que j'ai retenu & 1 font 4 & 1 font 5, & 3 font 8, en 8 je poſe 8 ſous les dixaines ; mais s'il y avoit 18, il faudroit poſer 8 & avancer 1, comme on le verra à la ſuite par les exemples & opérations d'addition qui feront données. De ſorte que les ſommes ci-deſſus propoſées ſe montent à la ſomme de quatre-vingt-cinq livres.

Addition par livres & ſols.

Si on propoſoit d'ajouter les nombres ſui-vans enſemble, & d'en faire une ſomme totale ; par exemple, 134 l. —— 4 f. —— 98 l. —— 3 f. —— 227 l. —— 6 f. —— 58 l. —— 8 f. & 223 l. —— 2 fols ; on demande combien ces cinq fommes ajoutées enfemble font en une feule. Je les difpofe de la maniere fuivante, les unités fous les unités, les dixaines fous les dixaines, les centaines fous les centaines, &c. obfervant de plus, de placer les fols fous les fols & les livres fous les livres, comme il fe voit ci deffous.

OPERATION (a).

liv.		f.
134	——	4
98	——	3
227	——	6
58	——	8
223	——	2
741 liv.	——	3

Je commence par les fols, difant 4 & 3 font 7, 7 & 6 font 13, 13 & 8 font 21, 21 & 2 font 23 f. ; en 23 je pofe 3 fous les fols, & je prends la moitié des deux dixaines qui me reftent pour les traveftir en livre ; c'eft 1 livre, par conféquent je ne pofe rien aux dixaines de fols & je retiens 1 liv. pour l'additionner avec les liv. fuivantes, commençant toujours par l'unité : je dis 1 que j'ai retenu & 4 font 5, 5 & 8 font 13, 13 & 7 font 20, 20 & 8 font 28, 28 & 3 font 31 liv. ; je pofe 1 liv. fous l'unité

(a) Opération eft la maniere d'opérer ce qui eft propofé à imiter.

des livres, & retiens 3 dixaines pour l'ajouter aux dixaines que j'additionne de suite ; difant 3 que j'ai retenu & 3 font 6, 6 & 9 font 15, 15 & 2 font 17, 17 & 5 font 22, 22 & 2 font 24 dixaines ; je pofe 4 dixaines fous les dixaines, & je retiens 2 centaines pour les centaines ; je continue d'additionner difant 2 que j'ai retenu & 1 font 3 , 3 & 2 font 5, 5 & 2 font 7 centaines , je pofe 7 fous la colomne des centaines ; de forte que le montant de ces cinq fommes ajoutées enfemble , eft de fept çens quarante-une livre trois fols, ci 741 liv. 3 fols.

Addition par livres , fols & deniers.

Il eft propofé d'ajouter les nombres fuivans , & d'en faire une feule fomme, comme 8340 liv.——17 f.——9 d. , 4783 liv.—— 15 f.——6 d., 1400 liv. ——19 f. 4 den. , 986 liv.—— 15 f.——9 d., 8731 liv.——17 f.—— 6 d. & 37——5 f.——8 den. ; je les difpofe de la maniere fuivante , comme la précédente régle : les livres fous les livres, les fols fous les fols & les deniers fous les deniers.

OPÉRATION.

l.	f.	d.
8340	17	9
4783	15	6
1400	19	4
986	15	9
8731	17	6
37	5	8
24281	11	6

Je commence par les deniers, en difant 9 & 6 font 15, 15 & 4 font 19, 19 & 9 font 28, 28 & 6 font 34, & 8 font 42 den. Je me demande en moi-même combien il y a de fols & de deniers de furplus en 42 den. je vois qu'il y a 3 f. & 6 d. ou bien je fais une petite raie de fols en fols, c'est-à-dire de 12 deniers en 12 deniers, & je pofe fous la colonne des deniers le furplus qui s'y trouve des fols, comme il est expliqué à l'addition des deniers, p. 15 : je trouve donc en cette opération ci-deffus 3 f. 6 d. je pofe les 6 d. fous la colonne des deniers, & retiens 3 f. pour additionner avec les autres fols, difant 3 & 7 font 10, 10 & 5 font 15, 15 & 9 font 24, 24 & 5 font 29, 29 & 7 font 36, 36 & 5 font 41 f. je pofe 1 f. fous les unités des fols, & je retiens 4 dixaines que j'additionne avec les autres dixaines, difant 4 & 1 font 5, & 1 font 6, & 1 font 7, & 1 font 8, & 1 font 9 dixaines je prends la moitié defdites 9 dixaines de fols, c'eft 4 & une dixaine reftante, je pofe cette dixaine reftante fous les dixaines de fols , & je retiens 4 qui font 4 liv. que j'additionne avec les autres livres qui fe trouvent dans les nombres propofés, difant 4 & 3 font 7, 7 & 6 font 13 , 13 & 1 font 14, 14 & 7 font 21 liv.; je pofe 1 liv. fous l'unité des livres,& je retiens 2 dixaines que j'additionne avec les dixaines fuivantes, di-fant 2 & 4 font 6 , 6 & 8 font 14, 14 & 8 font 22 , 22 & 3 font 25, 25 & 3 font 28 dixaines , en 28 je pofe 8 fous les dixaines & retiens 2 pour les centaines ; je continue d'additionner , & je dis 2 centaines que j'ai retenu & 3 font 5, 5 & 7 font 12 , 12 & 4 font 16, 16 & 9 font 25, 25 & 7 font 32 centaines; en 32 je pofe 2 centaines & je retiens 3, qui valent 30 centaines ou 3 mille, que j'additionne avec la colonne des mille, difant 3 & 8 font 11, 11 & 4 font 15 , 15 & 1 font 16, 16 & 8 font 24 mille ; je pofe 4 fous la colonne des mille & avance 2 , parce qu'il n'y a pas de chiffre à additionner; de forte que les fix fommes ci-devant marquées fe montent en total à la fomme de vingt-quatre mille deux cens quatre-vingt-une livré onze fols fix deniers, ci liv. 24281 —— 11 f. —— 6 d. Voyez en l'opéra-tion qui eft de l'autre part.

ADDITIONS

De livres, de poids pour un Marchand droguifte.

Suppofé qu'il foit propofé les livres de drogues fuivantes pour en faire un total, ainfi que d'autres fortes de marchandifes que l'on pourroit propofer, que je mettrai en opération tout d'un coup, comme cette opération ci-après pour les drogues, ayant affez expliqué la maniere de former ces fortes d'opérations pour les additions; il eft donc propofé les drogues fuivantes; favoir, 10 l. —— 12 onces —— 7 gros, 15 l. —— 3 onces 5 gros, 9 l. —— 7 onces —— 6 gros, & 17 l. —— 9 onces —— 3 gros, de....

Pour favoir combien cela fait de livres, onces & gros en total, il faut difpofer ces livres, onces & gros comme on a fait pour les livres fols & deniers; c'eft-à-dire, il faut mettre les livres fous les livres, les onces fous les onces & les gros fous les gros, & additionner premierement les gros, enfuite les onces & les livres, comme on le va voir par l'opération : il faut faire attention pour cette régle, comme pour les fui-vantes, à ce que vaut chaque chofe pour en faire un total, comme en cette régle ici.

Il faut 16 onces pour pefer une livre.

Il faut 8 gros pour pefer une once.

OPERATION.

1.	onc.	gros
10	12	7
15	3	5
9	7	6
17	9	3
53	1	5

Je commence par les gros, difant 7 & 5 font 12, 12 & 6 font 18, 18 & 3 font 21 gros ; & comme il faut 8 gros pour faire une once, je demande en 21 gros combien il y a d'onces, c'est-à-dire combien il y a de fois 8, je vois qu'il n'y eft que deux fois, & 5 de refte ; je pofe 5 gros fous la colonne des gros & retiens 2 onces pour additionner avec les onces, difant 2 & 12 font 14, 14 & 3 font 17, 17 & 7 font 24, 24 & 9 font 33 onces : je demande en 33 onces combien il y a de livres, c'eft à-dire combien il y a de fois 16, puifqu'il faut 16 onces pour la livre ; il y a donc deux fois 16 & 1 de refte, qui font 2 liv. & 1 once, je pofe 1 once fous les onces, & retiens 2 l. que j'additionne avec les livres fuivantes, difant 2 que j'ai retenu, & 5 font 7, 7 & 9 font 16, 16 & 7 font 23 livres, en 23 je pofe 3 l. & je retiens 2 dixaines ; que

Notez, que la livre de poids & la livre d'argent fe marquent différemment, les uns marquent les livres de poids par une **L**, les autres par cette marque ℔ ; mais en fait de commerce elles fe marquent ainfi ℔, & la livre d'argent fe marque ℔ ; mais en fait de compte chez les Négocians, la livre d'argent fe marque par une L devant la fomme.

J'additionne

J'additionne avec les dixaines fuivantes ,
difant 2 & 1 font 3 , 3 & 1 font 4, 4 & 1
font 5 , je pofe 5 fous les dixaines ; de forte
que cela fe monte en total à cinquante-trois
livres une once cinq gros. Ainfi que j'ai
opéré ci-contre.

Je n'ai pas jugé à propos de mettre une
régle pour la livre de foie en botte , parce
que c'est même poids que ci-deffus , excepté que la livre pour la foie en botte n'eft
que de 15 onces.

Pour un Orfevre.

Les orfévres & les maîtres des monnoies
fe fervent ordinairement du marc qui vaut
8 onces ou 1/2 livre de douane (*a*) pour
pefer l'or & l'argent ; mais ils en ont admis
un autre qu'ils ont nommé marc d'aloi (*b*) ,
ou titre de l'or & de l'argent , qui eft un
certain degré de bonté de la monnoie. Le
marc d'argent , à caufe de fon aloi ou de fon
degré de bonté , peut fe divifer en parties
égales appellées deniers , le denier en 24

____

(*a*) Douane , eft un lieu où l'on eft obligé de porter les
marchandifes pour en payer les impôts.

(*b*) Aloi , eft le prix de l'or ou de l'argent confidéré
en fa valeur intrinféque , ou bien felon que la matiere en
eft plus ou moins fine. Lorfque la monnoie n'eft pas de
bon aloi , cela veut dire qu'elle eft altérée , & mêlée d'autres métaux.

D

grains, le grain en 24 primes; (pesanteur imaginaire,) comme aussi le marc d'or à cause de son aloi ou de son degré de bonté, se divise en 24 parties égales, appellées carats, le carat en huit deniers & le denier en 24 grains; (aussi pesanteur imaginaire), quand le marc d'argent est à 12 deniers ou à un sol de fin (a), il est dans sa derniere bonté, exempt de toute impureté étrangere, qui est ordinairement du cuivre; mais étant à 8 deniers d'aloi, il y a le tiers de tare, & il n'a que les deux tiers d'argent fin. Quand l'or est à 24 carats (b), il est dans sa derniere pureté, & exempt de mélange d'autre métal, qui est pour l'ordinaire l'argent; lorsqu'il est à 18 carats, il contient un quart de tare, & n'a que les trois quarts d'or fin.

DÉMONSTRATION.

Il faut 24 grains pour 1 denier.
Il faut 3 deniers pour un gros.
Il faut 8 gros pour 1 once.
Il faut 8 onces pour un marc.
Il faut deux marcs ou 16 onces pour la liv.

(a) Denier de fin, c'est-à-dire quand l'argent est pur & sans mélange, comme quand on dit, il y a tant de deniers de fin dans cette monnoie, pour dire il y a tant de parties d'argent fin.

(b) Carat, est un terme qui signifie un certain degré de bonté & de perfection de l'or. Il ne se dit point des autres métaux, mais bien pour les perles & diamans.

OPERATION

Pour le marc d'or & d'argent.

12 marcs 7 onces 7 gros 2 den. 23 grains.
14 ———— 6 ———— 4 ———— 1 ———— 18 ————
17 ———— 3 ———— 6 ———— 0 ———— 19 ————
14 ———— 6 ———— 5 ———— 2 ———— 15 ————

60 marcs 1 once 0 gros 2 den. 3 grains.

Pour les Perles & les Diamans.

1 Marc fait 24 carats.
1 Carat fait 12 grains.

Pour faire l'opération ci-dessus, je commence comme aux précédentes régles par les moindres especes, c'est-à-dire, par les grains, & fais une petite barre à chaque fois que je trouve 24, & vis-à-vis du chiffre où je trouve ledit 24, parce qu'il faut 24 grains pour 1 denier ; ainsi des autres, comme il est expliqué aux précédentes régles, je trouve que le montant de cette opération est de soixante marcs, une once, deux deniers trois grains, comme il se voit ci-dessus.

Pour un Apothicaire.

Comme j'ai parlé ci-devant de la livre de 16 & de 15 onces, je n'ai voulu oublier la livre usitée en médecine de 12 onces, &

de laquelle on aura une connoissance raisonnable par la table ci-dessous.

EXEMPLE,

Il faut 12 grains pour une obole, elle est ainsi figurée. . . . . ob.

Il faut 2 oboles pour un scrupule, ainsi figuré. . . . . Ɔ

Il faut 3 scrupules pour une dragme, ainsi figurée. . . . . ʒ

Il faut 8 dragmes pour une once, ainsi figurée. . . . . ʒ

Il faut 12 onces pour une livre, ainsi figurée. . . . . ℔

Ou bien,

La livre en Médecine est de 12 onces, poids de marc.

L'once est de 8 dragmes.

La dragme est de 3 scrupules.

La scrupule est de 2 oboles.

L'obole est de 3 siliques.

La silique est de 4 grains.

Le grain est de la pesanteur d'un grain d'orge.

La poignée est de 3 onces d'herbes vertes, de 6 dragmes d'herbes séches, de 2 onces de fleurs vertes, de demi-once de fleurs séches.

La pincée est la troisieme partie d'une poi-

gnée, elle doit peser une once d'herbe verte, 6 dragmes de fleurs vertes.
Le pot contient environ 40 onces.

OPERATION

De livre usitée en Médecine.

℔	℥	ʒ	℈	ob.	g.
3	11	7	2	1	11
4	10	6	1	0	10
3	9	3	0	1	8
4	11	5	2	1	10

17 liv. 7 onces 7 drag. 2 scrup. 0 ob. 3 gr.

Il faut s'y prendre de la même maniere qu'aux précédentes régles ; & puisqu'il faut 12 grains pour une obole, ainsi des autres, comme il est marqué ci - contre, il faut faire une petite barre de 12 en 12 ; poser le surplus sous le nombre proposé de grains , & autant qu'il y aura de petites barres , autant ce sera d'oboles qu'il faudra retenir pour additionner avec les autres oboles proposées ; ainsi de suite jusqu'à la fin. Je trouve que le montant de cette opération est de dix-sept livres sept onces sept dragmes deux scrupules trois grains , comme on le voit ci-dessus.

Pour les années & leurs parties.

Pour faire une addition de plusieurs années & leurs parties, comme celle ci-deſſous, il faut conſidérer que,

    Il faut 60 ſecondes pour faire une minute.
    Il faut 60 minutes pour faire une heure.
    Il faut 24 heures pour faire un jour.
    Il faut 30 jours pour faire un mois.
    Il faut 12 mois pour faire un an.

OPERATION.

ans	mois	jours	heures	minutes	ſecondes.
27	11	29	23	46	48
17	9	17	22	59	59
26	10	26	19	47	50
9	10	17	15	38	40

ans	mois	jours	heures	minutes	ſecondes.
82	7	2	10	13	17

Pour l'opération de cette régle, il faut faire une petite barre à chaque 60 ſecondes, & autant de barres autant il y a de minutes, & à chaque 60 minutes il faut faire une petite barre ; autant qu'il y aura de barres, autant d'heures il y a ; ainſi des autres. De ſorte que toutes ces années & leurs parties feront enſemble quatre-vingt-deux ans ſept mois deux jours dix heures treize minutes dix-ſept ſecondes, comme on le voit par l'opération ci-deſſus.

Pour un Marchand de Bled.

MESURE DE PARIS.

Il faut 12 septiers pour faire un muid.
Il faut 12 boisseaux pour faire un septier.
Il faut 6 boisseaux pour faire une mine.
Il faut 2 mines pour faire un septier.
Il faut 3 boisseaux pour un minot.
Il faut 2 minots pour une mine.
Il faut 16 litrons pour un boisseau.
Il faut 36 pouces pour un litron.

OPERATION

Pour la mesure de Paris.

muids	sept.	mine	minot	boil.	litrons	pouces
2	9	1	1	2	15	25
3	10	0	1	1	9	14
5	7	0	1	2	8	15
7	6	1	0	1	10	9

muids	sept.	mine	minot	boil.	litrons	pouces
19	10	0	1	2	11	27

Pour l'opération ci-dessus, il faut s'y prendre de la même maniere qu'aux précédentes, c'est-à-dire de 36 pouces en 36 pouces faire une petite barre, & de 16 litrons en 16 litrons en faire aussi une petite, puis de 12 en 12 boisseaux faire une petite barre, s'il n'est point parlé de mines & minots; ensuite de 12 en 12 septiers faire une petite barre, ayant soin de prendre toutes lesdites barres pour les ajouter avec les chiffres suivans, comme il est démontré par les précédentes régles. Le montant de cette opération est de dix-neuf muids dix-septiers un minot deux boisseaux onze litrons vingt-sept pouces, comme on le voit de l'autre part.

Pour la mesure Nantaise.

Il faut 16 boisseaux pour un septier.
Il faut 10 septiers pour un tonneau.

OPERATION.

tonneaux	septiers	boisseaux
2	7	9
7	8	11
16	9	6
4	7	3
26 tonneaux	2 septiers	13 boisf.

Pour opérer cette régle, il faut faire comme on a fait aux précédentes, & on trouvera que ces nombres se monteront à vingt-six tonneaux deux septiers treize boisseaux.

Pour un Marchand de vin Aubergiste.

MESURE DE PARIS.

Le muid de vin est de 280 pintes.
La pinte est de 2 chopines.
La chopine est de 4 quarts ou demi septiers.

PROPOSITION.

PROPOSITION.

Un Marchand de vin veut faire la récapitulation de la vente qu'il a fait de son vin pendant trois mois, tant en gros qu'en détail comme suit ; sçavoir, il a vendu ce qui suit.

OPERATION.

muids	pintes	chop.	de chop.		
2	115	1	$\frac{1}{4}$		
3	17	0	$\frac{1}{2}$	584	280
4	212	1	0	104	1 muid.
1	39	0	$\frac{1}{4}$		
11	104	1	0		

Le Marchand de vin se trouve avoir vendu, tant en gros qu'en détail, onze muids cent quatre pintes une chopine de vin, comme on le voit par l'opération ci-dessus.

A Paris
- Le muid de vin est de . . . 280 pintes.
- Le demi-muid est de . . 140 pintes.
- Le quarteau est de . . . . 70 pintes.
- Le demi-quarteau de . . 35 pintes.

A Orléans
- La demi-queue d'Orléans . . . . 180 pintes.
- Le quarteau . . . . . . 90 pintes.
- Le demi-quarteau . . . 45 pintes.

E

En Champagne {
La demi-queue de vin de
Champagne . . 160 pintes.
Le quarteau . . . 80 pintes.
Le demi-quarteau . 40 pintes.

A Nantes {
Le tonneau de vin de
Nantes est de . . . 4 bariques.
La barique est de . . . . 120 pots
ou 240 pintes.
La pinte est de . . . . 2 chopines.
La chopine est de . . . 2 septiers.

A Bordeaux {
Le tonneau de vin de Bordeaux
est de 4 bariques ou 6 tierçons.
La barique est de 1 tierçon & demi.
La barique contient 100 pots net.
Le tonneau doit peser 2000 liv.
La barique par conséquent 500 l.

Pour le muid de sel.

A Paris {
Le muid est de . . . . . . 12 septiers.
Le septier est de . . . . 4 minots.
Le minot est de . . . . 4 boisseaux.
Le boisseau est de . . . 4 quarts.

OPERATION.

muids	septiers	minots	boisseaux	quarts.
7	9	2	3	2
6	3	I	2	I
10	II	0	I	2
3	7	3	0	3
5	5	I	I	I
34 muids.	**I septier**	**I minot**	**I boisseau**	**I quart.**

Opérant de la même maniere qu'il est expliqué aux précédentes opérations des régles d'addition proposées, il est facile de trouver le total, comme on le voit ci-dessus, qui est de trente-quatre muids, un septier, un minot, un boisseau, & un quart de sel pour le montant de ladite opération ci-dessus.

De Bourgneuf à Nantes. { La charge de sel contient 28 septiers qui font deux tonneaux & un quart.

Du Croisic ou Pouliguen à Nantes. { Le muid de sel contient 133 quarteaux. La charge 28 sacs ou 166 quarteaux.

OPERATION.

charges	muids	quart.
2	I	127
1	0	100
4	I	28
7	I	117
18	**0**	**107**
charges	muids	quart.

quarteaux 372 / 106 { 133 / 2 muids.

quarteau 133 / 665 / 1 { 166 / 4

Pour faire cette régle, il faut premiérement additionner les quarteaux qui se montent à 372, comme on le voit ci-devant à côté de l'opération, lesquels il faut diviser par 133 pour avoir des muids; puisqu'il faut 133 quarteaux pour 1 muid, je trouve au quotient de ma division 2 muids & 106 quarteaux restans, ensuite ajoutant les 2 muids que j'ai trouvé avec 3 muids que j'ai au nombre proposé, cela fait 5 muids, qui étant multipliés par 133 quarteaux qu'il faut pour 1 muid, font 665 quarteaux; & ensuite étant divisés par 166 quart. qu'il faut pour la charge m'ont donné au quotient 4 charges & 1 quarteau, que j'ajoute aux 106 qui m'ont déja resté; cela fera donc 107 quarteaux, & je rétiens 4 charges que j'ai trouvé au quotient de ma division; je trouve que j'ai en ma proposition 14 charges avec 4, que j'ai retenu du produit des quarteaux; cela fait 18 charges que je pose sous les charges; de sorte que le produit de l'opération de l'autre part se monte à dix-huit charges cent sept quarteaux, comme il est démontré par ladite opération.

Pour la toise.

{ Il faut 12 points pour . . . . 1 ligne.
Il faut 12 lignes pour . . . 1 pouce
Il faut 12 pouces pour . . . 1 pied.
Il faut 6 pieds de roi pour 1 toise. }

OPERATION.

	toises		pieds		pouces		lignes		points.
4		5		10		8		4	
3		4		5		6		3	
7		2		9		10		2	
6		5		11		11		2	
23	toises	1	pied	1	pouce	11	lignes	11	points.

Pour faire la régle ci-deſſus, il faut opérer de la même maniere qu'aux précédentes; c'eſt-à-dire de 12 en 12 points faire une petite barre, de 12 en 12 lignes faire auſſi une petite barre, ainſi des autres juſqu'à la fin, & porter le nombre que l'on trouve de petites barres ſur le nombre ſuivant pour les additionner; de ſorte que l'on voit que le montant de cette opération eſt de vingt-trois toiſes, un pieds, un pouce onze lignes & onze points.

De la toiſe quarrée.

La toiſe quarrée ſe diviſe en 36 pds. quarr.
Le pied quarré ſe diviſe en 144 pouces.

De la toiſe cube.

La toiſe cube ſe diviſe en 216 pieds cubes.
Le pied cube . . . . en 1728 pouces.
Je ne mettrai point ici l'explication ni les

régles de la racine quarrée & cube, renvoyant l'amateur de ces régles à l'article qui en traitera.

Pour l'aunage.

L'aune se divise en deux demies.
La demi-aune en deux quarts.
Le quart en deux huitiemes.
L'aune se divise encore en trois tiers.
Le tiers en deux sixiemes.
Le sixieme en deux douziemes.

Premiere Opération d'une régle à simple fraction.

aunes	
3	1/2
4	3/4
5	1/4
2	1/3
4	2/3
20 aunes	**1/2**

Pour faire cette régle, je dis 1/2 & 3/4 font 1 aune & 1/4, je marque mon aune par une petite barre vis-à-vis des 3/4 & retiens 1/4 pour additionner avec les fractions suivantes, disant 1/4 que j'ai retenu, & 1/4 qui suit font 2/4 ou 1/2, & 1/3 font 5/6 qui ne font pas un entier, parce qu'il faut 6/6 pour faire un entier ; mais lesdits 5/6 étant joints avec les 2/3 qui suivent, font 1 aune & 3/6 ou $\frac{1}{2}$: je fais donc une petite barre vis-à-vis les 2/3, & je pose sous mes fractions mes 3/6, ou 1/2, qui est de même valeur que 3/6,

Nota. L'aune de France est de 3 pieds 7 pouces 8 lignes.

& retiens 2 aunes, pour additionner avec
les autres aunes du nombre proposé; de
sorte que le montant est de vingt aunes, &
une demi-aune, comme il se voit par l'opération ci-contre.

Deuxieme Opération par les parties de 22.

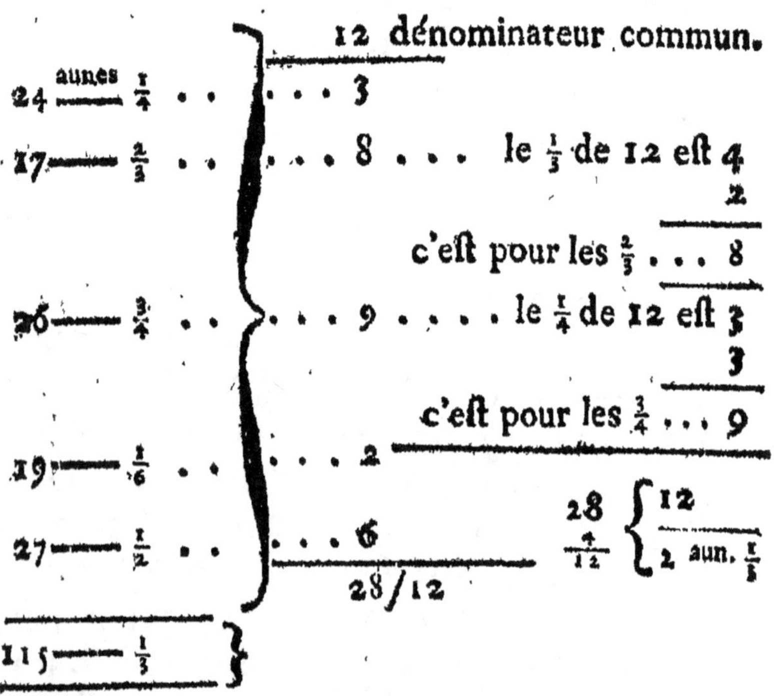

Pour être instruit des fractions, il faut
premierement entendre ce que signifient un
1, un 4 & une barre entre les deux; c'est-à-
dire entre le 1 & le 4 ci-dessus marqués; &
comme suit, ci 1/4, c'est pour faire voir
que c'est un quart d'aunes, de livres ou,
&c. comme on va le voir dans la table sui-

vante, ainsi que les autres fractions.

Le 1 qui est devant cette barre à main gauche s'appelle numérateur, c'est-à-dire, qu'il sert pour faire compter la partie d'un tout que l'on prend, & celui à main droite qui est 4, s'appelle dénominateur, à cause qu'il donne le nom à la fraction.

Comme dans trois quarts, ci 3/4, le 3 est numérateur & le 4 est le dénominateur,

numérateur   dénominateur

ci . . . . 3/4 ... ainsi des autres.

De quelques fractions que ce soit, le chiffre qui est devant ou au-dessus de la barre est le numérateur, & celui qui est au côté droit ou au-dessous de la barre est toujours le dénominateur.

Pour la régle de l'autre part, je me forme donc un dénominateur commun, c'est-à-dire, un nombre ou toutes les parties d'entiers ou fractions proposées puissent y entrer sans reste. Je trouve que 12 pourra me servir de dénominateur commun, parce que toutes les fractions peuvent y entrer sans reste, c'est-à-dire celles proposées qui sont 1/4, 2/3, 3/4, 1/6, 1/2, & duquel 12 dénominateur commun j'en prends le quart, les deux tiers, &c. que je pose à fur & à mesure sous 12, vis-à-vis les fractions pour lesquelles je prends les parties ; mais quand il y a 2/3, comme dans l'opération de l'autre part, je prends

le

le tiers de 12 dénominateur commun, & ensuite je multiplie le produit par 2, & le
produit qui en vient est celui desdits 2/3 ;
de même pour les 3/4, je prends le quart,
& je multiplie le quart par 3; le produit est
celui des 3/4, du dénominateur commun 12 :
ensuite dequoi ayant pris toutes les fractions
proposées sur le dénominateur 12, j'additionne tous les nombres qui en sont venus,
& je trouve dans ladite opération de l'autre
part, que le produit des fractions est 28 ;
c'est parconséquent 28/12, qui font 2 entiers
4/12 ou 1/3.

Pour sçavoir combien font vingt-huit douziemes d'entiers, ci 28/12 ; prenez le douzieme de 28, vous trouverez 2, & 4 de
reste, qui étant mis en fraction avec votre
dénominateur 12, feront 4/12, qui sont de
même valeur que 1/3, en prenant le quart
du numérateur 4 qui est 1, & le quart du
dénominateur 12 qui est 3; ainsi vous poserez 1/3 sous vos fractions & retiendrez 2
aunes pour additionner avec les autres, &
vous trouverez que le mourant est de cent
quinze aunes un tiers, comme il se voit par
l'opération à la page 39.

On peut prendre pour dénominateur commun 24 & 48, & même quelque nombre
que ce soit, pourvu que les fractions ou
parties d'entier puissent y entrer justes, c'est-

F

à-dire sans reste ; ou si on ne peut trouver un dénominateur par idée où toutes les fractions puissent y entrer, il faut multiplier les dénominateurs des fractions proposées l'un par l'autre pour trouver un dénominateur commun, dont on prendra les fractions proposées, comme il se verra ci-après dans les additions de fractions plus étendues.

Table des fractions de l'aunage.

Celles de la livre ou du marc doivent être égales, suivant qu'elles seront plus ou moins fortes.

Une demi-aune en fait de commerce se marque ainsi.	1/2
Un tiers d'aune se marque ainsi.	1/3
Un quart, ci.	1/4
Deux tiers, ci.	2/3
Trois quarts, ci.	3/4
Un demi-tiers ou un sixieme, ci.	1/6
Un demi-quart ou un huitieme, ci.	1/8
Un quart & demi ou trois huitiemes, ci.	3/8
Demi-aune, demi-quart ou cinq huitiemes, ci.	5/8
Trois quarts & demi ou sept huitiemes, ci.	7/8
Un douzieme, c'est la moitié d'un sixieme, ci.	1/12
Un tiers & un douzieme ou cinq douziemes, ci.	5/12

Demi-aune & un douzieme ou sept dou‑
   ziemes, ci. 7/12
Demi-aune un tiers, ou dix douziemes, ou
   cinq sixiemes, ci. 5/6
Demi-aune un tiers,& un douzieme ou onze
   douziemes, ci. 11/12
L'entier est de 3/3, 4/4, 8/8, 9/9, 11/11,
12/12, &c. ce qui fait l'aune. L'aune peut
se diviser en plus petit nombre, comme en
16/16, 24/24, 32/32, 48/48, &c. Encore
il faut prendre les fractions suivant qu'elles
se trouvent, comme si c'est 1/24eme, il faut
prendre la 24eme partie du nombre proposé;
ainsi des autres.

Additions d'entiers & de fractions.

PREMIERE OPERATION.

aune   3   9504 dénominateur commun.
$17 ——— \frac{1}{3}$ . . . . 4 . . . 3168   Le $\frac{1}{4}$ . . . 2376
                                                                        3
                              12
$47 ——— \frac{3}{4}$ . . .   . . 8 . . . 7128 $\frac{1}{4}$ . . . 7128
                              96   Le $\frac{1}{8}$ . . . 1188
                               9   7
$67 ——— \frac{7}{8}$ . . . . . . 864 . . . 8316 $\frac{7}{8}$ . . . 8316
                              11   Le $\frac{1}{9}$ . . . 1056
                                                                        5
$149 ——— \frac{5}{9}$ . . . . 9504 . . . 5280 $\frac{5}{9}$ . . . 5280
$278 ——— \frac{7}{11}$ 6048   Le $\frac{1}{11}$ . . . 864
                                         29940   7
                                         9504 $\frac{7}{11}$ . . . 6048

561 aunes $\frac{119}{792}$

$$29940 \left\{ \frac{9504}{3} \text{ aunes } \frac{119}{792} \right.$$

                1428/9504
La $\frac{1}{2}$ 714/4752
La $\frac{1}{4}$ 357/2376
Le $\frac{1}{3}$ 119/792

Pour faire & opérer la régle ci-deſſus, ſelon qu'elle eſt démontrée, il faut multiplier les dénominateurs des fractions les uns par les autres, pour trouver un dénominateur commun, où toutes les fractions puiſſent y entrer ſans reſte, commençant par dire 4 fois 3 font 12 ; puis 8 fois 12 font 96 ; enſuite 9 fois 96 font 864, & pour le dernier dénominateur 11 fois 864 font 9504, qui ſervira de dénominateur commun, que l'on mettra au-deſſus des fractions, & un peu à côté droit pour en prendre les fractions propoſées; comme, par exemple, pour prendre le 1/3 dudit dénominateur commun 9504, c'eſt 3168. Les 3/4, c'eſt 7128; on prend premierement le quart dudit dénominateur commun, enſuite de quoi on multiplie le produit par 3, & il vient le produit des trois quarts, comme il eſt démontré ci-contre & expliqué ci-devant; ainſi des autres qui ſe trouveront à la ſuite, & comme elles ſont priſes ci-contre, les 7/8, c'eſt 8316; les 5/9, c'eſt 5280; les 7/11, c'eſt 6048; de ſorte que ces cinq ſommes étant additionnées font 29940; qui diſent 29940/9504, dans laquelle fraction il ſe trouve des entiers, parce que le numérateur de ladite fraction eſt plus fort que le dénominateur; & toutes fois que le numérateur eſt plus fort que le dénominateur, il ſe trouve des entiers dans la fraction.

Pour ſavoir combien il y a d'entiers dans la fraction ſuſdite de 29940/9504, il faut prendre la 9504ᵉᵐᵉ partie de 29940, on trouvera 3 entiers 1428/9504ᵉᵐᵉˢ parties d'entier qui peuvent se réduire en plus petite fraction, en prenant deux fois la moitié & une fois le tiers; de sorte qu'elle se trouve réduite à 119/792; ou bien on peut diviser 29940 par 9504, on trouvera le même nombre que dessus, qui est 3 entiers 1428/9504, ou 119/792. Pour ce faire il faut avoir recours à l'instruction de la division qui sera donnée à la suite, & aussi les opérations & démonstrations suivront.

L'addition de fractions n'est mise ici que pour démontrer les additions selon leur rang, ne devant être qu'après avoir démontré les quatre premieres régles, qui sont addition, soustraction, multiplication & division simples. Aussi l'auteur invite les commençans d'apprendre lesdits quatre premieres régles à fond, avant d'entreprendre les fractions d'addition, soustraction, multiplication & division. Je parlerai ci-après de la réduction de fraction en sa plus petite dénomination.

Je pose donc, comme il est démontré par l'opération ci-devant page 44, ce que je trouve de fractions restantes qui est 119/792 sous les fractions, & je retiens 3 entiers pour additionner avec les autres entiers; de sorte que je trouve que le montant de cette dite opération ci-devant est de cinq cent soixante-une aune, cent dix-neuf fois la sept cens quatre-vingt-douzieme partie d'aune, comme on le voit à l'opération.

Il me semble que cette opération, avec son explication, suffit pour donner l'éclaircissement nécessaire pour toutes sortes de régles fractionnaires proposées dans ce genre.

Deuxieme Opération d'addition de fractions.

				1/4
				1/3
19 aunes $\frac{3}{4}$	& $\frac{1}{3}$ d'un quart	ou . . . $\frac{3}{12}$ . .		1/12
				1/8
				1/2
36 $\frac{7}{8}$	& $\frac{1}{2}$ d'un huitieme ou	. . . $\frac{3}{16}$ . .		1/16
				1/11
				3/4
47 $\frac{6}{11}$	& $\frac{3}{4}$ d'un onzieme ou	. . . $\frac{3}{44}$ . . .		3/44
				1/7
				5/6
278 $\frac{5}{7}$	& $\frac{5}{6}$ d'un septieme ou	. . . $\frac{5}{42}$ . . .		5/42

383 aunes $\frac{115}{528}$ eme

$\frac{12}{16}$ · **354816** dénominateur commun.

$\frac{192}{}$

Le tiers d'un quart est.	$\frac{1}{12}$ · ·	44 · ·	29568
La demie d'un huitieme . . .	$\frac{1}{16}$ · ·	768 768 · ·	22176
Les trois quarts d'un onz. . . .	$\frac{3}{44}$ · ·	8448 42 · ·	24192
Les cinq sixieme d'un sept. .	$\frac{5}{42}$ · 33792	16896 · ·	42240

354816

354816 }	$\frac{}{80}$
0281 }	
176 }	
00	$\frac{}{241}$

354816 }	$\frac{42}{844}$
188 }	
201 }	
336	421
00	

118176/354816
59088/177408
29544/ 88704
14772/ 44352
7386/ 22176
3693/ 11088
1231/ 3696

Pour les plus fortes fractions, y ajoutant le nombre des petites.

EXEMPLE.

dénominateur commun.

3696

$$12,1/3696 \ldots\ldots 12;1$$
$$3/4 \ldots\ldots 2772 \ldots\ldots \text{le } \tfrac{1}{4} \ldots 924$$
$$3$$
$$7/8 \ldots\ldots 3234 \qquad \tfrac{3}{4} \ldots 2772$$
$$6/11 \ldots\ldots 2016 \qquad \text{le } \tfrac{1}{8} \ldots 462$$
$$7$$
$$5/7 \ldots\ldots 2640 \qquad \tfrac{7}{8} \ldots 3234$$
$$11893/3696 \quad \text{le } \tfrac{1}{11} \ldots 336$$
$$6$$

Produit à diviser.

$$\tfrac{6}{11} \ldots 2016$$
$$\text{le } \tfrac{1}{7} \ldots 528$$
$$\left.\begin{array}{l} 11893 \\ 805 \\ \hline 3696 \end{array}\right\} \dfrac{3696}{3 \text{ entiers } 115/528} \qquad 7 \qquad 5$$
$$\ldots 2640$$

Le $\tfrac{1}{7}$ me $\ldots$ 115/528

Pour faire la régle d'autre part, suivant l'opération qui en est faite, il faut d'abord prendre le 1/3 de 1/4 en multipliant les dénominateurs des deux fractions l'un par l'autre, de même que les numérateurs, c'est-à-dire 1/3 par 1/4, cela produira 1/12 ; ainsi des autres, multipliant toujours les déno-

minateurs

minateurs les uns par les autres & auſſi les numérateurs, comme il eſt démontré ci-devant, la moité de 1/8 eſt 1/16 ; les 3/4 de 1/11 eſt 3/44 ; les 5/6 de 1/7 eſt 5/42 ; de ſorte que pour trouver le produit de toutes ces petites fractions, il faut avoir un dénominateur commun ; & pour l'avoir, il faut multiplier tous les dénominateurs de ces petites fractions les uns par les autres, & on trouvera au produit 354816 pour dénominateur commun, dont il en faut prendre le 1/12, le 1/16, les 3/44 & les 5/42, & ayant pris ces fractions ſur ledit dénominateur commun on les additionne, & on trouve que le produit eſt 118176, qui étant avec le dénominateur commun, font 118176/354816 ou 1231/3696ème parties des premieres fractions, & qu'il faut ajouter auxdites premieres fractions afin de trouver des entiers, & comme le dénominateur de cette fraction 1231/3696, peut ſervir de dénominateur commun pour toutes les autres fractions, on s'en ſervira & on ſuivra pour le reſte de cette opération la même maniere de l'opération précédente ſelon qu'elle eſt expliquée ; on trouvera que cela ſe monte à trois cens quatre-vingt-trois aunes, & cent quinze fois la cinq cent vingt-huitieme partie de l'aune.

Table pour la réduction des fractions.

Lorſque l'on veut réduire une fraction en ſa plus petite dénomination, il en faut prendre la 1/2, le 1/3, le 1/4, le 1/8ᵉᵐᵉ, &c. ou le 1/49ᵉᵐᵉ. Si on peut, tant du numérateur que du dénominateur ſans reſte, où la partie entiere du numérateur dans le dénominateur, s'il ſi peut trouver ; comme par exemple, 209/5016, il faut prendre le 1/209ᵉᵐᵉ deſdits 209 qui ſera 1, & enſuite le 1/209 de 5016 ſera 24 ou bien diviſer 5016 par 209 ; ce qui produira au quotient 24 ; de ſorte que les 209/5016 ſe trouvent réduits à 1/24, qui eſt de la même valeur deſdits 209/5016.

Pour réduire 120/248ᵉᵐᵉ en ſa plus petite dénomination, il faut prendre le quart, tant du numérateur que du dénominateur, ce qui produira 30/62, enſuite dequoi il faut en prendre la moitié deſdits 30/62, ce qui produira 15/31 qui ſont de la même valeur que les 120/248, & leſdits 15/31ᵉᵐᵉ partie d'entier reſteront en cette fraction, parce qu'on ne peut plus les réduire ; l'on ſi prend de la même maniere qu'il eſt expliqué ci-deſſus pour toutes fractions, quoiqu'il y ait une autre maniere plus ſûre, mais plus longue que je vais donner ci-après.

Premiere exemple pour la premiere proposition ci-devant 209/5016.

$$209 \left\{ \begin{array}{c} \dfrac{209}{1} \\ 000 \end{array} \right. \qquad 5016 \left\{ \begin{array}{c} \dfrac{209}{24} \\ 836 \\ 000 \end{array} \right\} \right\} \text{ c'est } 1/24$$

Second exemple de la seconde proposition ci-devant.

$$\begin{array}{l} \quad\;\; 120/248 \\ \text{Le } \frac{1}{4} \ldots \; \overline{\quad 30/62 \quad} \\ \text{La } \frac{1}{2} \ldots \; 15/31 \end{array} \right\} \text{ c'est } 15/31 \text{ de même valeur que } 120/248$$

Autre maniere pour réduire une fraction quelque grande qu'elle soit, en sa plus petite dénomination.

Pour cette réduction ci-devant, il faut faire plusieurs divisions, & commencer par diviser le dénominateur de la grande fraction par son numérateur, n'ayant point attention aux produits, continuant toujours à faire des divisions ; c'est-à-dire, divisant toujours le diviseur par le nombre qui a resté jusqu'à ce qu'il ne reste rien à la division. Et de la derniere division où il ne reste rien, il faut prendre son diviseur pour être le diviseur commun, qui est 15 à l'exemple de

l'autre part, par lequel 15 il faut divifer le
numérateur & le dénominateur l'un après
l'autre de la grande fraction propofée à réduire ; de forte que le numérateur 735 fera
réduit à . . . . . 49 } ou 49/82
Le dénominateur 1230, fera réduit à 82 }

Il faut faire attention que quand on cherche le divifeur commun, & qu'il eft 1 de
refte à la derniere divifion, pour lors il
faut conclure que la fraction propofée à réduire ne fe peut réduire en plus petite dénomination ; ainfi il faut la laiffer dans fa
grandeur.

Opération de réduction.

Numérateur 735/1230 dénominateur.

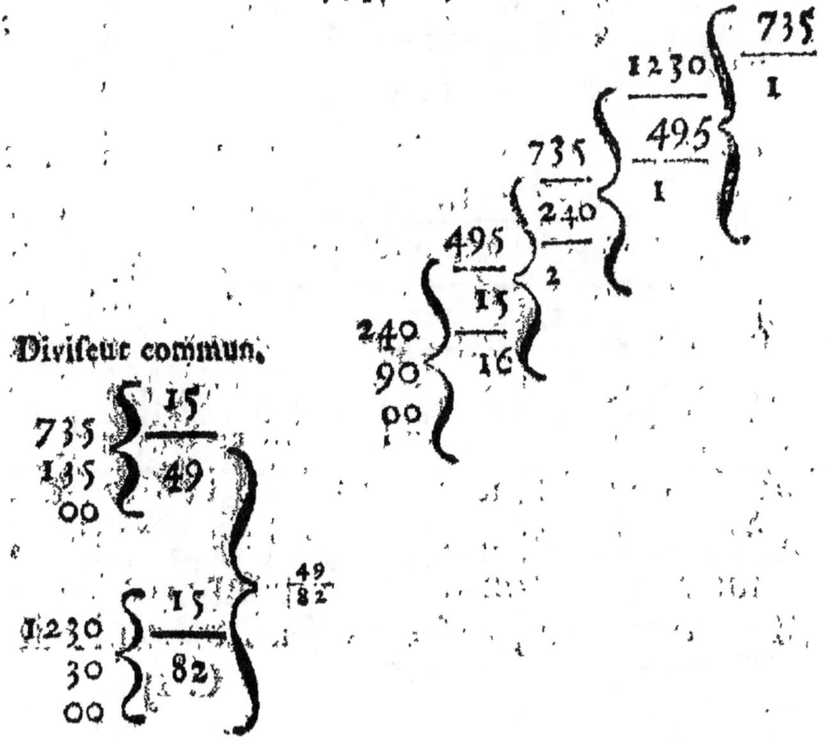

De sorte que l'on voit par l'opération ci-contre que les 735/1230, se trouvent réduits à 49/82, lesquels 49/82 valent juste autant que la grande fraction. Toutes autres fractions peuvent se réduire par les mêmes principes.

De la preuve de l'addition.

La preuve de l'addition se faisant pour la soustraction, je vais la démontrer par deux régles suivantes, & desquelles je fais les explications qui feront voir la maniere dont il faut s'y prendre pour faire la preuve à toutes autres additions.

OPERATION.

liv.	sols	den.
38	18	6
142	19	9
47	9	9
268	15	7
498 liv.	3 sols	7 den.
123	32	0

(a) Pour faire cette preuve, il faut pre-

(a) La preuve de l'addition par soustraction n'est mise ici que pour ceux qui sçavent la soustraction : ainsi les commençans s'instruiront auparavant de la soustraction & pour ce faire, auront recours à la page 58 jusqu'à 70, où les soustractions sont opérées & démontrées.

mierement commencer à faire la régle, commençant par les plus petites especes qui sont les deniers, comme il est démontré & expliqué ci-devant. Secondement pour ladite preuve il faut faire le contraire, c'est-à-dire, commencer par la colonne des livres qui est à gauche, soit centaines ou dixaines & l'additionner; disant 1 & 2 font 3, je soustrais, & je dis 3 à aller à 4 produit de l'addition, il y a 1, lequel 1 je pose sous 4, & ledit 1 étant joint avec le chiffre 9 qui suit 4 valent 19; j'additionne la colonne suivante, & je dis 3 & 4 font 7; 7 & 4 font 11; 11 & 6 font 17, à aller à 19, il y a 2; lequel je pose sous 9, & ledit 2 étant joint avec le 8 suivant valent 28; j'additionne de même l'autre colonne, en disant 8 & 2 font 10; 10 & 7 font 17; 17 & 8 font 25, à aller à 28, il y a 3, lequel 3 restant vaut 3 l. ou 6 dixaines de sols; je compte les dixaines de sols qu'il y a, j'en trouve 3, je dis 3 à aller à 6, il y a 3 que je pose sous les dixaines de sols, & lequel 3 étant joint avec le chiffre 3 de l'addition des sols valent 33; j'additionne les sols, en disant 8 & 9 font 17; 17 & 9 font 26; 26 & 5 font 31, à aller à 33, il y a 2 que je pose au rang des sols; parce que c'est 2 sols restans qui valent 24 deniers, étant joints avec les 7 deniers de l'addition font 31; il faut trouver 31 dans le nombre des deniers proposés ; j'additionne donc les deniers ; disant 6 & 9 font 15 ; 15 & 9 font 24 ; 24 & 7 font 31 , je dis 31 , à aller à 31 il n'y a rien , je pose 0 qui signifie zero sous les deniers , pour faire voir que ma régle est juste , puisque j'ai trouvé le même nombre à l'addition des deniers qu'à mon restant , & que le montant de mon addition est juste , qui est quatre cent quatre-vingt-dix-huit livres trois sols sept deniers ; comme on le voit à l'opération ci-devant , pag. 53. Je conclus par cette preuve que ma régle est bonne.

Autre opération avec sa preuve.

toises	pieds	pouces	lignes	points
4	5	11	11	5
3	4	9	6	4
1	0	10	10	3
0	3	7	8	3
10 toises	3 pieds	4 pouces	0 lignes	3 points
2	3	3	1	0

Pour faire la preuve de la régle ci-dessus, après en avoir fait l'addition , je commence à additionner les toises ; disant 4 & 3 font 7 ; 7 & 1 font 8 , à aller à 10 qui est le nombre des toises de l'addition , il y a 2 ; je pose 2 sous 10 , lequel 2 étant 2 toises qui valent 12 pieds, en y joignant 3 qui font à l'addition font 15 ; j'additionne la colonne des pieds, & je dis 5 & 4 font 9, 9 & 3 font 12 ; je dis 12 à aller à 15, il y a 3, lequel 3 je pofe fous la colonne des pieds, lefquels 3 pieds valent 36 pouces, y joignant le 4 qui eft à l'addition font 40 ; j'additionne de même les pouces, en difant 11 & 9 font 20, 20 & 10 font 30 ; 30 & 7 font 37, à aller à 40, il y a 3, je le pofe fous la colonne des pouces ; cedit 3 reftant qui eft 3 pouces valant 36 lignes, ni ayant rien à l'addition font toujours 36 ; j'additionne la colonne des lignes ; en difant 11 & 6 font 17 ; 17 & 10 font 27 ; 27 & 8 font 35, à aller à 36, il y a 1, lequel 1 je pofe fous la colonne des lignes qui vaudra 12 points avec 3 qu'il y a à l'addition feront 15 ; il faut pour la preuve de ma régle que je trouve 15 points dans le nombre à additionner ; je l'additionne, difant 5 & 4 font 9 ; 9 & 3 font 12, 12 & 3 font 15, & je dis 15 à aller à 15 il n'y a rien, je pofe 0 fous le nombre des points, ayant foin de barrer les chiffres de la preuve que j'ai fait parler, parce qu'ils font regardés comme inutiles. Le zero qui fe trouve fous le dernier produit fait voir que ma régle eft bonne, parce que s'il y avoit du plus ou du moins elle feroit fauffe.

Ainfi, (en les régles d'additions ci-devant

vant opérées, comme en toutes autres, dont on veut faire la preuve ayant fait l'addition;) si on veut voir, si on ne s'est point trompé dans l'opération, il faut ôter de la somme totale qu'on a trouvé tous les nombres qu'on a ajouté, & s'il ne reste rien, c'est marque que l'addition est bonne & bien faite, parce que un tout est égal à toutes ses parties prises ensemble. Mais si après avoir ôté de là somme totale tous les nombres ajoutés il restoit quelque chose, ou si on ne pouvoit pas ôter tous les nombres de cette somme, l'addition seroit mal faite, & en ce cas il faudroit la recommencer.

La preuve de toutes sortes d'additions se faisant comme les précédentes, je ne m'étendrai pas plus au long sur son explication; l'expérience me faisant connoître tous les jours que ce n'est pas la multiplicité des préceptes qui rend l'homme véritablement habile; mais seulement une application exacte des régles les plus générales, & les plus nécessaires à la science que l'on désire acquérir, parce que cette maxime, *peu de préceptes & beaucoup d'usage*, est très-véritable; & si on tient cet axiome pour certain, à l'égard des sciences spéculatives, l'Arithmétique qui n'est, & ne doit être qu'une pratique, demande donc beaucoup d'usage.

H

De la soustraction.

La soustraction n'est autre chose qu'une opération par laquelle il faut ôter un moindre nombre, ou moindre somme d'une plus grande ; comme si on veut ôter 7 de 15, il reste 8. C'est ce qui s'appelle soustraction, & ce qui résulte de la soustraction s'appelle, reste comme dans cette proposition 8, est le reste des nombres 15 & 7.

Premiere opération simple par livres.

Dette . . . 4763
Paye . . . 2431
Reste . . . 2332
Preuve . . . 4763

Pour faire cette premiere régle de soustraction simple, c'est-à-dire par livres seulement sans emprunt, il faut bien ranger les chiffres les uns sous les autres, c'est-à-dire, les nombres sous les nombres, les dixaines sous les dixaines, les centaines sous les centaines, les milles sous les milles, &c. Comme il se voit par l'opération ci-dessus ; il faut écrire le nombre que l'on veut soustraire au-dessous de l'autre nombre proposé, & commencer par ôter le nombre à soustraire du nombre proposé ; ainsi de suite les dixaines, centaines & mille.

Le premier rang des chiffres, comme on le voit dans l'opération ci-dessus s'ap-

pelle . . . . dette
Le second s'appelle . . . paye
Le troisieme s'appelle . . . reste
Et le quatrieme s'appelle . . preuve

Ainsi donc pour faire cette régle, il faut commencer par les nombres, & dire, qui de 3 paye 1 reste 2, que je pose sous les nombres, je continue, prenant les dixaines, je dis qui de 6 en paye 3 reste 3; prenant les centaines, je dis, qui de 7 en paye 4 reste 3, allant aux milles, je dis, qui de 4 paye 2 reste 2, lesquels restans je pose sous les chiffres payans, à fur & à mesure que je fais parler les chiffres de la somme qui est dû; de sorte que sur la somme de quatre mille sept cent soixante-trois livres que je devois j'en ai payé celle de deux mille quatre cent trente-une livre, il me reste à payer celle de deux mille trois cent trente-deux livres; mais pour faire la preuve, il faut voir si la somme payée & celle qui reste à payer feront la somme principale qui est dû, en additionnant cesdites deux sommes de la paye & du reste, commençant toujours par les nombres, comme il est expliqué, opéré & démontré dans les précédentes additions.

Deuxieme opération simple avec emprunt.

Dette　·　·　·　·　·	17478 liv.
Paye　·　·　·　·　·	9483
Reste　·　·　·　·　·	7995
Preuve　·　·　·　·　·	17478

Pour faire cette régle, il faut souftraire de la somme dûe celle qui a été payée. Difant, qui de 8 premier chiffre à droite paye 3 refte 5, que je pofe fous le chiffre 3 de la fomme payée, je continue, difant, qui de 7 paye 8 ne peut. J'emprunte 1 du chiffre qui eft devant ledit 7, lequel 1 vaudra 10 joint avec 7 feront 17, & je dis, qui de 17 en paye 8 refte 9 que je pofe à la fuite de 5, allant du côté gauche; enfuite dequoi le chiffre 4 de la fomme due ne vaut plus que 3, puifque j'ai emprunté 1 deffus lui; je dis donc, qui de 3 paye 4 ne peut, j'emprunte 1 fur 7 qui eft devant ledit 4, lequel 1 vaut 10 & 3 font 13, je dis, qui de 13 en paye 4 refte 9, que je pofe devant l'autre 9 qui a refté; je continue à fouftraire, & je dis, qui de 6, (parce que le 7 ne vaut plus que 6 à caufe de l'emprunt,) en paye 9 ne peut, j'emprunte le 1 qui eft devant ledit 7, lequel 1 vaut 10 y joint 6 font 16, je dis donc, qui de 16 en paye 9 refte 7, que je pofe devant le dernier 9 reftant; de forte que je

trouve de la fomme due à celle qui a été payée,
qu'il refte à payer celle de fept mille neuf
cent quatre-vingt-quinze livres, comme on
le voit par l'opération de l'autre part. Mais
pour prouver cette régle, il faut additionner la fomme qui a été payée, & celle qui
refte à payer, afin de voir fi ces deux fommes font celle qui étoit dûe, fi elles font la
même fomme, cela prouve que la régle eft
jufte, comme on le voit en l'opération ci-
contre.

Troifieme Opération.

Dette	6476 liv.	9 fols.
Paye	3769 . . 4	
Refte	2707 . . 5	
Preuve	6476 liv.	9 fols.

Pour opérer cette régle, il faut commencer par fouftraire les fols de la fomme due
d'avec ceux de la fomme payée, difant qui
de 9 paye 4 refte 5, qu'il faut pofer fous les
fols. Le refte de la fouftraction, fe fait comme la précédente, ainfi je penfe inutile l'explication de la maniere de la fouftraire, puifque j'ai expliqué amplement la précédente.

Quatrieme opération par livres & dixaines de fols.

Dette	78346 liv. 12 fols.
Paye	17467 . . 6
Refte	60879 . . 6
Preuve.	78346 . . 12

Pour ce qui concerne la régle ci - deffus & les deux précédentes, il y a un peu plus de différence qu'à la premiere ; c'eft pourquoi j'ai jugé à propos de faire une ample explication de cette quatrieme opération. La difficulté eft, que quand le chiffre nombre, dixaine, centaine, &c. de la fomme payante eft plus fort ou vaut plus que le chiffre de la fomme due, il faut emprunter 1 fur le chiffre de devant, lequel 1 vaudra 10, & le chiffre fur lequel on aura emprunté vaudra 1 moins fa fignification. Il faut, fi on veut, faire un petit point fur chaque chiffre où l'on emprunte, comme il fe voit en l'opération ci-deffus, & comme il fe va voir dans l'explication ci-après.

Pour faire cette régle, il faut commencer par les nombres fols ou deniers s'il y en a. Je commence donc par les fols qui font les moindres efpeces de cette quatrieme opération, & je dis, qui de 2 paye 6 ne peut pas, j'emprunte le 1 qui eft devant 2, lequel 1

vaut 10 étant joint avec le 2 valent 12 , je
fais un petit point fur 1 que j'ai emprunté ,
pour faire voir qu'il ne vaut plus rien ; &
je dis, qui de 12 paye 6 refte 6 , lequel 6 je
pofe entre les deux premieres barres qui font
faites, c'eft-à-dire, fous le même chiffre de
la fomme payante qui eft 6 ; enfuite je prends
les livres , & je dis, qui de 6 en paye 7 ne
peut, il faut que j'emprunte 1 fur le 4 de
devant en y faifant un petit point, lequel 4
en ayant ôté 1 ne vaudra plus que 3 , &
lequel 1 que j'ai emprunté fur ledit 4 vaut
10, étant joint avec le 6 valent 16, & je
dis, qui de 16 en paye 7 refte 9, le 4 ne valant plus que 3 , je dis, qui de 3 paye 6 ne
peut, il faut que j'emprunte 1 fur le ch iffe
de devant , faifant la même attention qu'au
chiffre précédent ; je dis , qui de 13 paye
6 refte 7. Le 3 ne vaut plus que 2 , puifque
j'en ai emprunté 1 ; ainfi, qui de 2 paye 4
ne peut, il faut que j'emprunte 1 fur le
chiffre de devant qui vaut 10 avec 2 valent
12, je dis, qui de 12 paye 4 refte 8, je continue & trouve que le chiffre de la fomme dûe
eft auffi fort que celui de la fomme payée,
je dis, qui de 7 paye 7 refte o., je paffe à l'autre chiffre & je dis , qui de 7 paye 1 refte 6 ;
de forte que ayant exactement arrangé mes
chiffres, je trouve qu'il me refte à payer foi-
xante mille huit cent foixante-dix-neuf liv.

fix fols. Pour faire la preuve, il faut additionner la fomme payée & la fomme reftante à payer, pour trouver la principale fomme due.

Cinquieme opération par livres, fols & deniers, fans emprunt aux deniers.

		liv.	fols	den.
Dette	97467	12	9
Paye	72697 ..	17 ..	4
Refte	24769 ..	15 ..	5
Preuve. . . .	97467 ..	12 ..	9

L'opération ci-deffus n'a pas plus de difficulté que les précédentes, la différence eft qu'il y a des deniers, & qu'ainfi il faut commencer à fouftraire les deniers, en difant qui de 9 paye 4 refte 5, que l'on pofe fous les deniers, ainfi de fuite pour les fols & livres comme aux précédentes opérations ci-devant expliquées.

Sixieme opération par livres, fols & deniers, avec emprunt.

		liv.	fols	den.
Dette	900407	15	6
Paye	464379 —	17 —	9
Refte	436027 —	17 —	7
Preuve	900407 —	15 —	6

Pour

Pour faire cette régle ci-contre par livres
sols & deniers avec emprunt par-tout, il
faut un peu plus d'attention pour les commençans qu'aux précédentes régles que j'ai
donné. Il faut commencer par les moindres
especes, comme j'ai déja dit ; ainsi commençant par les deniers, je dis, qui de 6
paye 9 ne peut, il faut que j'emprunte 1
sur le 5 des sols, par conséquent en ôtant
1 il ne vaudra plus que 4, & comme c'est
un sol que j'ai emprunté qui vaut 12 deniers, & 6 qu'il y a, font 18, je dis qui de
18 paye 9 reste 9, que je pose sous le nombre des deniers, je passe aux sols ; le 5 ne
valant plus que 4, je dis qui de 4 paye 7
ne peut, j'emprunte la dixaine qui est devant, laquelle jointe avec 4 font 14 ; je dis
qui de 14 paye 7 reste 7, ce 1 que j'ai emprunté, qui est une dixaine, ne vaut plus rien ;
je dis qui de rien paye 1, qui est une dixaine de sols, ne peut pas, il faut donc que
j'emprunte une livre sur le 7, lequel ne vaudra plus que 6 ; cette livre que j'ai emprunté vaut 2 dixaines de sols, que je transporte
au rang des dixaines, & je dis qui de 2 dixaines en paye 1 reste 1, que je pose au rang
desdites dixaines, je passe aux livres, en disant, qui de 6 paye 9 ne peut, j'emprunte
1, non sur le zero mais sur le chiffre qui est
devant, lequel 1 vaut 10, j'en laisse 9 sur le

zero, de 10 il m'en reste encore 1, lequel 1
vaut 10, & 6 font 16 ; je dis qui de 16 paye
9 reste 7, le zero valant 9, je dis qui de 9
paye 7 reste 2, le 4 ne vaut plus que 3, puisque j'ai emprunté 1 dessus ; je dis qui de 3
paye 3 reste 0, je continue de suite, & je
dis qui de 0 paye 4 ne peut, il faut que j'emprunte, non sur les dixaines, parce que c'est
un zero, mais sur le 9 qui est centaines, lequel 1 ôté de 9 vaudra 100, & le 9 ne vaudra plus que 8, j'en laisse 9 sur le premier
0, qui font 9 dixaines qui valent 90 & 10
sur le dernier 0, qui font justement les 100
que j'ai emprunté.

Il faut remarquer que quand on ne transporte rien de dessus le dernier zero pour
joindre avec le chiffre suivant, le dernier
zero vaut toujours 10 ; je dis donc qui de
10 paye 4 reste 6, je passe à l'autre zero qui
vaut 9, & je dis qui de 9 paye 6 reste 3 ; je
passe ensuite au 9 qui ne vaut plus que 8,
à cause de l'emprunt que j'ai fait, je dis qui
de 8 paye 4 reste 4.

Pour la preuve il faut, comme j'ai dit ci-
devant, faire une addition de la somme payée
& de celle qui reste à payer pour trouver la
somme principale qui est due, comme il est
démontré dans les précédentes opérations.

Septieme opération par zeros.

Dette . . . . . 9000000 liv. 00 ſols 0 den.
Paye . . . . . 6461836——15——9

Reſte . . . . . 2538163—— 4——3

Preuve. . . . . 9000000—— 0——0

Pour faire cette régle il faut commencer comme aux précédentes régles, c'eſt-à-dire par les moindres eſpèces qui ſont les deniers; je dis qui de 0 aux deniers en paye 9 ne peut, il faut que j'emprunte 1 ſur 9, lequel 1 vaudra 1 million, je laiſſerai 9 ſur chaque 0, qui feront tous enſemble neuf cens quatre-vingt-dix-neuf mille neuf cens quatre-vingt-dix-neuf livres, ſur un million que j'ai emprunté, il reſte encore une livre qui vaut vingt ſols, j'en laiſſe dix-neuf ſols au rang & colonne des ſols, de vingt ſols il en reſte encore un ſol qui vaut douze de-niers, que je mets à la colonne deſdits de-niers, & je dis qui de 12 deniers paye 9 reſte 3, lequel je poſe entre les deux pre-mieres bares ſous la colonne des deniers; je paſſe aux ſols, & je dis qui de 9 paye 5 reſte 4, que je poſe à la colonne des ſols, je prends enſuite la dixaine de ſols, & je dis qui de 1 paye 1 reſte 0; je paſſe enſuite aux livres, je dis qui de neuf paye 6 reſte 3, lequel 3

I ij

je pose sous la colonne des nombres de livres , je continue prenant le chiffre suivant , & je dis qui de 9 paye 3 reste 6 , que je pose sous le même 3 payant. Je passe à l'autre o qui vaut 9 , je dis qui de 9 paye 8 reste 1 , que je pose sous le même 8 payant ; je passe à l'autre zero qui vaut aussi 9 , & je dis qui de 9 paye 1 reste 8 , continuant je prends l'autre zero qui vaut 9 , & je dis qui de 9 paye 6 reste 3 , allant de suite l'autre zero vaut aussi 9 , je dis qui de 9 paye 4 reste 5 , ensuite passant au dernier chiffre 9 qui ne vaut plus que 8 , à cause de l'emprunt que j'y ai fait , je dis qui de 8 paye 6 reste 2 ; de sorte que sur la somme de neuf millions j'ai payé la somme de six millions quatre cens soixante-un mille huit cens trente-six livres quinze sols neuf deniers , il reste à payer la somme de deux millions cinq cens trentehuit mille cent soixante-trois livres quatre sols trois deniers , comme il se voit par l'opération ci-devant page 67.

Pour faire la preuve il faut faire comme aux précédentes , c'est-à-dire il faut additionner la somme payée , & la somme qui reste à payer pour trouver la somme principale qui est dûe.

Huitieme opération.

Dette	60101010 liv.	10 ſols	1 den.
Paye	31010101 ——	1 ——	9
Reſte , ...	29090909 ——	8 ——	4
Preuve. . . .	60101010 ——	10 ——	1

Pour faire cette régle je commence par les deniers, comme j'ai fait aux précéden-tes, & je dis qui de 1 paye 9 ne peut, j'em-prunte 1 qui vaut 12 den. joints avec 1 ſont 13, je dis qui de 13 paye 9 reſte 4, que je poſe ſous la colonne des deniers, & je paſſe aux ſols & j'y vois 10 ſ. qui ne valent plus que 9, parce que j'en ai emprunté 1 ; je dis donc qui de 9 paye 1 reſte 8, que je poſe ſous les ſols ; je paſſe enſuite aux livres, & je dis qui de 0 paye 1 ne peut, j'emprunte la dixaine qui eſt devant, & je dis qui de 10 paye 1 reſte 9, que je poſe ſous le nom-bre des livres, je continue en diſant qui de 0 paye 0 reſte 0, parce que le 1 qui eſt aux dixaines ne vaut plus rien ; je vas aux cen-taines, & je dis qui de 0 paye 1 ne peut, j'emprunte la dixaine qui eſt devant, & je dis qui de 10 paye 1 reſte 9, que je poſe ſous les centaines ; ainſi de ſuite juſqu'à la fin de la ſouſtraction. Voyez l'opération ci-deſſus & les opérations précédentes , qui vous mettront en état de répondre à toutes les souftractions qu'on pourroit vous propofer de quelques natures qu'elles foient.

Je ne mettrai point ici de fouftractions des opérations d'additions que j'ai donné ci-devant, parce que celle de fouftractions que je viens de donner peuvent donner l'intelligence de toutes autres fouftractions propofées, foit pour le tonneau de bled, le muid de vin, la toife, &c. J'efpere cependant en donner quelqu'unes dans mon queftionnaire, qui fera compofé de diverfes queftions fur toutes les régles que je vais donner, voyez ci-après. Je vais feulement donner quelques fouftractions de fractions, après les deux curieufes qui fuivent.

Souftractions abregées fur plufieurs fommes dues à plufieurs fommes payées, & opérées tout d'un coup, c'eft-à-dire par un feul produit pour réponfe ou refte.

PREMIER EXEMPLE.

	liv.	fols	den.
	6378	17	9
Dettes	3678	7	3
	478	19	6
	3183^l	19^f	7^d
Payés	4635	15	8
	963	19	9

Démonftration.

	liv.	fols	den.	
Réponfe	1752	9	6	refte à payer.

Opération & explication.

Pour opérer cette régle, je commence par additionner les deniers des sommes dûes, disant 9 & 3 font 12 & 6 font 18 deniers, dont je fais mémoire dans mon idée, j'additionne encore les deniers des sommes payées, disant 7 & 8 font 15 & 9 font 24 deniers : je souftrais, disant qui de 18 den. des sommes dûes en paye 24 den. des sommes payées, ne peut pas ; j'emprunte un sol sur le 7 d'enhaut des sommes dûes, lequel 7 ne vaudra parconféquent plus que 6, & lequel sol emprunté vaut 12 den. & 18 den. desdites sommes dûes, font 30 den. je dis donc qui de 30 en paye 24 reste 6, que je pose pour réponse sous les deniers ; je passe ensuite aux sols, & j'additionne les sols des sommes dûes, commençant par en haut, & je dis 6 (au lieu de 7, parce que j'en ai ôté 1) & 7 font 13 & 9 font 22 sols, j'additionne encore les sols des sommes payées, disant 9 & 5 font 14 & 9 font 23 sols; je dis qui de 22 en paye 23, ne peut pas, j'emprunte 1 dixaine de sols sur les sommes dûes qui vaut 10 & 22 font 32 sols; je dis donc qui de 32 en paye 23 reste 9, que je pose sous les sols : je passe ensuite aux dixaines de sols, je vois qu'aux sommes dûes il n'y en a plus que 1, à cause de l'emprunt que j'ai fait, &

qu'il y en a trois aux sommes payées, par conséquent une dixaine des sommes dûes ne peut pas égaler 3 dixaines des sommes païées, je suis obligé d'emprunter 1 liv. sur les livres, qui est sur le 8 d'enhaut des sommes dûes, laquelle livre vaut 2 dixaines de sols, & 1 qu'il y a font 3 dixaines, ainsi je dis qui de 3 en paye 3 reste 0, que je pose en réponse ou un point ci. je passe aux livres des sommes dûes, & commençant par le chiffre d'enhaut, je dis 7 au lieu de 8, parce que l'emprunt que j'y ai fait ne le fait plus valoir que 7, ainsi 7 & 8 font 15 & 8 font 23; j'additionne encore les chiffres des sommes payées, disant 3 & 5 font 8 & 3 font 11, je dis qui de 23 paye 11 reste 12; je pose 2 en réponse sous les livres, & je retiens 1 dixaine que j'additionne avec les chiffres suivans des sommes dûes, disant 1 retenu & 7 font 8, & 7 font 15 & 7 font 22; j'additionne encore les chiffres des sommes payées, disant 8 & 3 font 11 & 6 font 17; & je dis qui de 22 des sommes dûes en paye 17 reste 5, que je pose en réponse; je passe aux chiffres suivans des sommes dûes, disant 3 & 6 font 9 & 4 font 13; j'additionne encore les chiffres des sommes payées, & dis 1 & 6 font 7 & 9 font 16, & je dis qui de 13 en paye 16, ne peut pas, j'emprunte 1 qui vaut 10 sur les sommes dûes, lequel 1 emprunte va-

lant

lant 10, & joint avec 13 font 23 ; je dis donc
qui de 23 en paye 16 refte 7, que je pofe
en réponfe : je paffe enfin aux derniers chiffres (de droit à gauche comme l'on a vu
que j'ai toujours agi) des fommes dûes, &
je vois en haut 6 qui ne vaut plus que 5, à
caufe de l'emprunt que j'y ai fait, je dis 5
& 3 font 8 ; j'additionne donc enfin les derniers chiffres des fommes payées, difant 3
& 4 font 7, & je dis qui de 8 des fommes
dûes en paye 7 des fommes payées refte 1,
que je pofe en réponfe. Ainfi eft le réfultat
de la régle finie, & fait voir que des fommes dûes payées, il refte encore à payer
1752 liv. 9 f. 6 d. comme on le voit par la
réponfe ou reftant de l'autre part.

DEUXIEME EXEMPLE.

		liv.	fols	den.
Dettes	{	57367	19	3
		2356	15	4
		47836	8	5

} Démonftration.

		liv.	fols	den.
Payes	{	3782	15	4
		4583	17	8
		2596	16	7

	liv.	fols	den.	
Réponfe	96597	13	5	refte à payer.

K

Opération & explication.

La maniere d'opérer & d'expliquer ce second exemple, n'eſt pas différent du premier, ſi ce n'eſt une petite difficulté qui ſe
trouve aux livres, laquelle embarraſſeroit
peut-être l'étudiant ; ainſi pour donner l'application de ces régles, je vais opérer &
expliquer celle-ci mot pour mot comme la
premiere.

J'additionne les deniers des ſommes dûes,
j'y trouve 12 d. dans le tems qu'il y a 19
den. aux ſommes payées ; je dis, qui de 12
paye 19 ne peut pas, j'emprunte 1 ſur les
ſols, lequel 1 ſ. vaut 12 d. joint à 12 qu'il
y a déja font 24 : je dis donc, qui de 24 en
paye 19 reſte 5 que je poſe en réponſe ſous
les deniers ; je paſſe aux ſols des ſommes
dûes, commençant par en haut, j'y vois 9
qui ne vaut plus que 8 , attendu l'emprunt
de 1 que j'y ai fait ; je dis parconſéquent,
8 & 5 font 13 & 8 font 21 , j'additionne
enſuite les ſols des ſommes payées, diſant
5 & 7 font 12 & 6 font 18 ; je ſouſtrais
donc, diſant qui de 21 paye 18 reſte 3 que
je poſe aux ſols en réponſe ; je paſſe aux
dixaines de ſols, j'en vois 2 au rang des
ſommes dûes & 3 au rang des ſommes payées,
je dis que de 2 dixaines des ſommes dûes en
paye 3 des ſommes payées ne peut pas ; j'em-

prunte 1 liv. laquelle vaut 2 dixaines de fols qui étant jointes à 2 dixaines qu'il y a déja font 4 , je dis donc qui de 4 paye 3 reste 1 , lequel 1 je pofe en réponfe fous la colonne des dixaines de fols ; je paffe aux livres & j'y vois 7 qui ne peut valoir que 6 rapport à l'emprunt de 1 que j'y ai fait, ainfi je dis 6 & 6 font 12 & 6 font 18 , j'additionne encore les chiffres des fommes payées, difant 2 & 3 font 5 & 6 font 11 je fouftrais & dis, qui de 18 paye 11 refte 7 que je pofe en reponfe fous les livres, je paffe aux chiffres fuivans des fommes dûes, difant 6 & 5 font 11 & 3 font 14 , j'additionne encore les chiffres des fommes payées qui font directement deffous, & dis 8 & 8 font 16 & 9 font 25 ; ainfi qui de 14 paye 25 ne peut pas , (c'eft ici où fe trouve la petite difficulté dont j'ai ci-devant parlé) j'emprunte 2 qui valent 2 dixaines qui font 20 & 14 font 34 ; (car fi je n'empruntois que une dixaine jointe avec 14 cela ne feroit que 24 , ce qui n'équivaleroit pas 25 des fommes payées , & comme il faut que le montant des fommes foit toujours auffi fort ou plus fort que le montant des fommes payées ; j'ai été obligé d'emprunter deux dixaines pour que le montant des fommes dûes foit plus fort que celui des fommes payées) ; je dis donc qui de 34 paye 25 refte 9 que je pofe en réponfe ; je paſſe aux chiffres ſuivans des ſommes dûes & j'y vois 3 qui ne vaut plus que 1 à cauſe de 2 d'emprunt que j'ai fait ſur ledit 3, ainſi je dis 1 & 3 font 4 & 8 font 12, j'additionne encore les chiffres des ſommes payées, diſant 7 & 5 font 12 & 5 font 17, qui de 12 paye 17 ne peut, j'emprunte 1 ſur le chiffre de devant, lequel 1 vaut 10 avec 12 font 22, je dis donc qui de 22 en paye 17 reſte 5 que je poſe en réponſe ; je paſſe aux chiffres ſuivans des ſommes dûes, j'y vois 7 qui ne vaut plus que 6 à cauſe de l'emprunt que j'y ai fait, je dis 6 & 2 font 8 & 7 font 15 ; j'additionne les chiffres des ſommes payées qui ſont deſſous directement (comme j'ai fait pour toutes les autres colonnes de chiffres), diſant 3 & 4 font 7 & 2 font 9, je dis donc enfin qui de 15 paye 9 reſte 6 que je poſe en réponſe, & comme je n'ai point d'autres chiffres aux ſommes payées, j'additionne enfin les chiffres des ſommes dûes, diſant 5 & 4 font 9 que je poſe en réponſe, & c'eſt ce qui finit & acheve la régle de ſouſtraction par laquelle on voit qu'il reſte à payer 96597 liv. 13 ſ. 5 den.

Pour donner l'explication de cette régle, j'avouerai que j'ai fait beaucoup de répétition qui ſeroient inutiles à un homme expérimenté dans l'art ; mais abſolument indiſpenſables pour la faire entendre aux commençans. J'ai été obligé de faire de mêmes répétitions dans toutes les autres régles contenues en ce volume, parce qu'elles ont été indispensables pour les faire concevoir à gens de tous âges, lorsqu'ils liront ce volume avec attention, & qu'ils feront plusieurs régles à l'imitation de celles portées sur icelui ils réussiront dans leurs calculs. Cette souftraction donne beaucoup d'abréviation & exempte deux additions ; l'une pour les diverses sommes dues, & l'autre pour les diverses sommes payées, lesquelles additions on souftrairoit l'une de l'autre, c'est-à-dire, on souftrairoit du montant total des sommes dues, le montant total des sommes payées, ce qui reviendroit au même, mais avec plus de travail dans le tems que l'opération de la souftraction ci-devant se trouve tout d'un coup faite.

Dans mon traité du Guide du Commerce, premier volume, il y a beaucoup d'abréviations plus étendues & plus brieves sur toutes les régles, principalement sur les quatre principales régles qui font la base de toute l'Arithmétique, lesquelles sont si clairement démontrées, opérées & expliquées mot à mot qu'il n'y a aucun amateur de l'Arithmétique qui n'entende & ne comprenne le raisonnement simple dont je me suis servi pour le faire opérer dans le même genre, pour qu'il faſſe toutes ſortes de régles par abréviation ſans le ſecours d'aucuns maîtres. Je ſuis ſûr qu'il en tirera quelque choſe à ſon utilité, car l'ouvrage eſt étendu ſur toutes les parties convenables à gens de tous états.

Souſtractions d'entiers & de fractions ſimples.

On ſuppoſe qu'un Marchand de drap doive à un autre Marchand de drap 29 aunes 3/4 de drap de Lodeve, dont le premier en a rendu à ce dernier 17 aunes 1/2, ſçavoir combien ce dernier en redoit au premier. Réponſe, 12 aunes 1/4.

Ayant diſpoſé ma régle comme ci-à-côté, je dis qui de 3/4 qui valent 1/2 & 1/4 en ôte 1/2 reſte 1/4, que

OPERATION de 29 aunes $\frac{3}{4}$		
En ôter	17 aunes	$\frac{1}{2}$
Reſte	12 aunes	$\frac{1}{4}$
Preuve	29 aunes	$\frac{3}{4}$

je poſe ſous la 1/2; enſuite je vas aux aunes, & je dis que de 9 en ôte 7 reſte 2, que je poſe ſous 7, je continue, & je dis qui de 2 en ôte 1 reſte 1 que je poſe à la ſomme reſtante devant 2, qui y eſt déja, & je trouve qu'il reſte à rendre au Marchand de drap qui a prêté à l'autre, douze aunes un quart de drap, comme on le voit par l'opération ci-deſſus.

Pour la preuve il faut additionner les aunes qui ont été rendues & celles qui restent, à rendre, pour trouver les aunes qui ont été prêtées; disant 1/2 & 1/4 font 3/4; je pose à ma preuve lesdits 3/4, ensuite je vais aux aunes, & je dis 7 & 2 font 9, je pose 9, je continue, & je dis 1 & 1 font 2, je pose 2 devant neuf, & je trouve à ma preuve les 29 aunes 3/4 qui avoient été prêtées.

Deuxieme supposition.

Supposé qu'il soit proposé d'ôter 77 aunes 3/4 de 137 aunes 1/2, on demande combien il restera d'aunes & de fraction ou partie d'aune : réponse, il restera 59 aun. 3/4.

Après avoir disposé mon opération, com-

OPERATION de 137 aun. 1/2
En ôter... 77 .. 3/4
Reste .... 59 — 3/4
Preuve ... 137 aun. 1/2

me on la voit ci-contre, je dis qui de 1/2 en ôte 3/4 ne peut pas, il faut que j'emprunte un entier, ou plutôt une aune qui vaut 4/4, joints avec la 1/2 qui vaut 2/4 font 6/4, je dis qui de six quarts ou 6/4 en ôte 3/4 reste à 3/4, que je pose à ma soustraction, ensuite je passe aux aunes; le 7 qui y est ne vaut plus que 6, parce que j'ai emprunté 1 dessus ledit 7, je dis qui de 6 en ôte 7 ne peut pas, j'emprunte 1 sur le 3 qui est devant 7, lequel 1 vaut 10, & 6 font 16, je dis donc qui de 16 en ôte 7 reste 9, que je pose au restant de la soustraction, & sous le premier chiffre à droite ; je continue, disant qui de 2, parce que le 3 ne vaut plus que 2, en ôte 7 ne peut ; j'emprunte la dixaine qui est devant 3, étant jointe avec 2 font 12, je dis qui de 12 en ôte 7 reste 5, que je pose devant 9, de sorte que je trouve qu'il reste cinquante-neuf aunes trois quarts.

Pour la preuve il faut additionner les aunes à diminuer, & celles qui restent pour trouver les aunes principales de la supposition, disant 3/4 & 3/4 font 6/4, qui font une aune & demie ; je pose ma 1/2 & je retiens 1 aune pour additionner avec les aunes, disant 1 que j'ai retenu, & 7 font 8 & 9 font 17 ; je pose 7 sous les aunes & retiens 1, je continue en disant 1 que j'ai retenu & 7 font 8, 8 & 5 font 13, je pose 13 devant 7 ; & je trouve le principal de ma supposition, qui est de cent trente-sept aunes & demie, comme on le voit en l'opération ci-devant.

Soustractions d'entiers & de fractions composées.

Première proposition.

Un Marchand de dentelles a donné à un Marchand Colporteur 15 aunes 1/16 d'aune

ne de dentelle à vendre pour son compte,
moyennant qu'il donneroit audit Colporteur
un certain bénéfice convenu entre eux. Ledit Colporteur après avoir vendu ce qu'il a
pu de dentelle, lui en rend 12 aunes 5/7.ᵐᵉ
d'aune, on demande combien il en a vendu.
Réponse, il en a vendu 2 aunes 39/112 partie d'aune.

OPERATION.

dénominateur commun.

De ·. 15 aun. 1|16 ... 16/7 ... 112/7 } 119 ... 112 00 { 16/7

En dim. 12 aun. 5|7 ... 80 ... 112 42 { 7/16

Reste ·· 2 aun. 39|112 ... 39|112 ... 0 { 5

80

Preuve ·· 15 aun. 1|16 ... 112

Pour les 5|7 ... 80 ... ⅐ ci 16

39

119

7/112 { 112 / 1 aune / 1/16

1|16

Ayant disposé ma régle, comme on la
voit ci-dessus, je commence par les fractions, & je dis qui de 1/16 en ôte 5/7 ne
peut pas, il faut que je multiplie les deux
dénominateurs des fractions l'un par l'autre, c'est-à-dire 16 par 7, ce qui me produira 112 pour dénominateur commun, duquel j'en prends le seizieme, en divisant 112

par 16, je trouve 7 au quotient, je le pose
fous 112 dénominateur commun; ensuite de
quoi je prends les 5/7 dudit dénominateur
commun, en divifant 112 par 7 je trouve
au quotient 16 pour 1/7; mais comme je
cherche 5/7 je multiplie 16 par 5, & je trouve 80 pour produit de mes 5/7, je pose lefdits 80 fous 7 & à côté des 5/7; ensuite je
fais ma fouftraction, difant qui de 7 en ôte
80 ne peut; j'emprunte 1 aune fur les 15
aunes, laquelle aune vaut autant que le dénominateur commun, 112 & 7 qu'il y a,
c'eft 119 que je mets à côté de 112 & 7;
ensuite je dis qui de 119 en ôte 80 refte 39,
qui eft le numérateur du dénominateur commun, c'eft-à-dire 39/112, & qui ne peut
pas fe réduire en plus petite dénomination;
je paffe ensuite aux aunes, & comme 15 aunes ne valent plus que 14 à caufe de l'emprunt que j'ai fait, je dis qui de 14 en ôte
12 refte 2; ainfi je trouve que le Marchand
Colporteur n'a vendu que 2 aun. 39/112ᵉᵐᵉ
partie d'aune de dentelle, comme on le voit
par l'opération de l'autre part.

Pour la preuve il faut additionner les aunes rendues & celles vendues avec leurs fractions, pour trouver le montant qui avoit
été donné : ainfi voyez les additions de fractions ci-devant données qui vous inftruiront de la maniere de trouver des entiers

dans des fractions, & l'opération de l'autre part qui est prouvée par l'addition.

Soustraction de fractions.

Un Marchand a laissé entre les mains d'un de ses amis 7/8 d'aune d'étoffe d'argent, & quelque tems s'étant écoulé, cet ami lui en rend 5/7ᵉᵐᵉ d'aune, on demande combien cet ami en redoit à ce Marchand. Réponse, 1/8ᵉᵐᵉ & 1/28ᵉᵐᵉ, ou 9/56ᵉᵐᵉ partie d'aune.

OPERATION.

$$8$$
$$7$$
$$\overline{56} \text{ dénominateur commun.}$$

De . . . 7/8ᵉᵐᵉ d'aune . . 49 . . ⅛ . . 7 } 49
⠀⠀⠀⠀⠀⠀⠀⠀⠀⠀⠀⠀⠀⠀⠀⠀⠀⠀⠀⠀⠀⠀⠀⠀7 } 49

En ôter . . 5/7 d'aune . . . . 40 . . ⅐ . . 8 } 40
⠀⠀⠀⠀⠀⠀⠀⠀⠀⠀⠀⠀⠀⠀⠀⠀⠀⠀⠀⠀⠀⠀⠀⠀5 } 40

Reste . . 1/8 & 1/28 ou . . 9/56

Preuve . . 7/8 d'aune

⠀⠀⠀⠀⠀⠀addit. 1568⠀⠀⠀⠀Le 1/7 . . 214
Preuve . 5/7 . . . 1120⠀⠀⠀⠀⠀⠀⠀⠀⠀5
⠀⠀⠀⠀1/8 . . . 196⠀⠀⠀⠀⠀⠀⠀1120
⠀⠀⠀⠀1/28 . . 56⠀⠀⠀Le 1/28 . 1568 } 28
⠀⠀⠀⠀⠀⠀1372/1568⠀⠀⠀⠀⠀⠀⠀168 } 56
⠀⠀⠀⠀⠀⠀⠀⠀⠀⠀⠀⠀⠀⠀⠀⠀⠀⠀00 }

7
8
⠀⠀Il faut diviser par 196 . 1372 } 196/7 } 7/8
56⠀⠀⠀⠀⠀⠀⠀⠀⠀⠀⠀⠀⠀000 }
28
448⠀⠀⠀⠀⠀⠀⠀⠀⠀⠀⠀⠀⠀1568 } 196/8
112
1568⠀⠀⠀⠀⠀⠀⠀⠀⠀⠀⠀000 }⠀⠀⠀⠀L ij

Pour faire la régle de l'autre part, il faut multiplier les dénominateurs des deux fractions l'un par l'autre, c'est-à-dire 8 par 7, disant 7 fois 8 font 56, qui feront le dénominateur commun, duquel j'en prends les 7/8 qui font 49, que je mets sous 56 à côté des 7/8; ensuite je prends les 5/7 de 56 dénominateur commun, qui est 40 que je mets sous 49 & à côté des 5/7; ensuite je dis qui de 49 en ôte 40 reste 9, qui disent 9/56, partie d'aune qui restent à rendre au Marchand. Pour prouver si la régle est bonne, il faut faire une addition de fractions des 5/7 & 9/56 pour trouver les 7/8eme d'aune; mais comme on peut réduire les 9/56eme en fractions plus approchantes & plus intelligibles; je raisonne & je dis s'il n'y avoit que 7/56eme, cela feroit 1/8 en prenant le 7eme des 7/56, mais il y a 9/56, cela fait 7/56 & 2/56, qui font 1/8 & 1/28, qui font de même valeur que 9/56, comme on le voit par l'opération de l'autre part.

Pour la preuve j'additionne 5/7, 1/8 & 1/28, multipliant les dénominateurs de ces trois fractions les uns par les autres, je trouve 1568 pour dénominateur commun, dont j'en prends les 5/7, le 1/8 & le 1/28, ce qui fait 1372/1568, qui étant divisés par 196, tant le numérateur que le dénominateur font 7/8, comme on le voit par l'opération de

l'autre part, & comme on le peut voir par
les additions de fractions ci-devant données
pour la maniere de réduire une fraction en
la plus petite dénomination.

DE LA MULTIPLICATION.

La multiplication eſt l'augmentation d'un
nombre, autant de fois qu'un autre contient
d'unités; comme ſi on vouloit multiplier 8
par 6, on chercheroit un nombre qui con-
tiendroit autant de fois l'un de ces deux nombres propoſés qu'il y a d'unité dans l'autre,
le produit total eſt 48, parce que 6 fois 8
ou 8 fois 6 font 48, il y a trois nombres à
diſtinguer dans la multiplication; ſavoir,
le multiplicande ou le multiplié, le multiplicateur & le produit, le multiplicande eſt
le nombre à multiplier, comme il eſt ci-
deſſus démontré; car 8 eſt le nombre à multiplier, le multiplicateur eſt celui par lequel
on multiplie, comme 6 dans la même propoſition. Le produit eſt le réſultat de la
multiplication; ainſi 48 eſt le produit de 8
par 6. Le multiplicande, autrement dit le
multiplié, doit être le nombre de deſſus,
le multiplicateur doit être deſſous, & le
produit ſe trouve ſous le multiplicateur,
comme on le verra en les exemples ſuivans.

Il y a deux ſortes de multiplication, la
ſimple & la compoſée; la multiplication

simple est celle dont le multiplicateur est composé d'un seul chiffre, telle est la multi-

$$\left\{\begin{array}{r}378\\7\\\hline2646\end{array}\right.$$

plication de 378 par 7. La multiplication composée est celle dont le multiplicateur à plusieurs caracteres, comme si on multiplie 64703 par 69.

$$\left\{\begin{array}{r}64703\\69\\\hline582327\\388218\\\hline4464507\end{array}\right.$$

Pour instruire plus facilement ceux qui prendront goût à cette régle, comme à toutes les autres que j'ai donné & que je donnerai à la suite en lesquelles j'ai tâché de donner tous les principes réels & effectifs; je montrerai premierement la multiplication simple & ensuite la multiplication composée par livres, sols & deniers. Je donnerai des éclaircissemens si nets, si faciles & si racourcis, que ceux qui les verront seront charmés d'apprendre cette méthode préférablement à toutes les autres que l'on a pu donner dans plusieurs livres d'Arithmétique.

Mais parce qu'il est très-facile de résoudre les questions de multiplication sans savoir la puissance des nombres multipliés les uns par les autres, j'ai jugé à propos de donner en cet endroit une table pitagorique, & une autre table vulgairement appellée table de

multiplication ou livret, lesquelles tables il
faut néceſſairement que les commençans re-
paſſent pluſieurs fois afin de les retenir exactement; voyez ci-après.

Table pitagorique.

1	2	3	4	5	6	7	8	9
2	4	6	8	10	12	14	16	18
3	6	9	12	15	18	21	24	27
4	8	12	16	20	24	28	32	36
5	10	15	20	25	30	35	40	45
6	12	18	24	30	36	42	48	54
7	14	21	28	35	42	49	56	63
8	16	24	32	40	48	56	64	72
9	18	27	36	45	54	63	72	81

Pour bien comprendre cette table, il faut
remarquer que la premiere colonne de gauche à droite eſt le multiplicateur, & la premiere colonne en deſſus eſt le multiplié ou
multiplicande, & le produit ſe trouve à la
colonne du multiplié au même rang de la
colonne du multiplicateur : par exemple je

demande 4 fois 4, mon multiplicateur eſt à
la premiere colonne de gauche à droite, mon
multiplié eſt la quatrieme colonne en deſſus,
je dois prendre mon produit à la quatrieme
colonne en deſſous le 4 multiplié, & je trouve 16 qui eſt mon produit; de même que ſi
on demandoit 7 fois 9, je prends la ſeptieme colonne deſſous le 9, qui eſt le nombre
multiplié & je trouve 63, par conſéquent 7
fois 9 font 63, ainſi des autres, en prenant
toujours le produit ſous la colonne du nombre multiplié au rang que le multiplicateur
eſt propoſé.

Livre de multiplication.

2 fois 2 font	4
2 .. 3 ..	6
2 .. 4 ..	8
2 .. 5 ..	10
2 .. 6 ..	12
2 .. 7 ..	14
2 .. 8 ..	16
2 .. 9 ..	18
2 .. 10 ..	20
2 .. 11 ..	22
2 .. 12 ..	24

3 .. 3 ..	9
3 .. 4 ..	12
3 .. 5 ..	15
3 .. 6 ..	18
3 .. 7 ..	21
3 .. 8 ..	24
3 .. 9 ..	27
3 .. 10 ..	30
3 .. 11 ..	33
3 .. 12 ..	36

Pour être bon Calculateur il faut une vive ardeur.

4 fois 4 font	16
4 .. 5 ..	20
4 .. 6 ..	24
4 .. 7 ..	28
4 .. 8 ..	32
4 .. 9 ..	36
4 .. 10 ..	40
4 .. 11 ..	44
4 .. 12 ..	48

5 .. 6 ..	30
5 .. 7 ..	35
5 .. 8 ..	40
5 .. 9 ..	45
5 .. 10 ..	50
5 .. 11 ..	55
5 .. 12 ..	60

6 .. 6 ..	36
6 .. 7 ..	42
6 .. 8 ..	48
6 .. 9 ..	54
6 .. 10 ..	60
6 .. 11 ..	66
6 .. 12 ..	72

7 fois 7 font	49
7 .. 8 ..	56
7 .. 9 ..	63
7 .. 10 ..	70
7 .. 11 ..	77
7 .. 12 ..	84

8 .. 8 ..	64
8 .. 9 ..	72
8 .. 10 ..	80
8 .. 11 ..	88
8 .. 12 ..	96

9 .. 9 ..	81
9 .. 10 ..	90
9 .. 11 ..	99
9 .. 12 ..	108

10 .. 10 ..	100
10 .. 11 ..	110
10 .. 12 ..	120

11 .. 11 ..	121
11 .. 12 ..	132

12 .. 12 ..	144

Nul ne sera bon Chiffreur s'il ne sçait ce livre par cœur.

Remarques sur la multiplication.

On doit commencer par poser le plus grand nombre le premier, qui exprime ordinairement la quantité des choses vendues ou achetées, & le moindre au-deſſous qui marque le plus ſouvent la valeur de l'une des choſes propoſées dont on cherche le prix total. Il faut d'abord multiplier le chiffre qui eſt au rang des nombres du multiplicande, par le multiplicateur, commençant cette opération par la droite comme les deux régles précédentes, & ſi le produit de ce chiffre s'exprime par un ſeul caractere, on l'écrit ſous le rang des nombres; mais ſi ce produit s'exprime par deux chiffres, on met le dernier ſous le rang des nombres, & on retient le premier pour l'ajouter au produit des dixaines ſur leſquelles on opére de la même maniere, comme ſous les centaines, ſur les milles, &c. Il faut remarquer que s'il y avoit un o dans quelqu'un des rangs du multiplicateur, il faudroit mettre au produit un o ſous le même zero, & multiplier le multiplicande par le chiffre ſuivant du multiplicateur. De même que s'il y avoit un o dans quelqu'un des rangs du multiplicande; il faudroit mettre au produit dans le rang qui répondroit au zero, le chiffre qu'on auroit retenu du chiffre multiplié, ſi on avoit quelques dixaines; mais si on n'avoit rien retenu on ne pourroit écrire que zero à ce même rang.

Multiplications simples.

PREMIER EXEMPLE.

L'on veut multiplier 248 par 4. Après avoir disposé ces deux nombres, comme nous avons dit ci-devant, & comme il est marqué ci-dessous, il faut tirer une barre sous ces deux nombres.

OPERATION.

Je dis 4 fois 8 font 32, je pose 2 sous 4 multiplicateur, & je retiens 3 pour l'ajouter au produit des dixaines, je continue de multiplier les dixaines, c'est-à-dire, 4 par 4, disant 4 fois 4 font 16, ajoutant 3 que j'ai retenu font 19, je pose 9 au produit & je retiens 1 pour l'ajouter aux centaines. Je continue encore à multiplier les centaines, & je dis 4 fois 2 font 8 & 1 que j'ai retenue font 9 que j'écris sous 2 du multiplicande, je trouve donc pour le produit total neuf cent quatre-vingt-douze, comme on le voit par l'opération ci-dessus.

$$\begin{array}{r} 248 \\ \text{Par} \dots \dots \quad 4 \\ \hline 992 \end{array}$$

Deuxieme propofition.

On veut multiplier 70406 par 3, après avoir écrit le multiplicateur 3 fous le multiplicande 70406, comme il fe voit par l'opération ci-deffous.

OPERATION.

Je multiplie 6 par 3, en difant 3 fois 6 font 18, je pofe 8 au produit & je retiens 1, je continue en difant 3 fois 0 c'eft 0, mais j'ai retenu 1, je le pofe au produit fous 0 des dixaines, puis je viens au 4 des centaines, je dis 3 fois 4 font 12, je pofe 2 au produit & je retiens 1, je dis enfuite 3 fois 0 eft 0; mais ayant retenu 1 je pofe 1 au produit, fous le fecond zero, c'eft-à-dire, au rang des milles, & je paffe au 7, en difant 3 fois 7 font 21; je pofe 1 fous 7 & j'avance 2; de forte que le produit total fe monte à deux cent onze mille deux cent dix-huit livres, toifes, aunes, &c.

```
        70406
            3
      _________
       211218
```

Multiplications compofées.

Quand le multiplicateur a plufieurs chiffres, il faut multiplier tout le multiplicande par le premier chiffre des nombres du multiplicateur; il faut de même multiplier le multiplicande entier par le chiffre, qui eft

au rang des dixaines du multiplicateur, mettant le dernier chiffre de ce second produit
sous le même chiffre du multiplicateur, par
lequel on multiplie, & retenir les dixaines pour les ajouter avec les autres dixaines. S'il y a plus de deux chiffres au multiplicateur, il faut continuer de multiplier
tout le multiplicande par chacun des chiffres du multiplicateur, & mettre le dernier
chiffre de chaque produit au rang du chiffre,
par lequel on multiplie comme il est dit ci-
dessus. Lorsque la multiplication est faite
& finie, il faut additionner tous ses produits pour en sçavoir la somme totale.

PREMIERE PROPOSITION.

On veut multiplier 78306 par 28

OPERATION.....78306
28
______
626448
156612
______
2192568

Pour multiplier 78306 par 28, il faut les
disposer comme on les voit ci-dessus ; il
faut multiplier tout le multiplicande par 8
qui est au rang des nombres, comme il est
démontré par la multiplication simple, &
ensuite il faut continuer à multiplier le mul-

tiplicande par 2 qui eſt au rang des dixaï-
nes, écrivant le dernier chiffre de ce produit au rang des dixaines, c'eſt-à-dire ſous
le même multiplicateur. Et l'addition des
deux produits ſe monte comme il ſe voit ci-
devant à deux millions cent quatre-vingt-
douze mille cinq cens ſoixante-huit.

DEUXIEME PROPOSITION.

L'on veut multiplier 61706 par 5007.

OPERATION. . . . . . .
$$\left\{\begin{array}{r} 61706 \\ 5007 \end{array}\right.$$

$$\left\{\begin{array}{r} 431942 \\ 30853000 \\ \hline 308961942 \end{array}\right.$$

Quand il y a des zeros au multiplicateur,
ils ne ſont toujours eſtimés que pour zeros,
ainſi il faut les poſer dans le même rang
qu'ils ſont, & multiplier le chiffre nombre
du multiplicande par le chiffre ſuivant les
zeros du multiplicateur, écrivant le dernier
chiffre du produit au rang des milles : enſuite il faut additionner tous les produits particuliers pour trouver le produit total qui ſe
monte à trois cens huit millions neuf cens
ſoixante-un mille neuf cens quarante-deux.

Maniere abrégée de multiplier.

Par deux chiffres depuis le nombre 10 juſqu'au nombre 19, dont on trouve le produit par une ſeule opération, comme on **va** le voir ci-après.

PROPOSITION.

On veut multiplier 273 par 14, en un ſeul produit.

OPÉRATION.

$$
\begin{array}{r}
373 \\
14 \\
\hline
5222 \\
\hline
\end{array}
$$

Pour faire cette opération, & ne trouver qu'un ſeul produit qui vale autant que ſi on en faiſoit deux, il faut multiplier premicrement par le 4 du multiplicateur le premier chiffre de multiplicande, diſant 4 fois 3 font 12 ; je poſe 2 ſous le 4 du multiplicateur & je retiens 1 ; je continue de multiplier les chiffres ſuivans, diſant 4 fois 7 font 28, & 1 que j'ai retenu font 29, & 3 premier chiffre à droit du multiplicande que j'ajoute à 29 font 32, je poſe 2 ſous 7 du multiplicande & retiens 3 ; je continue de multiplier, diſant 4 fois 3 font 12 & 3 que j'ai retenu font 15 , & 7 qui eſt après ledit 3

que j'ai multiplié que j'ajoute à 15 font 22 ;
je pose 2 sous le 3 du multiplicande qui est
à gauche & je retiens 2 ; ensuite je multiplie ledit premier 3 à gauche par le 1 du
multiplicateur 14, disant 1 fois 3 est 3, &
2 que j'ai retenu font 5, que je pose à la
suite du produit ; ce qui fait en total cinq
mille deux cens vingt-deux, comme on le
voit par l'opération ci-devant ; ainsi des autres multiplications de 10 jusqu'à 19, que
l'on peut faire par la même abréviation plus
au long démontrée & expliquée en la premiere partie du premier volume de mon
Guide du Commerce.

De la preuve de la multiplication.

On sçait que la preuve de la multiplication se fait par la division ; mais comme
je ne traite pas encore de la division, j'ai
jugé à propos de donner une autre maniere
de prouver la multiplication par son contraire, prenant la moitié du multiplicande,
& augmentant le multiplicateur d'une fois
plus ; pour lors il faut que les produits qui
viennent de ces deux multiplications soient
égaux, c'est-à-dire de même valeur & même nombre, comme on le verra en les opérations suivantes.

Premiere

Premiere propofition avec fa preuve.

On veut multiplier 2746 par 268, & pour preuve on veut multiplier 1373 par 536.

O P E R A T I O N S.

| 2746 } Preuve . . . . . . 1373 |
| Par . . . 268 } Par . . . . . . 536 |

21968	8238
16476	4119
5492	6865
735928	735928

Ayant donc à multiplier 2746 par 268, je les difpofe comme ci-deffus. Pour pofer la preuve je prends la moitié defdits 2746 qui eft 1373, j'augmente d'une fois plus 268, qui eft 536, de forte que c'eft deux régles pour une, lefquelles doivent fe trouver égales pour le produit total, comme on voit ci-deffus, & chaque produit fe monte à fept cens trente-cinq mille neuf cens vingt-huit; ce qui fait la certitude des deux régles.

Deuxieme propofition avec fa preuve.

S'il y avoit des chiffres pofitifs fuivis de zeros tant à la fin du multiplicateur que du multiplicande, il faudroit pofer les zeros du multiplicateur pour le produit fous les mêmes zeros, c'est-à-dire tels qu'ils font ; & de fuite pofer ceux du multiplicande, & puis multiplier les chiffres du multiplicande par ceux du multiplicateur, comme il eft marqué dans l'opération ci-deffous, les zeros ne fervent que pour faire augmenter le nombre.

Il eft par exemple propofé de multiplier 67041000 par 72300, & pour preuve de multiplier, 3352050 par 144600, il faut fçavoir ce que ces nombres produiront.

OPERATION.

Multiplier–67041000	Preuve M. 33520500
Par ... 72300	Par 144600
20112300000	20112300000
134082000	134082000
469287000	134082000
4847064300000	33520500
	484,064300000

Il faut remarquer que la preuve d'une opération fe peut toujours faire par l'opération contraire ; nous avons vu que la preuve de l'addition fe faifoit par la fouftraction, & que la preuve de la fouftraction fe faifoit par l'addition : nous verrons auffi que la multiplication fe prouve par la divifion, & que la divifion fe prouve auffi par la multiplication.

Multiplication par livres avec sa preuve.

On veut multiplier 276 ℔ par 4 liv. sçavoir quel en sera le produit.

OPERATION.	PREUVE.
M. 276 ℔	M 138 ℔
Par... 4 l.	Par... 8 l.
1104	1104

Pour ces régles ci-dessus l'on opére comme aux précédentes, disant 4 fois 6 font 24; en 24 je pose 4 & retiens 2, parce qu'il y a deux dixaines & quatre, & qu'il faut poser tout ce qui est au-dessus des dixaines sous la colonne des nombres, & retenir les dixaines pour les ajouter aux suivantes, après les avoir multipliées par le même chiffre du multiplicateur, disant 4 fois 7 font 28, & 2 que j'ai retenu font 30; je pose o au produit sous les dixaines & retiens 3, je continue & je dis 4 fois 2 font 8, & 3 que j'ai retenu font 11, je pose 11 audit produit, j'en fais de même pour la preuve, & je trouve mes deux produits égaux, qui font mille cent quatre livres, ou onze cens quatre livres.

Table pour les sols ou parties d'une livre.

Pour un sol prenez la moitié du nombre

proposé en retrogradant d'un chiffre, & posez le dernier chiffre aux sols tel qu'il est, & quand bien même il resteroit une demie elle vaudra 10, qui étant jointe au dernier chiffre fera un nombre de sols qu'il faudra poser au rang des sols ; comme on le voit en la premiere opération ci-après.

Pour deux sols, prenez la moitié des deux sols qui est 1, lequel 1 vous mettrez au-dessus desdits 2 sols, vous multiplirez le premier chiffre à droite, du nombre proposé par 1, ensuite vous doublerez le produit, & s'il y a des livres dans ce nombre doublé, vous les retiendrez, & poserez au rang des sols le surplus des livres, & vous continuerez toujours de multiplier par ledit 1 les chiffres suivans, qui sont réputés pour livres, & y ajouterez ce que vous retiendrez, comme dans la preuve de la premiere opération ci-après. Mais on sçait qu'un nombre multiplié par 1, ne peut produire des livres ; ainsi il faut poser les sols doublés au rang des sols.

Pour trois sols, vous en prendrez la moitié qui est 1 & demi, vous multiplirez par 1, comme il est expliqué ci-dessus, & comme vous voyez en l'opération ci-après ; ensuite de quoi pour cette demie restante qui est un sol, vous prendrez de la même maniere qu'il est expliqué ci-devant pour un sol, & comme il est démontré par la premiere opération ci-après d'un fol ; pour lequel, il faut prendre la moitié du nombre propofé en retrogradant d'un chiffre, & pofer le dernier chiffre aux fols tel qu'il eft. Toutes les autres multiplications par les parties aliquotes de la livre, fe font de la même maniere, en prenant la moitié des fols, comme on le voit par les opérations fuivantes.

Je donne ici la même maniere de prouver la premiere multiplication par une autre multiplication, également pour les fols, que pour les livres, & je prouverai toutes les multiplications fuivantes dans le même genre, jufqu'à ce que j'aie donné les principes de la divifion, afin de prouver la multiplication par la divifion. Je prends donc pour preuve (de même qu'aux précédentes opérations que j'ai donné) la moitié du nombre propofé, c'eft-à-dire, du multiplicande, & j'augmente d'une fois plus le multiplicateur, & je multiplie comme à l'ordinaire. Les produits des deux multiplications doivent fe trouver égaux, fans quoi, l'une des deux multiplications feroit manquée.

TABLE pour se servir de la méthode des parties aliquotes de la livre.

SÇAVOIR;

Pour 1 sol, prenez la 20.eme partie du nombre proposé.

Pour 2   prenez la 10.eme partie.

Pour 3   prenez la 10.eme partie & la 20.eme

Pour 4   prenez la 5.eme partie.

Pour 5   prenez la 4.eme partie.

Pour 6   prenez la 4.eme & la 20.eme

Pour 7   prenez la 4.eme & la 10.eme

Pour 8   prenez les 2/5emes parties.

Pour 9   prenez les 2/5.mes & la 20.eme

Pour 10   prenez la 1/2.

Pour 11   prenez la 1/2 & la 20.eme

Pour 12   prenez la 1/2, & la 10.eme

Pour 13   prenez la 1/2, la 10.eme & la 20.eme

Pour 14   prenez la 1/2 & la 5.eme partie.

Pour 15   prenez les 3/4.

Pour 16   prenez les 3/4 & la 20.eme

Pour 17   prenez les 3/4 & la 10.eme

Pour 18   pour la 1/2 & les 2/5.mes

Pour 19   prenez les 3/4 & la 5.eme

Autre méthode plus courte.

Si on veut multiplier 274 ℔ par 1 f. qui eft la 20ᵉᵐᵉ partie de la livre, le produit fera 274, lefquels réduits en livres font 13 l. 14 f. parce qu'on a pris la 1/2 de 27, c'eft 13 & il refte 1, qui joint avec le 4 fuivant, retranché des 274, fait 14 que l'on pofe aux fols : de forte que lefdits 274 ℔ à 1 f. font 13 l. 14 f. qui font la 20ᵉᵐᵉ defdits 274. En retranchant le premier chiffre, de droit allant à gauche, c'eft la même chofe que fi on divifoit par 20. La raifon eft que, à 1 f. la chofe c'eft la 20ᵉᵐᵉ partie qu'il faut prendre fur le nombre propofé quelconque.

Si on veut multiplier 274 ℔ par 2 f. qui font la 10ᵉᵐᵉ d'une livre, il faut prendre la 1/2 de 2 f. c'eft 1, retrancher le premier chiffre du multiplicateur, multiplier le chiffre retranché par ledit 1, en difant 1 fois 4 eft 4 qu'il faut doubler, c'eft 8 à pofer aux fols, le refte exprimera des livres en les multipliant par 1, de forte que 274 ℔ à 2 f. la livre valent 27 liv. 8 f. ainfi des autres nombres.

Et fi l'on avoit 2476 ᵃᵘⁿᵉˢ à multiplier par 12 f., il faudroit, pour réduire tout d'un coup en livres, auffi prendre la 1/2 de 12, c'eft 6 fols, retrancher du fufdit nombre 2476 ᵃᵘⁿᵉˢ le premier chiffre, & multiplier le chiffre retranché par ledit 6, parce que c'eſt 6 fois la dixieme partie de la livre, en diſant 6 fois 6 du nombre à multiplier c'eſt 36, qu'il faut doubler, cela fait 72 ſ. ou 3 liv. 12 ſ. Il faut poſer 12 ſ. aux ſols, & retenir 3 liv. qu'il faut ajouter au produit de la multipli-cation. En diſant 6 fois 7 ſont 42, & 3 retenu font 45. Il faut poſer 5 aux unités des livres, & retenir 4. Il faut continuer de multiplier, en diſant 6 fois 4 font 24, & 4 retenu font 28. Il faut mettre 8 aux dixaines de livres, & retenir 2. Enfin il faut multiplier le dernier chiffre par le même 6, & dire, 6 fois 2 font 12 & 2 retenu font 14. Il faut mettre 14. La régle eſt ainſi faite & finie, de ſorte que 2476 aunes, à 12 ſ. l'aune font 1485 liv. 12 ſ.

Il faut opérer dans le même genre pour les autres parties des livres propoſées, com-me par exemple, à 19 ſ. la choſe, il faut prendre la 1/2 de 19, c'eſt 9 ſ. & 1 ſ. de reſte, & opérer comme il eſt dit, & dé-montré ci-deſſus pour 12 ſ., c'eſt-à-dire, il faut multiplier le nombre propoſé par 9, provenant de la 1/2 de 19 ſ. qui eſt 9/10 eme parties de la livre, & pour le 1 ſ. reſtant, il faut prendre la moitié dudit nombre, & poſer le dernier chiffre aux ſols, tel qu'il eſt avec la dixaine s'il s'y en trouve.

Pour entendre la raiſon de cette pratique des parties aliquotes pour la livre, en prenant

nant la moitié des sols proposés qui est opérer pour la dixieme partie, parce qu'on prend par le produit de 2 s. Il faut remarquer que si on vous proposoit 134 ^{aunes} à 1 l. l'aune ; le produit seroit 134 liv. or 2 s. ne sont que la 10eme partie de 1 liv. par conséquent le produit de 2 s. sur 134 ^{aunes}, ne doit être que la dixieme partie desdits 134 ^{aunes}. Pour donc avoir la dixieme partie de 134 ^{aunes}, il faut retrancher le dernier chiffre qui est à main droite. C'est 4 & le doubler : ce qui produit 8, comme on l'a ci-devant dit ; la même chose est que si l'on divisoit 134 par 10. Ainsi la valeur de 134 ^{aunes} à 2 s. l'aune, c'est 13 liv. 8 s. Ainsi des autres nombres proposés, lesquels doivent être pris & opérés dans le même genre.

Multiplications par sols, c'est-à-dire pour les parties aliquotes de la livre.

PREMIERE PROPOSITION.

On veut multiplier 474 ℔ par un sol, & pour preuve on veut multiplier 237 ℔ par 2 sols pour en sçavoir les produits.

OPERATION.	PREUVE.
M. . . . . 474 ℔	237 ℔
	1
Par. . . . . 0——1 s.--0 d.	Par . 0--2 s. 0
23——14 s.	23-14 s.

Pour faire cette premiere opération par un fol, je prends la moitié de 47 qui est 23, & il reste 1 qui vaut 10, & 4 qui suit font 14; lesquels 14 je pose aux fols tels qu'ils font, parce que c'est 14 fols, & pour ce faire, je dis la moitié de 4; premier chiffre à gauche du multiplicande, est 2, que je pose au produit, & sous le 7 qui suit le 4; ensuite je dis la moitié de 7, est 3 & 1/2, que je pose audit produit après le 2, & sous 4, à droite du multiplicande; mais comme il reste une demie qui vaut 10, étant jointe à 4 fait 14, que je pose aux fols; ainsi, c'est pour le produit de cette premiere opération, vingt-trois livres quatorze fols.

Pour la preuve de l'opération de l'autre part, je prends la moitié du nombre propofé, qui est 474, dont la moitié est 237 ℔, & j'augmente d'une fois plus le prix, de un fol qui est pour la premiere opération, je le mets à 2 f. je prends la moitié defdits 2 f. qui est 1, que je mets au-deffus de 2, & je multiplie par ce 1, disant 1 fois 7 est 7; je double ce 7 c'est 14; je m'interroge, & je dis: en 14 fols il n'y a point de livres, je pose donc les 14 fols au rang des fols, & ne retiens rien; puifqu'il n'y a point de livres; je continue à multiplier les chiffres qui fuivent le 7 par ledit 1, & je dis 1 fois 3 est 3, lequel je pose au rang des livres,

c'eſt-à-dire, ſous 7 du multiplicande, après
avoir fait une barre ſous le multiplicateur,
je continue encore à multiplier par ledit 1,
tant qu'il y a des chiffres au multiplicande,
& je dis 1 fois 2 eſt 2, que je poſe au produit
devant 3 qui y eſt déja, & je trouve le
même produit, à cette opération qu'à la
premiere, de ſorte que ces deux régles ſe
ſervent de preuve l'une par l'autre, puiſque les deux produits ſe trouvent égaux,
& qu'ils ſe montent chacun à la ſomme de
vingt-trois livres quatorze ſols; comme on
le voit par les opérations de l'autre part.

DEUXIEME PROPOSITION.

On veut multiplier 786 ℔ par 3 ſols ou
plutôt on veut vendre 786 ℔ de ſuif à 3 ſols
la livre, on demande à combien cela ſe montera.

OPERATION.		PREUVE.
786 ℔ 1		393 ℔
A . . . o 3ſ.		3
78 — 12		A . . o . . 6ſ.
39 — 6		L. 117 l. 18ſ. —
117 l. — 18 ſ.		

La même choſe eſt de multiplier, de vendre, ou d'acheter une marchandiſe à un cer-

tain prix, ce font des fuppofitions que l'on fait, on veut donc, par l'opération ci-deffus, vendre 785 ℔ de fuif à 3 f. la livre : pour faire cette régle, je la difpofe comme on la voit ci-devant, je prends la moitié des 3 f. qui eft 1 & demi, & je multiplie par 1 le dernier chiffre à droite du multiplicande, difant 1 fois 6 eft 6 ; je double, & je dis, 6 & 6 font 12 ; comme ce dernier chiffre eft réputé pour fol, & même pour le faire connoître, je fais un petit point entre ledit 6 & le 8 ; je vois qu'en 12 f. il n'y a point de livres, parconféquent je pofe 12 f. au rang des fols , & ne retiens rien pour les livres ; je continue de multiplier par ledit 1 , difant 1 fois 8 eft 8, que je pofe aux livres fous 6 du multiplicande , & je dis encore un fois 7 eft 7, que je pofe au produit devant 8 qui y eft déja ; de forte que c'eft 78 l. 12 f. pour le produit de 2 f. mais comme il refte encore 1 f. pour multiplicateur, il faut que je prenne la moitié du multiplicande , rétrogradant toujours d'un chiffre , je dis donc, pour la moitié reftante qui eft un fol, la moitié de 7 eft 3, & il refte 1 lequel 3 je pofe fous le 8 , & comme il refte 1 qui vaut 10 , joint avec 8 font 18, dont la moitié eft 9 , que je pofe au produit à la fuite de 3 , & je pofe le 6 aux fols tel qu'il eft , de forte que c'eft 39 liv 6 f. pour le produit d'un fol , &

y joint le produit des deux sols; ce sera pour le produit total des 3 l. la somme de cent dix-sept livres dix-huit sols; comme on le voit par l'opération de ci-devant, ci 117 l. 18 s. que couteront les 786 ℔ de suif.

La preuve se fait par la même opération, en prenant la moitié des sols, en multipliant comme il est ci-devant dit le nombre proposé, comme il est démontré par l'opération de ci-devant.

TROISIEME PROPOSITION.

On veut multiplier 564 ℔ par 7 sols, ou plutôt on veut achetter 564 ℔ de fromage de Hollande à raison de 7 sols la livre, on demande combien coûtera ledit fromage. Réponse, 197 liv. 8 s.

OPERATION.			PREUVE.		
564 ℔		3 s.	282 ℔		7 s.
A . . . 0 ——	7 ——		A . . . 0 ——	14 ——	
169 ——	4		197 ——	8	
28 ——	4				
197 ——	8				

Pour faire cette opération, ainsi que sa preuve, il faut, premierement prendre la moitié des sols tant à l'une qu'à l'autre, multiplier le nombre proposé par cette moitié, comme en les exemples ci-devant ; pour la premiere opération , je prends la moitié de 7 f. eſt 3 1/2 , je poſe 3 ſur 7 , je multiplie les 564 ℔ par 3 , diſant 3 fois 4 font 12 , je double 12 & 12 font 24 , en 24 f. il y a 1 l. 4 ſ. je poſe 4 aux ſols, & retiens 1 liv. je continue de multiplier par 3 , diſant 3 fois 6 font 18 & 1 que j'ai retenu font 19 , en 19 je poſe 9 aux livres , & retiens 1 ; je continue encore de multiplier par le même 3 , & je dis 3 fois 5 font 15 , & 1 de retenu font 16 ; je poſe les 16 au produit, parce que je n'ai plus de chiffres à multiplier , & je trouve au produit 169 liv. 4 ſ. pour le produit de 6 ſ. mais comme il y a 7 ſ. je prends la moitié du nombre propoſé, retrogradant toujours d'un chiffre, & je trouve 28 l. 4 ſ. de ſorte que les deux ſommes étant additionnées enſemble font au produit total la ſomme de 197 l. 8 ſ. pour le couſt de 564 ℔, net de fromage, à raiſon de 7 ſ. la livre.

La preuve ſe fait comme la régle , en prenant la moitié des ſols , multipliant le nombre propoſé par cette dite moitié ; comme il a été enſeigné aux précédentes régles.

L'on peut encore faire autrement pour les ſols ; multipliant le premier chiffre à droite du nombre propoſé par cette moitié des ſols, il faut du produit de cette multiplication augmenter d'une fois plus tout ce qui eſt

au-deſſus des dixaines , & retenir les dixaines
pour les porter avec le nombre ſuivant que
l'on multiplie , comme par exemple dans la
preuve de l'opération de l'autre part ; j'ai à
multiplier 282 ℔ par 14 ſ. je prends la moitié des 14 ſ. qui eſt 7 , & je multiplie mon
propoſé par 7 , diſant 7 fois 2 font 14 ; &
comme en 14 il y a une dixaine & 4 , je double cedit 4 , cela fait 8 , que je poſe aux
ſols , parce que c'eſt 8 ſ. & retiens 1 , je
continue de multiplier par 7 les chiffres ſuivans qui ſont réputés pour livres , & je dis
7 fois 8 font 56 , & 1 de retenu font 57 , en
57 je poſe 7 & retiens 5 ; je dis encore 7
fois 2 font 14 & 5 de retenu font 19 , je poſe
les 19 au produit , parce que je n'ai point
d'autres chiffres à multiplier , de ſorte que
dans cette preuve , je trouve le même produit qu'à l'opération , qui eſt cent-quatre-
vingt-dix-ſept livres huit ſols , comme on
le voit par les opérations ci-devant.

QUATRIEME PROPOSITION.

On veut multiplier 478 ℔ par 19 f. de même que sa preuve qui est 239 ℔ par 1 liv. 18 f.

OPERATION.		PREUVE.	
478 ℔		239 ℔	
	9 f.		9 f.
A . . . . . 0 — 19		1 — 18 —	
430 — 4		239	
23 — 18		215	2
454 — 2		454 — 2 f.	

Pour faire la premiere régle ci-deſſus, je prends comme aux précédentes régles, la moitié des ſols, en cette premiere j'ai 478 liv. à multiplier par 19 f. je dis, ayant diſpoſé ma régle comme ci-deſſus, la moitié de 19 eſt 9 que je poſe au-deſſus de 19, & je multiplie par ledit 9, diſant 9 fois 8 font 72 ; je double le 2 que j'ai de plus des 7 dixaines, & les retiens pour les ajouter au nombre ſuivant : de ſorte que je poſe 4 aux ſols, & retiens ledit 7, je continue, diſant 9 fois 7 font 63, & 7 que j'ai retenu font 70 ; je poſe 0 aux livres & retiens 7 ; je dis encore 9 fois 4 font 36 & 7 de retenu font 43, je poſe les 43 au produit, parce que je n'ai plus d'autres chiffres à multiplier, &

je

je trouve 430 l. 4 f. pour le produit de 18,
& pour le fol reftant, parce qu'il y a 19 f.
je trouve 23 l. 18 f. ayant pris la moitié du
nombre propofé, comme je l'ai dit ci-devant, de forte que 478 ℔ de .... à 19 f. la
livre, font quatre cens cinquante-quatre livres deux fols pour le produit des deux opérations.

Pour la preuve fe fait comme les précédentes, après avoir multiplié par les livres,
on prend la moitié des fols, & on multiplie par cette moitié, comme on le voit par
l'opération de l'autre part. Je ne m'étendrai pas plus pour les multiplications par
fols, celles que je viens de donner me paroiffent fuffifantes pour donner l'éclairciffement de toutes celles qui pourroient être
propofées.

Plufieurs ont enfeigné & enfeignent de
tant de différentes manieres l'opération des
deniers, qu'il faut penfer long-tems avant
que de pouvoir y réuffir ; mais l'éclairciffement que je vais donner de cette opération
pour les réduire tout d'un coup en livres, fera
préféré à toute autre méthode que l'on pourroit donner. Je donne ci-après une table
qui inftruira facilement ceux qui voudront
l'apprendre par cœur, pour s'en bien ref-
fouvenir en tems & lieu.

P

TABLE pour les parties aliquotes de 2 sols ou de 24 deniers, qui est la plus abrégée méthode pour les demiers.

1 . {
Pour un denier prenez le 24.eme du nombre proposé : étant au dernier chiffre, prenez le douzieme, ou autrement doublez le dernier chiffre, & continuez le 24.eme ; mais dans l'une & l'autre des deux manieres, il faut retrograder d'un chiffre, c'est-à-dire poser le 24.eme sous le chiffre d'après celui que l'on prend, ainsi des autres.

2 . {
Pour deux deniers prenez le douzieme ; étant au dernier chiffre prenez le sixieme, ou doublez le dernier chiffre, & continuez le douzieme.

3 . {
Pour trois deniers prenez le huitieme ; étant au dernier chiffre prenez le quart, ou doublez le dernier chiffre, & continuez le huitieme.

4 . {
Pour quatre deniers, prenez le sixieme, & étant au dernier chiffre prenez le tiers, ou doublez ledit dernier chiffre, & continuez le sixieme.

5. { Pour cinq deniers faites deux opérations, c'est-à-dire prenez pour 3
& pour 2 den. comme il est expliqué
ci-devant dans cette table.

6. { Pour six deniers prenez le quart,
& au dernier chiffre prenez la moitié, ou doublez le dernier chiffre,
& continuez le quart.

7. { Pour sept deniers prenez à deux
fois, c'est-à-dire pour 4 & pour 3
deniers.

8. { Pour huit deniers prenez le tiers,
doublez le dernier chiffre, & continuez le tiers.

9. { Pour neuf deniers prenez à deux
fois, pour 6 & pour 3 den. comme
il est expliqué ci-dessus.

10. { Pour dix deniers prenez aussi à
deux fois, pour 6 & pour 4 den.

11. { Pour onze deniers prenez encore
à deux fois, c'est-à-dire pour 8 &
pour 3 deniers, comme il est expliqué ci-dessus.

TABLE des parties aliquotes de 12.

1 ... Pour un denier prenez le 12.ᵉᵐᵉ sur le
produit d'un sol.

2 ... Pour deux deniers prenez le sixieme
sur ledit produit d'un sol.

P ij

3 . . . Pour trois deniers prenez le quart
     sur ledit produit d'un sol.
4 . . . Pour quatre deniers prenez le tiers
     sur ledit produit.
5 . . . Pour cinq deniers prenez à deux fois,
     le quart & le sixieme sur ledit prod.
6 . . . Pour six deniers prenez la moitié sur
     ledit produit d'un sol.
7 . . . Pour sept deniers prenez à deux fois,
     le tiers & le quart sur ledit produit.
8 . . . Pour huit deniers prenez deux fois
     le tiers sur le produit d'un sol.
9 . . . Pour neuf deniers prenez à deux fois,
     la moitié & le tiers sur ledit prod.
10 . . . Pour dix deniers prenez à deux fois,
     la moitié & le quart sur led. prod.
        ⎧ Pour onze deniers prenez à trois
11 . . . ⎨ fois, deux fois le tiers & une fois
        ⎩ le quart sur ledit produit d'un sol.

Ces deux tables peuvent donner l'intelligence de tout nombre proposé en deniers, soit qu'on veuille résoudre une question en prenant par les parties aliquotes de 24, ou par les parties aliquotes de 12. Je vais donner ci-après des exemples des parties aliquotes de 24, & dans toutes mes opérations je ne démontrerai, pour les deniers, que les parties de 24, parce qu'elles me paroissent les plus abregées & les plus utiles, pour apprendre les fractions.

Multiplications pour les deniers par les parties aliquotes de 24.

PREMIERE PROPOSITION.

On veut multiplier 578 ℔ par 1 denier, & pour la preuve on veut multiplier 289 ℔ par 2 deniers.

OPERATION.	PREUVE.
M. . 578 ℔	M. . 289 ℔
Par . . 0 of. 1 d.	Par . . 0 of. 2 d.
2 l..8 f..2 d.	2 l..8 f..2 d.

Pour faire cette premiere opération, je prends le 24.eme de 57 eft 2, que je pofe fous la colonne d'après le 7, je dis 2 fois 24 font 48, à aller à 57 il refte 9, qui vaut 9 dixaines, le joignant avec le dernier chiffre 8 feront 98; & comme je fuis à ce dernier chiffre, qui eft réputé pour fol, je dis le 12 de 98 eft 8, je pofe 8 aux fols, & je dis 8 fois 12 font 96 à aller à 98, il refte 2, qui font 2 f. qui valent 24 deniers, je dis le 12.eme de 24 eft 2, que je pofe aux deniers, & je trouve à mon produit deux livres huit fols deux deniers. La même chofe eft que fi je voulois réduire 578 deniers en livres & fols, ou plutôt que fi j'avois 578 pommes à 1 denier la piece, cela feroit 2 liv. 8 f. 2 d. ainfi des autres propofitions.

Pour la preuve qui fert d'opération, pour deux deniers il faut prendre le 12ᵉᵐᵉ ; je dis donc le douzieme de 28 eft 2, je pofe 2 au produit fous la colonne du 9 qui eft après 8, & je dis 2 fois 12 font 24, à aller à 28, il refte 4 qui vaut 4 dixaines, étant joint avec le dernier chiffre 9 font 49 ; du douzieme je prends le 6ᵉᵐᵉ, difant le fixieme de 49 eft 8, que je pofe aux fols ; & je dis 6 fois 8 font 48, à aller à 49 il refte 1 fols qui vaut 12 deniers, je dis le fixieme de 12 eft 2, que je pofe aux deniers, de forte que je trouve au produit, deux livres huit fols deux deniers, c'eft la même chofe que fi j'avois acheté 289 poires à 2 deniers piece ; elles m'auroient couté ladite fomme de 2 l.——8 f.——2 den. comme on le voit à la preuve de l'opération précédente.

DEUXIEME PROPOSITION.

On veut multiplier 1834 ℔ par 3 den. de même que la preuve qui eft 917 ℔ par 6 deniers.

OPERATION.	PREUVE.
M... 1834 ℔	M... 917 ℔
Par... 0--0 f.--3 d.	Par.. 0--0 f.--6 d.
2 l. 18 f. 6 d.	2 l. 18 f. 6 d.

Pour la régle ci-contre après l'avoir difposé comme elle eft, je prends pour les 3 deniers, le huitieme du nombre propofé jufqu'au dernier chiffre, difant le 8ᵉᵐᵉ de 18 eft 2, 2 fois 8 font 16, à aller à 18 il y a 2 qui valent 20, & 3 qui fuit font 23; je dis le 8ᵉᵐᵉ de 23 eft 2, je dis 2 fois 8 font 16, à aller à 23 il y a 7 reftant qui font 7 dixaines, & comme je fuis au dernier chiffre du 8ᵉᵐᵉ je prends le quart, ainfi le quart de 7 eft 1, que je pofe aux dixaines de fols, & il refte 3 qui valent 30, & 4 font 34, je dis le quart de 34 eft 8 que je pofe aux fols, difant 4 fois 8 font 32, à aller à 34 il y a 2 qui font 2 fols qui valent 24 deniers, je dis le quart de 24 eft 6 jufte que je pofe aux deniers, & je trouve au produit de mon opération 22 liv.——18 f.——6 den. Comme on le voit ci-contre.

Pour la preuve qui eft pour 6 deniers, il faut prendre le quart des deux premiers chiffres du nombre propofé, & du reftant joint avec le dernier chiffre il en faut prendre la moitié. Comme il fe voit à la preuve de l'opération ci-contre, & le produit de la preuve fe trouve égal à celui de l'opération, qui eft vingt-deux livres dix-huit fols fix deniers.

Voyez l'opération & la preuve, & vous conformez à la table des parties aliquotes de 24.

TROISIEME PROPOSITION.

On veut multiplier, ou on veut sçavoir combien coûteront 346 oranges à 4 deniers la piece, de même que pour la preuve, on veut sçavoir combien coûteront 173 oranges à 8 deniers la piece.

OPERATION.	PREUVE.
346 oranges	173 oranges
A.. o l.-o f.-4 d.	A.. o — o — 8 d.
5 l.-15 f.-4 d.	5 l.-15 f.-4 d.

Pour faire cette opération à 4 deniers, il faut prendre le sixieme, & au dernier chiffre le tiers; je dis le 6ᵉᵐᵉ de 34 est 5, lequel je pose sous la colonne d'après le 4, & comme 5 fois 6 font 30, il reste 4 qui sont 4 dixaines, du sixieme étant au dernier chiffre, je prends le tiers, & je dis le tiers de 4 est 1, que je pose aux dixaines de sols, & il reste 1 qui vaut 10, joint avec le 6 suivant font 16, je dis le tiers de 16 est 5 que je pose aux sols, & il reste 1 sol qui vaut 12 deniers, je dis le tiers de 12 est 4, que je pose aux deniers, & je trouve que les 346 oranges à 4 deniers piece, coûteront cinq livres quinze sols quatre deniers, comme ci-dessus.

Pour la preuve de l'opération ci-dessus; qui est à 8 deniers, je prends le tiers de

de 17 eſt 5, que je poſe ſous la colonne d'a-
près ledit 7, & il reſte 2 qui valent 20 & 3
qui ſuit font 23, j'augmente d'une fois plus,
diſant 23 & 23 font 46, je dis le tiers de 46
ſols eſt 15 ſols 4 deniers ; pour cela faire, je
dis le tiers de 4 qui ſont des dixaines eſt 1,
que je poſe à la colonne des dixaines de ſols,
& il reſte 1 qui vaut 10 & 6 font 16, le tiers
de 16 eſt 5, que je poſe à la colonne des ſols,
& il reſte 1 ſol qui vaut 12 deniers ; je dis le
tiers de 12 eſt 4 que je poſe aux deniers, &
je vois par cette preuve que le montant eſt
égal au montant de l'opération, parce que
j'ai pris la moitié du nombre propoſé, &
ai augmenté le prix, je vois donc que 173
oranges à 8 deniers chaque, font cinq livres
quinze ſols quatre deniers.

QUATRIEME PROPOSITION.

On veut multiplier, ou plutôt on a acheté 398 pêches à 5 deniers piece, on veut
ſçavoir à combien cela ſe montera, de même que, pour preuve, 199 pêches à 10 deniers chaque combien cela fera.

<table>
<tr><td>OPÉRATION.</td><td>PREUVE.</td></tr>
<tr><td>398 pêches</td><td>199 pêches</td></tr>
<tr><td>A... 0 liv. — 0 s. — 5 d. (3. 2.)</td><td>A.. 0 liv. — 0 s. — 10 d. (6. 4.)</td></tr>
<tr><td>4 — 19 — 6</td><td>4 — 19 — 6</td></tr>
<tr><td>3 — 6 — 4</td><td>3 — 6 — 4</td></tr>
<tr><td>8 liv. — 5 s. — 10 d.</td><td>8 liv. — 5 s. — 10 d.</td></tr>
</table>

Pour l'opération ci-deſſus de 5 deniers, il faut prendre à 2 fois, c'eſt-à-dire, faire deux opérations, pour 3 & pour 2 deniers; pour 3 deniers il faut prendre le huitieme, & étant au dernier chiffre, il faut prendre le quart, comme il ſe voit à la 2.eme propoſition page 118. Secondement pour 2 deniers, il faut prendre le douzieme, & étant au dernier chiffre, il faut prendre le ſixiéme, comme on le voit à la preuve de la 1.ere propoſition, page 117.

Pour la preuve de cette 4.eme propoſition, qui eſt à 10 deniers, il faut premierement prendre pour 6 deniers, & enſuite pour 4 deniers, & faire 2 opérations, comme à l'opération ci-devant; il faut donc prendre pour 6 deniers le quart, étant au dernier chiffre, la moitié : comme il eſt expliqué à la preuve de la 2.eme propoſition, page 118. Secondement il faut prendre pour 4 deniers, le ſixiéme, & étant au dernier chiffre le tiers, comme il est démontré à l'opération de la régle pour 4 deniers, à la troisieme proposition, page 120. Et on voit tant par la régle que par la preuve de cette 4.eme proposition que les 398 pêches à 5 deniers la piece, coûtent huit livres cinq sols dix deniers.

CINQUIEME PROPOSITION.

On a acheté 546 poires à 7 den. la piece, on demande combien coûteront lesd. 546.

OPERATION.		PREUVE.	
546 poires		273 poires	

	liv.	f. 4 t 3 d.			liv.	f.	d.
A..	0 —	0 — 7		A..	0 —	1 —	2
	9 — 2 —				13 — 13		
	6 — 16 — 6				2 — 5 — 6		
	15 liv. 18 f. 6 d.				15 liv. 18 f. 6 d.		

Pour cette opération de 7 deniers, il faut prendre à deux fois, & faire deux opérations, c'est à-dire, pour 4 & pour 3 deniers; comme il est marqué au-dessus des 7 deniers. Premierement pour 4 deniers, il faut prendre le sixieme, & au dernier chiffre le tiers, comme il est démontré à la troisieme proposition, page 120. Secondement pour 3 deniers, il faut prendre le 8.eme, & étant au dernier chiffre , il faut prendre le quart , comme il est aussi démontré à la deuxieme proposition , page 118.

Pour la preuve , qui est de 273 poires à 14 deniers piece ou à 1 sol 2 deniers chaque ; on prend pour un sol la moitié du nombre proposé retrogradant d'un chiffre , ensuite poser le dernier chiffre aux sols , tel qu'il est , quand bien même il resteroit une dixaine qui se pose aux sols avec le nombre restant , comme il est démontré à la premiere opération des sols , page 105.

Mais comme il y a aussi 2 deniers , il faut faire une seconde opération , en prenant le 12eme , & étant au dernier chiffre , il faut prendre le sixieme , comme on le voit à la preuve de cette cinquieme proposition , de même qu'à la preuve de la premiere proposition , page 117.

SIXIEME PROPOSITION.

Un Marchand achete 1764 ℔ net de résine , sur le pied ou au prix de 9 deniers la livre , & il veut sçavoir combien lui coûteront lesd. 1764 ℔ net.

OPERATION.   PREUVE.

1764 ℔   6 : 3   882 ℔

	liv.	fols	d.			liv.	fols	d.
A..	0	0	9	A..	0	1	6
	44	2			44	2	
	22	1			22	1	
	liv.	fols			liv.	fols	d.
	66	3			66	3	

Pour faire la régle proposée de ci-deſſus, qui eſt à 9 deniers, il faut prendre à deux fois, c'eſt-à-dire, faire deux opérations pour 6 & pour 3 deniers. Premierement pour 6 deniers le quart, & au dernier chiffre la moitié, comme il a été dit ci-devant ; ſecondement pour 3 deniers, il faut prendre le huitieme, & au dernier chiffre le quart, comme on le voit par la deuxieme propoſition, page 107. Pour la preuve qui eſt à 1 ſol 6 deniers, il faut faire l'opération d'un ſol, comme il a été enſeigné à la page 105. Enſuite l'opération de 6 deniers, qui eſt la moitié d'un ſol, il n'y a qu'à prendre la moitié du produit d'un ſol, ce ſera le produit de 6 deniers, comme on voit par la preuve de l'opération ci-deſſus.

SEPTIEME PROPOSITION:

Un Marchand a acheté 976 ℔ de . . .
à raison de 11 deniers la livre, il veut fçavoir combien lui coûteront les 976 ℔. Réponfe, 44 liv. 14 f. 8 den.

OPERATION.   PREUVE.

976 ℔	8 : 3		448 ℔	6 : 4	
liv.	fols	d.	liv.	fols	d.
A.. 0	0	11	A.. 0	1	10
32	10	8	24	8	
12	4		12	4	
			8	2	8
liv.	fols	d.	liv.	fols	d.
44	14	8	44	14	8

Pour onze deniers comme eft l'opération
de ci-deffus, il faut opérer à deux fois, c'eft-
à-dire, pour 8 & pour 3 deniers. Premierement pour 8 deniers, il faut prendre le tiers
du nombre propofé, & étant au dernier chiffre, il faut le doubler & toujours continuer
le tiers, difant le tiers de 9, premier chiffre
à gauche du multiplicande, eft 3, je pofe
3 au produit fous la colonne du chiffre qui
eft après 9 ; je continue, & je dis le tiers
de 7 eft 2 que je pofe après 3 au même produit, & je dis 2 fois 3 font 6, à aller à 7 il y
a 1 de refte qui vaut 10, étant au 6 qui fuit,

cela fait 16 ; & comme je fuis au dernier chiffre je double le 16, difant 16 & 16 font 32, je prends le tiers de 32 qui font réputés, pour fols, eft 10 que je pofe aux fols ; & il refte 2 fols qui valent 24 deniers, j'en prends le tiers qui eft 8, que je pofe aux deniers, de forte que je trouve pour le produit de 8 deniers 32 l. —— 10 f. —— 8 den. Enfuite pour feconde opération, je prends pour 3 deniers, le huitieme du nombre propofé, difant le huitieme de 9, premier chiffre à gauche, eft 1, que je pofe fous la colonne du chiffre ·· qui eft après 9, & je dis 1 fois 8 eft 8, à aller à 9 il y a 1 qui vaut 10, joint avec le 7 fuivant font 17, je prends le huitieme de 17 eft 2, que je pofe au produit, après le 1 qui y eft déja, & je dis 2 fois 8 font 16, à aller à 17 il y a 1, qui étant joint avec le dernier chiffre 6 font 16, & comme je fuis à ce dernier chiffre qui eft réputé pour fols, je prends le quart de 16, eft 4 que je pofe aux fols, & je trouve pour le produit de 3 deniers, 12 l. —— 4 f. De forte que les deux opérations pour 8 & pour 3 deniers étant additionnées, font enfemble la fomme de quarante-quatre livres quatorze fols huit deniers, pour les 9 6 ℔ de... à 11 deniers la livre, comme on le voit par l'opération ci-devant.

Pour la preuve qui eft 488 ℔ de..... à

1 f. —— 10 deniers la livre, il faut faire trois opérations, c'est-à-dire, pour 1 fol, pour 6 deniers, & enfuite pour 4 deniers. Premie-rement pour 1 fol, vous prenez la moitié, & cette moitié vous la pofez fous le chiffre d'après celui duquel vous avez pris ladite moitié, difant la moitié de 4, premier chiffre à gauche, eft 2 que je pofe au produit fous 8 qui eft après 4 ; je dis encore la moitié de 8 eft 4, que je pofe audit produit après 2, & comme je fuis au dernier chiffre, il fe pofe aux fols tel qu'il eft, ainfi c'eft 8 ; je pofe donc 8 aux fols, & je trouve pour le pro-duit d'un fols, 24 liv.—— 8 f. Secondèment je prends pour 6 deniers le quart du nombre propofé, & étant au dernier chiffre je prends la moitié, difant le quart de 4, premier chif-fre à gauche eft 1, que je pofe au produit fous la colonne du chiffre, qui eft après led. 4 ; enfuite je prends le quart de 8 eft 2 que je pofe après 1, qui eft déja au produit ; enfuite dequoi comme je fuis au dernier chiffre qui eft 8, je prends la moitié de 8 eft 4 que je pofe aux fols, parce que ce der-nier chiffre eft réputé pour fol, & je trouve pour le produit de 6 den. 12 liv. 4 f. com-me il fe voit à la preuve de l'opération, der-niere page 116. Troifiemement je prends pour 4 deniers, le fixieme du nombre pro-pofé, difant le 6.eme de 48 eft 8, que je pofe

au produit, & fous le dernier chiffre du nombre propofé, & je dis 8 fois 6 font 48, & il ne refte rien, je fuis donc au dernier chiffre; du fixieme je prends le tiers, & je dis le tiers de 8 eft 2 que je pofe aux fols, difant deux fois 3 font 6 à aller à 8, il y a 2 qui font 2 fols qui valent 24 deniers, je prends le tiers de 24 eft 8 que je pofe aux deniers, je trouve auffi au produit pour l'opération de 4 den. 8 l.——2 f.—— 8 den. de forte que les trois produits étant additionnés, font enfemble pour le produit & pour le prix des 488 ℔ de ... à 1 f.——10 den. la livre, la fomme de quarante-quatre livres quatorze fols huit deniers, l'opération & la preuve fe trouvant égales, fervent de preuve l'une à l'autre. J'ai expliqué amplement les parties aliquotes de 24 pour les deniers, & j'ai donné des exemples de tous les deniers depuis 1 jufqu'à onze deniers, je crois que ceux qui voudront prendre cette méthode, s'en trouveront bien, parce que c'eft la méthode la plus abregée ; ceux qui voudront prendre les parties de 12 auront recours à la table page 115 ; je ne l'expliquerai point, parce qu'elle me paroît affez intelligible par la feule table que j'ai donné ; au refte il y a quelquefois de faux produits à faire, fur-tout quand dans une multiplication il ne fe trouve point le produit d'un fol, il faut en fuppofer un pour trouver le produit du nombre de deniers qui font propofés, ce qui diftrait trop, quand on eft à opérer par multiplication. J'ai préféré les parties aliquotes de 24, parce qu'elles donnent beaucoup d'ouvertures à connoître ce que c'eft que fraction ou partie d'entier.

Je vais donner une abréviation de quelques parties aliquotes, que l'on peut faire d'un feul produit, comme celles qui fuivent, qui font parties juftes de la livre.

Abréviation de quelques parties aliquotes.

Pour 1 fol trois deniers, prenez la feizieme partie du nombre propofé fans retrancher, retrograder ni doubler.

Pour 1 f.——4 d. prenez la quinzieme partie dudit nombre.

Pour 1 f.——8 d. prenez la douzieme partie dudit nombre.

Pour 2 f.——6 d. prenez la huitieme partie dudit nombre.

Pour 3 f.——4 d. prenez la fixieme partie dudit nombre.

Pour 6 f.——8 d. prenez le tiers du nombre propofé.

Multiplications par livres & sols avec leur preuve par le contraire.

Comme plusieurs se servent des parties aliquotes de 20, qui sont très-difficiles pour les commençans, & d'une très-longue haleine à enseigner pour la multiplication composée de sols, je vais donner dans les multiplications suivantes la méthode que j'ai ci-devant démontrée, page 105 jusqu'à 122, qui est la plus abregée & la plus intelligible.

PREMIERE PROPOSITION.

On veut multiplier 478 ℔ pour 4 liv.——4 s. ou plutôt on a acheté 478 ℔ d'indigo à 4 l.——4 s. la livre, on demande combien coûteront lesd. 478 ℔.

OPERATION.			PREUVE.		
	478 ℔		M... 239 ℔		
		liv. ² s.		liv. ⁴ s.	
A....	4 ——	4	Par... 8 ——	8	
Pour 4 l... 1912 ——		4	Pour 8 l.. 1912 ——		
Pour 4 s... 95 ——		12	Pour 8 s... 95 ——	12	
	liv.	s.		liv.	s.
Total.. 2007 ——		12	Total. 2007 ——	12	

Dans l'opération ci-dessus, j'ai donc à multiplier 478 ℔ par 4 liv.——4 sols, je les dispose comme ils sont dessus; je commence premierement à multiplier 478 ℔ par

4 liv. ce qui me produit 1912 livres, enfuite il faut que je multiplie lefdites 478 ℔ par 4 f. pour ce faire je prends la moitié des 4 f. qui eft 2, que je pofe deffus ledit 4, je multiplie par ce 2 les 478 ℔, & je fépare le dernier chiffre de gauche à droite qui eft 8, d'un petit point entre le 7 & le 8, je dis 2 fois 8 font 16, j'augmente d'une fois plus ce produit 16, difant 16 & 16 font 32, & comme ce font des fols, je m'interroge & demande en 32 fols combien il y a de livres, je fçai qu'il y a 1 l.——12 f. je pofe les 12 f. au rang des fols & retiens 1 l. ou bien d'une autre maniere, ayant dit 2 fois 8 font 16, je double ce qui eft au-deffus des dixaines & retiens les dixaines, de forte que en 16 il y a 6 au-deffus de une dixaine, je dis donc 6 & 6 font 12 que je pofe aux fols & retiens 1 pour la pofer avec les livres; je continue à multiplier le fecond chiffre du multiplicande qui eft 7 par le même 2; je dis 2 fois 7 font 14, & 1 que j'ai retenu font 15, je pofe 5 au rang des nombres livres & je retiens 1, je dis enfuite 2 fois 4 font 8, & 1 que j'ai retenu font 9, je pofe 9 au rang des dixaines, ce qui me produit pour les 4 f. 95 l.——12 f. ainfi additionnant les deux produits je trouve que les 478 ℔ d'indigo à raifon de quatre livres quatre fols, chaque livre fe montent à la fomme de deux mille fept livres

douze fols, comme on le voit par l'opération ci-devant, de même que par la preuve à côté, qui fe fait felon les mêmes principes qu'à l'opération que je viens de démontrer.

Il faut faire les mêmes opérations ci-devant expliquées pour tous les nombres pairs des fols, c'eft-à-dire, prenant toujours la moitié des fols, & multiplier tout le multiplicande par cette moitié.

Et pour fçavoir pourquoi on prend la moitié des fols, & pourquoi on fait l'augmentation du dernier chiffre de gauche à droite du multiplicande ; premierement c'eft pour la réduction des fols en livres tout d'un coup ; fecondement c'eft que multipliant la marchandife propofée, foit livres, aunes, ou, &c. par les fols le dernier chiffre eft réputé pour fol, comme on le voit en l'opération précedente, de même qu'à la preuve où j'ai multiplié le dernier chiffre de gauche à droite, qui eft 9 par 4 f. j'ai dit 4 fois 9 font 36 ; on peut augmenter les 36, & dire 36 & 36 font 72, qui font des fols, & fe demander à foi-même en 72 fols combien il y a de livres, on fçait qu'il y a 3 liv. 12 f. on pofe les 12 f. au rang des fols & on retient 3 liv. pour les ajouter avec les autres livres des chiffres fuivans du multiplicande, multipliés par le même 4 qui eft la moitié de 8 fols.

DEUXIEME PROPOSITION.

On veut multiplier 424 ℔ par 26 l.——9 f. ou plutôt on veut vendre 424 ℔ de rubarbe à 26 l.——9 f. la livre, on demande combien on doit toucher d'argent pour lesd. 424 ℔ de rubarbe.

OPERATION.

$$424 \; ℔ \; \tfrac{4}{}$$

A . . . 26 $^{\text{liv.}}$——9 $^{\text{f.}}$

Produits	
de 6 $^{\text{l.}}$	2544
de 20 $^{\text{l.}}$	8480
de 8 $^{\text{f.}}$	169——12
de 1 $^{\text{f.}}$	21—— 4

11214 $^{\text{liv.}}$——16 $^{\text{f.}}$

PREUVE.

$$212 \; ℔ \; \tfrac{9}{}$$

A . . . . . 52 $^{\text{liv.}}$——18

424
10600
190——16

11214 $^{\text{liv.}}$——16 $^{\text{f.}}$

Après avoir multiplié les chiffres du multiplicande par les chiffres livres du multiplicateur, il faut prendre la moitié des sols, comme en l'opération ci-dessus ; je dis la moitié de 9 est 4 & demie, je pose 4 au-dessus de 9, & je multiplie par led. 4, premierement le premier chiffre à droite du multiplicande, comme il a été opéré aux régles précédentes ; je dis 4 fois 4 font 16, je double cette derniere figure de 16, disant 6 & 6 font 12, je pose 12 aux sols, & je retiens 1, qui est la premiere figure desdits 16 pour l'ajouter avec les livres : continuant à multiplier par le même 4 les autres chiffres du multiplicande, comme il a été enseigné & démontré pour le nombre pair des sols à la premiere proposition, pag. 131.

Pour la demie qui reste, qui est un sol impair, il faut prendre la moitié des chiffres du multiplicande, séparer le dernier chiffre d'un petit point, & poser au rang des livres (en reculant d'une figure, c'est-à-dire, poser cette moitié sous le chiffre d'après celui dont vous prenez la moitié) & le dernier chiffre séparé d'un petit point se pose aux sols, tel qu'il est dans sa valeur. Vous pouvez avoir recours à la table des sols, p. 102. & aux opérations qui suivent qui expliquent nettement depuis un sol jusqu'à dix-neuf sols. Je ne mettrai pas davantage de multiplications par livres & sols, parce que cela me paroît assez inutile, après avoir donné l'explication par livres séparées & sols séparés, comme je l'ai fait ci-devant. Pour la preuve de cette derniere opération, se fait comme les précédentes, après avoir multiplié le nombre proposé par les livres, il faut prendre la moitié des sols, & multiplier par cette moitié comme on le voit par la preuve de l'opération ci-contre ; ce qui prouve les deux régles bonnes, c'est que les deux produits se trouvent égaux, c'est-à-dire même somme.

Multiplications par livres, sols & deniers.

PREMIERE PROPOSITION.

On veut multiplier 362 ℔ par 2 l.——19 f.——1 d. ou plutôt on veut vendre 362 ℔ de café à 2 l.——19 f.——1 d. la livre, fçavoir combien coûteront les 362 ℔.

<table>
<tr><th colspan="2">OPERATION.</th><th colspan="2">PREUVE.</th></tr>
<tr><td></td><td>362 ℔ 9 f.</td><td></td><td>181 ℔ 9 f.</td></tr>
<tr><td>A..</td><td>2$^{liv.}$ 19——1^d</td><td>A..</td><td>5$^{liv.}$ 18——2^d</td></tr>
<tr><td>Produits
de 2^l.</td><td>724</td><td></td><td>905</td></tr>
<tr><td>de 18^f.</td><td>325——16</td><td></td><td>162——18</td></tr>
<tr><td>de 1^f.</td><td>18——2</td><td></td><td>1——10——2^d</td></tr>
<tr><td>de 1^d.</td><td>1——10——2</td><td></td><td>1069$^{liv.}$ 8^f——2^d</td></tr>
<tr><td></td><td>1069$^{liv.}$ 8^f——2^d</td><td></td><td></td></tr>
</table>

Pour cette opération après avoir multiplié le multiplicande ou nombre propofé, par le multiplicateur des livres & fols, comme il eft expliqué à l'opération précédente, page 134, il faut prendre pour 1 denier le 24.eme du nombre propofé, en retrogradant d'un chiffre, & étant au dernier chiffre, il faut prendre le douzieme; voyez l'opération de 1 denier avec fon explication, page 117, & examinez l'opération ci-deffus, j'ai mis à côté les produits de chaque nombre.

Pour la preuve de l'opération ci-deffus,
après

après avoir aussi multiplié le multiplicande par le multiplicateur des livres & sols, comme on le voit ci-contre, il faut prendre pour 2 den. le 12.eme du multiplicande, ou nombre proposé en retrogradant d'un chiffre, & étant au dernier chiffre, il faut prendre le sixieme, lequel produit du sixieme il faut poser aux sols, comme il est démontré ci-contre, ayant bien soin de ranger ses chiffres, tels qu'ils sont dans l'opération & la preuve ci-contre, ensuite de quoi il faut faire l'addition de tous ces produits, & on verra que les 362 ℔ de café à raison de 2 l.——19 f. 1 d. la livre, se montent à 1069 l.——8 f.—— 2 d. de même que pour la preuve 181 ℔ de café à 5 l. —— 18 f.——2 d. la livre, se montent à la même somme de 1069 l.——8 f.——2 d. comme on le voit par les opérations ci-contre.

On veut multiplier 584 ℔ par 17 l.—— 17 f. ——11 d. ou on a acheté 584 ℔ de.... à raison de 17 l.——17 f.——11 d. la livre, on veut sçavoir combien coûteront lesdites 584 liv.

OPERATION.   PREUVE.

584 ℔   8 & 3   292 ℔

	liv.	8 f.	d.			liv. 2	6 f.	& 4 d.
A...	17 —	17 —	11	A.		35 —	15 —	10

Produits						
de 7 l.	4088			1460		
de 10 l.	5840			876		
de 16 f.	467 —	4		204 —	8	
de 1 f.	29 —	4		14 —	12	
de 8 d.	19 —	9 —	4	7 —	6	
de 3 d.	7 —	6 —		4 —	17 —	4

liv.	f.	d.		liv.	f.	d.
10451 —	3 —	4		10451 —	3 —	4

Quand on a multiplié le multiplicande
par le multiplicateur livres & fols, comme
il a été enfeigné & démontré ci-devant, il
faut prendre pour 11 deniers à deux fois,
c'eft-à-dire, faire deux opérations pour 8 &
pour 3 deniers. Premierement pour 8 deniers le tiers, augmenter le dernier chiffre,
de même que les dixaines reftantes d'une fois
plus, & toujours continuer le tiers comme
il fe voit à la troifieme propofition pour les
deniers, page 120, & auffi à l'opération ci-
deffus. Secondement il faut prendre pour 3
deniers, le huitieme étant au dernier chiffre
il faut prendre le quart comme il eft expliqué & démontré à la deuxieme opération
pour les deniers, page 118, & comme il fe
voit ci-deffus.

Pour la preuve, après avoir multiplié le

multiplicande par le multiplicateur, livres & fols, il faut prendre pour 10 deniers aussi à deux fois. Pour 6 & pour 4 deniers, la première pour 6 deniers, il faut prendre le quart du nombre propofé, étant au dernier chiffre il faut prendre la moitié, & pofer cette moitié aux fols, ou bien quand on a le produit d'un fol, pour 6 den. il faut prendre la moitié dudit produit d'un fol, de même pour tous les autres deniers. Quand on a le produit d'un fol il faut prendre les parties qui y conviennent; la feconde opération pour 4 den. il faut prendre le fixieme, étant au dernier chiffre il faut prendre le tiers. Voyez la table des parties aliquotes de 24, p. 114, & les opérations qui fuivent lad. table, qui vous inftruiront pour tous les deniers. Je ne mettrai que ces deux propofitions pour les multiplications d'entiers par livres, fols & deniers, ayant ci-devant expliqué féparément les multiplications par livres, par fols & par deniers. Par ces dernieres multiplications, on peut faire toutes celles qui feront propofées dans le même genre.

Obfervation fur la multiplication par un chiffre au multiplicateur.

Quand le nombre à multiplier ne confifte qu'en une figure, comme depuis 1 jufqu'à

9, il faut mettre cette figure fous les deniers, s'il y en a, à la fomme qui fera la valeur d'une des pieces de marchandifes telle qu'elle foit ; commençant à multiplier par les deniers, & continuant jufqu'au dernier chiffre des livres, on aura le produit que l'on cherche.

PROPOSITION.

On demande combien coûteront 8 onces de galon d'argent à raifon de 6 l.———15 f.——10 d. l'once. Réponfe, 54 l.———6 f.——8 d.

OPERATION.	PREUVE.
6 liv.——15 fols——10 den.	13 liv.——11 fols——8 den.
Par . . . . 8 onc.	Par . . . . 4 onc.
L : 54 liv.——6 fols——8 den.	L : 54 liv.——6 fols——8 den.

Pour fçavoir la valeur des 8 onces, felon l'opération qui eft ci-deffus, je mets les 8 onces fous les 10 deniers, & je multiplie les deniers, difant 8 fois 10 font 80, comme ce font 80 deniers, je demande en 80 deniers combien il y a de fols, je fçai qu'il y a 6 f. 8 den. je pofe 8 den. fous la colonne des 10 den. après avoir fait une barre fous les 8 onces, comme on le voit ci-deffus, & je retiens 6 fols, je multiplie enfuite les fols, difant 8 fois 5 font 40, & 6 que j'ai retenu font 46, je pofe 6 aux fols & retiens 4 ; je

multiplie enfuite les dixaines, difant 8 fois
1 font 8 , & 4 que j'ai retenu font 12 ; &
comme fe font 12 dixaines de fols, je dis la
moitié de 12 eft 6 , je ne pofe rien aux dixaines de fols & retiens 6 ; parce que ce
font 6 livres, je continue de multiplier les
livres, difant 8 fois 6 font 48 , & 6 que j'ai
retenu font 54, je pofe lefdits 54 aux livres ;
de forte que je trouve que les 8 onces de
galon à 6 liv.——15 f.——10 den. l'once, fe
montent à la fomme de cinquante-quatre
livres fix fols huit deniers , comme on le
voit par l'opération ci-contre.

Pour la preuve j'ai augmenté le prix
d'une fois plus, & j'ai pris la moitié des 8
onces qui eft 4, j'ai multiplié ledit prix par
4, & j'ai trouvé le même montant qu'à l'o-
pération qui eft 54 liv.——6 f.——8 den. de
forte que 4 onces de galon d'or ou d'argent
à 13 liv.——11 f.——8 den. l'once coûteront
ladite fomme de cinquante-quatre livres fix
fols huit deniers.

On peut faire toutes autres propofitions
de la même maniere, pourvu que le multiplicateur ne foit que d'un chiffre, comme il
eft démontré ci-contre.

Multiplications d'entiers & fractions par entiers.

PREMIERE PROPOSITION.

On veut multiplier 164 aunes 1/4 par 17 l. ou plutôt on veut sçavoir combien coûteront 164 aunes 1/4 de drap à raison de 17 l. l'aune. Réponse, 2792 l.——5 f.

OPERATION.	PREUVE.

$$164^{aunes}\ 1/4 \qquad 82^{aunes}\ 1/8$$
$$A..\ 17^{liv.}\ \text{l'aune} \qquad A..\ 34^{liv.}$$

Produits		
Pour 7 l.	1148	328
Pour 10 l.	164	246
Pour le 1/4	4——5	4——5
	2792$^{liv.}$——5$^{f.}$	2792——5$^{f.}$

Pour faire cette opération de 164 aunes 1/4 à 17 liv. l'aune, il faut premierement multiplier les aunes par le prix, ensuite de quoi il faut prendre le quart du prix, parce que c'est un quart d'aune ; ainsi je prends le 1/4 de 17 qui est 4 liv. je pose 4 liv. sous les livres, & je dis 4 fois 4 font 16, à aller à 17 il y a 1 qui reste, qui est une livre qui vaut 20 f. je dis le quart de 20 est 5, que je pose aux sols, faisant l'addition de tous les produits je trouve pour somme principale celle de 2792 l.——5 f. qui est la valeur des 164 aunes 1/4 de drap, à raison de 17 l. l'aune.

Pour la preuve je prends, comme aux
précédentes régles, la moitié du nombre proposé, & j'augmente le prix d'une fois plus.
La moitié de la proposition ci - contre, est
donc de 82 aunes 1/8 à 34 liv. l'aune. Ayant
multiplié tout mon multiplicande par le multiplicateur, je prends le huitieme du multiplicateur, qui est 34 liv. disant le 1/8.eme de
34 l. est 4 liv. que je pose aux livres, il reste
2 l. parce que 4 fois 8 font 32, à aller à 34 il
y a 2 l. qui valent 40 s. le huitieme de 40 est
5 s. que je pose aux sols, & je trouve le
même produit qu'à l'opération; de sorte que
les 82 aunes 1/8 à 34 l. l'aune font 2792 l.
5 s. comme on le voit par l'opération & la
preuve ci-contre.

*Multiplications d'entiers & fractions par livres,
sols & deniers.*

On veut multiplier 4713 ℔ 3/4 par 46 l.
——15 s.——7 d. on demande quel en sera le
produit.

Voyez l'opération & la preuve ci-après.

OPERATION.   PREUVE.

4713 ℔ 3/4   2356 ℔ 7/8

    4 : 3

	liv. 7 f.	d.			liv. 5 f.	d.
	46 — 15 —	7	A	93 — 11 —	2

Produits					
de 6 l.	28278		7068		
de 40 l.	18852		21204		
de 14 f.	3299 — 2		1178 — 0		
de 1 f.	235 — 13		117 — 16		
de 4 d.	78 — 11		19 — 12 — 8		
de 3 d.	58 — 18 — 3		81 — 17 — 3.2/8		
de 2/4	23 — 7 — 9 1/2			liv. f. d.	
de 1/4	11 — 13 — 10. 3/4		L : 220505 — 5 - 11. 1/4		

	liv. f.	d.
. 220505 —	5 — 11.	1/4

Pour faire cette opération ci-deſſus, je
multiplie premierement le nombre propoſé
d'entiers par livres, ſols & deniers, comme
il a été enſeigné ci-devant, enſuite pour les
3/4 je prends la moitié du prix, qui eſt par
conſéquent 2/4, puis je prends la moitié de
ce produit des 2/4, ce qui fait l'opération
des trois quarts ; j'additionne tous les produits, & je trouve que la ſomme totale eſt de
deux cens vingt mille cinq cens cinq livres
cinq ſols onze deniers, & un quart de denier, comme on le voit par l'opération ci-
deſſus.

    Pour la preuve de l'opération de ci-con-
tre, je prends la moitié du nombre propoſé,

fé, difant la moitié de 4713 ℔ eft 2356 ℔
1/2; mais comme il y a encore 3/4 dans le
nombre propofé, je prends la 1/2 des 3/4
en multipliant les 3/4 pour la 1/2, c'eft-à-
dire, multipliant les numérateurs les uns par
les autres, de même que les dénominateurs
comme il a été enfeigné à la table des réductions de fractions, p. 50, & comme pour
exemple; de forte que cela fait 3/8. Pour la moitié des trois quarts, lefquels 3/8 & la 1/2, qui a refté étant

$$\left\{ \begin{array}{c} 3/4 \\ 1/2 \\ \hline 3/8 \end{array} \right.$$

additionnées font 7/8, comme par exemple,
ayant mis la 1/2 en deffus
& les 3/8 en deffous, je
prends 8 pour dénomina-
teur commun, je prends
pour lad. 1/2 la moitié du

$$\left\{ \begin{array}{c|c} & 8 \\ \hline 1/2 & 4 \\ 3/8 & 3 \\ \hline & 7/8 \end{array} \right\}$$

dénominateur commun qui eft 4, que je
pofe fous ledit 8; enfuite j'en prends les 3/8
dudit dénominateur 8, c'eft 3; j'additionne
ces deux produits 4 & 3, cela fait 7, qui
difent 7/8; ainfi je trouve pour multiplicande ou nombre propofé pour ma preuve
2356 ℔ 7/8 à multiplier par 93 l.——11 f.
——2 den.

Premierement je multiplie les 2356 ℔
par 93 l.——11 f.——2 den. enfuite de quoi
pour les 7/8 je prends le huitieme fur le prix
de 93 l.——11 f.——2 den. & je multiplie le
produit du huitieme par 7 pour en trouver

T

les 7/8.ᵉᵐᵉ comme par exemple le 1/8 eſt comme ci-après 11 l.——13 ſ.——10 d. 6/8, je multiplie cédit produit par 7, je trouve.

EXEMPLE.

liv.	ſ.	d.				
11——13——10.	6/8 }	42	{	8		
Par. 7	}	2/8	{ 5ᵈ. }			

liv.	ſ.	d.	
81——16——10.	42/8

liv.	ſ.	d.	
81——17——3	2/8 ou 1/4

81 l.——16 ſ.——10 d. 42/8.ᵉᵐᵉ pour ſçavoir combien ces 42/8.ᵉᵐᵉ parties de deniers font des deniers. Je diviſe 42 par 8, & je trouve au quotient de ma diviſion 5 deniers ; & 2/8.ᵉᵐᵉ reſtans qui font 1/4 de deniers, ainſi cela fera donc pour leſd. 7/8 : 81 l.——17ſ.——3 d. 1/4, laquelle ſomme j'ajoute ſous les autres produits de ma multiplication, & je trouve pour ſomme principale 22605 l.——5ſ.——11 d. 1/4 ; même ſomme qu'à l'opération, ce qui fait voir que les deux régles ſont bonnes.

Je ne m'étendrai pas plus ſur ces ſortes de multiplications d'entiers & fractions par livres, ſols & deniers, parce que par les précédentes on peut réſoudre toutes ſortes de queſtions dans le même genre ; je donnerai ci-après pluſieurs autres exemples de multiplications de fractions, ceux qui ne ſeront pas dans le goût de les apprendre, crainte de la trop grande application les laisseront, & prendront les régles qui leur feront néceffaires ; j'ai expliqué toutes les fractions que j'ai donné, & celles que je vais donner à la fuite le plus nettement & le plus clairement qu'il m'a été poffible, & comme je crois qu'aucun Auteur ne les a mife ni expliquées fi au net, comme je me fuis efforcé de le faire pour l'intelligence, tant des commençans que de ceux qui feront plus verfés dans l'arithmétique. J'ai jugé à propos d'en donner quelques-unes qui ne dégoûteront point l'amateur de ladite arithmétique.

Multiplication pour la toife.

PROPOSITION.

Un Maçon a fait marché avec un particulier de faire chaque toife de maçonnerie pour prix & fomme de 25 l —— 15 f. —— 5 d. & en ayant fait 25 toifes 3 pieds 10 pouces 9 lignes 3 points, il demande combien il lui eft dû. Réponfe. 661 liv. —— o f. —— 3 d. peu moins.

OPÉRATION.

25 toises 3 pieds 10 pouces 9 lig. 3 points.

    liv. ___7 f.   d.   3 : 2

Produits A   25 — 1 5 — 5   la toise.

de 5 l. . . .	125			
de 20 l. . . .	50			
de 14 f. . . .	17 — 10			
de 1 f. . . .	1 — 5			
de 3 d. . . .	0 — 6 — 3			
de 2 d. . . .	0 — 4 — 2			

dénominateur commun.
3456

de 3 pieds .	12 — 17 — 8.	1/2	1728 pour la 1/2
de 6 pouc. .	2 — 2 — 11.	5/12	1440 pour les 5/12
de 3 pouc .	1 — 1 — 5.	17/24	2448 pour les 17/24
de 1 pouc. .	0 — 7 — 1.	65/72	3120 pour les 65/72
de 6 lig. . .	0 — 3 — 6.	137/144	3288 pour les 137/144
de 3 lig. . .	0 — 1 — 9	137/288	1644 pour les 137/288
de 3 points	0 — 0 — 1.	2779/3456	2729 pour les 2729/3456

         liv.   d.

L " 661 — 0 — 2. 2573/3456.

16397 { 3456
 2573 { 4 entiers 2573

3456

EXPLICATION.

Pour faire la régle ci-dessus, il faut premierement multiplier les toises par le prix de la toise, c'est-à-dire, par les livres, sols & deniers ; ensuite il faut prendre pour 3 pieds la moitié du prix de la toise, puisqu'il faut 6 pieds de Roi pour une toise, pour les 10 pouces qui suivent, il faut prendre à trois fois pour 6, 3 & un pouces. Pour sçavoir le prix de 6 pouces, il faut premierement sçavoir la valeur d'un pied en prenant le tiers du produit des 3 pieds, de forte que le produit defdits trois pieds étant de 12 l.——17 f.——8 d. 1/2, dont le tiers eft 4 l.——5 f.—10 d. 5/6, il faut en prendre la moitié pour lefdits 6 pouces qui eft 2 l.——2 f.——11 d. 5/12, puifqu'il faut 12 pouces pour 1 pied; enfuite il faut prendre la moitié de ce dernier produit, (& ce pour 3 pouces) qui eft 1 l.——1 f.—— 5 d. 17/24; & pour 1 pouce qui refte, il faut prendre le tiers de ce dernier produit, qui eft 7 f.——1 d. 65/72. Préfentement pour fçavoir le prix des 9 li-gnes, il faut prendre à deux fois, pour 6 & pour 3 lignes, parce qu'il faut 12 lignes pour 1 pouce, & ainfi pour 6 lignes il faut pren-dre la moitié du produit d'un pouce qui eft 3 f.——6 d. 137/144; & pour 3 lignes il faut prendre la moitié (du produit des fix lignes) qui eft 1 f.——9 d. 137/288. Et pour favoir le produit de trois points, il faut favoir le prix d'une ligne en prenant le tiers du pro-duit de trois lignes, qui eft 7 d. 137/864. Il faut enfin pour dernier produit, prendre le quart (de ce dernier produit) qui eft 1 d. 2729/3456, & ce parce qu'il faut 12 points pour une ligne.

Ayant donc arrangé tous mes produits, il faut faire addition du total defdits produits pour en faire un total général ou montant; & pour ce faire je commence par les fractions. Voyez l'inſtruction & opération des additions de fractions ci-devant données, page 44, je trouve que les 25 toiſes 3 pieds 10 pouces 9 lignes & 3 points, à raiſon de 25 l.——15 ſ.——5 d. la toiſe, ont produit au Maçon ſix cens ſoixante-une liv. deux den. & 2573 fois la 3456.ᵉᵐᵉ partie d'un denier.

Je n'ai mis dans cette opération derniere des lignes & points, que pour faire voir les difficultés qui ſe rencontrent plus ſouvent dans les plus petites parties que dans les grandes. Je crois avoir donné aſſez d'éclairciſſement de cette régle, pour qu'on puiſſe bien comprendre celles qui pourroient être propoſées dans le même goût.

On pourroit faire la preuve de cette opération par une régle de trois, diſant ſi 25 toiſes 3 pieds 10 pouces 9 lignes 3 points, coutent 661 l. 0 ſ.——2 d. 2573/3456 parties de denier, combien coutera ou à combien reviendra une toiſe; pour lors il faudroit réduire le premier terme en ſa plus petite dénomination, c'eſt-à-dire en points, de même que le dernier terme de ladite régle en points; multiplier le ſecond terme par le troiſieme, & diviſer le produit par le premier terme de ladite régle de trois; mais n'ayant pas encore donné l'inſtruction de la régle de diviſion, je donnerai la régle de trois qu'en ſon lieu, & je vais donner la preuve de cette derniere opération par son contraire, comme j'ai fait aux précédentes, prenant la moitié du nombre proposé, & augmentant d'une fois plus son prix, comme on le voit ci-après.

OPERATION

Pour preuve de la derniere.

32 toises 4 pieds 11 pouces 4 lignes 7 points 1/2.

6 & 4

A. . liv. 5 f. d.
51 — 10 — 10 la toise.

Produits	liv.	f.	d.		
de 1 liv.	12				
de 50 liv.	60				
de 10 fols	6 —	0			
de 6 deniers . .	0 —	6			
de 4 deniers . .	0 —	4			
de 3 pieds . . .	25 —	15 —	6		
de 1 pied	8 —	11 —	9 — 2/3		6912 pour les 2/3
de 8 pouces . . .	4 —	5 —	10 — 5/6		8640 pour les 5/6
de 4 pouces . .	2 —	17 —	3 — 2/9		2304 pour les 2/9
de 1 pouce . . .	0 —	14 —	3 — 29/36		8352 pour les 29/36
de 4 lignes . . .	0 —	4 —	9 — 29/108		2784 pour les 29/108
de 3 points . . .	0 —	0 —	3 — 1001/1728		6006 pour 1001/1728
de 3 points . . .	0 —	0 —	3 — 1001/1728		6006 pour 1001/1728
de 1 point . . .	0 —	0 —	1 — 1001/5184		2002 pour 1001/5184
de 1/2 point . .	0 —	0 —	0 — 6185/10368		6185 pour les 6185/10368

10368

liv. f. d.
L : 661 — 0 — 2 — 2573/3456

$$49191$$
$$7719$$
$$10368$$
$$2573$$
$$3456$$

$$\Big\}\ 10368 \quad / \quad 4\ \text{den. } 2573/3456$$

EXPLICATION.

La derniere opération, de même que sa précédente, demandent beaucoup d'atten-tion, quand il s'agit de prendre les parties

fur les parties de deniers ; comme par exemple dans cette dite derniere opération, il y
à pour produit d'un pied 8 l.——11 f.——9 d.
2/3. fix pouces qui font la moitié d'un pied
ont produit 4 l.——5 f.——10 d. 5/6. Pour
trouver les 5/6 parties de denier & la fomme 4 l.——5 f.——10 d. j'ai pris la moitié du
produit d'un pied, & après avoir pris la moitié des deniers, il m'a refté 1/2 d. & pour
enfuite prendre la moitié des 2/3, j'ai multiplié le dénominateur 3 defdits 2/3 par le
dénominateur 2 de ladite 1/2 reftante, ce
qui m'a produit 6 pour dénominateur de la
fraction, enfuite pour trouver mon numérateur, j'ai multiplié le dénominateur 3 defdits 2/3 par le numérateur 1 de la 1/2 reftante, ce qui m'a produit 3, & j'y ai ajouté le numérateur 2 defdits 2/3, ce qui m'a
produit 5, & par conféquent le numérateur
étant 5, & le dénominateur étant 6, cela
fait 5/6 parties de denier. Il faut s'y prendre
de la même maniere pour trouver toutes les
parties de deniers qui font demandées dans
cette opération.

Quant à fçavoir ce que toutes ces parties
de deniers font d'entiers, il faut trouver un
dénominateur commun, où toutes lefdites
parties puiffent entrer, & enfuite prendre
fur ce dénominateur commun toutes lefdites parties de deniers. Comme par exemple
pour

pour 2/3, il faut d'abord en prendre le tiers & multiplier le produit d'un tiers par 2, ce qui fait le produit de deux tiers; comme aussi pour 5/6, il faut d'abord prendre le sixieme sur le dénominateur commun, & multiplier le produit par 5, ce qui formera le produit de 6/5 : il faut mettre tous les produits sous le dénominateur commun, & ensuite les additionner, & diviser par le dénominateur commun pour trouver des entiers. Voyez ci-devant l'opération qui en est faite.

Par cette opération, qui est la preuve de la précédente, l'on voit que le montant est égal à ladite précédente opération, qui est de 661 l.——o f.——2 d. 2573/3456, ce qui prouve que les deux régles sont bonnes & justes. Je ne donnerai pas plus ample explication de cette derniere, la preuve me paroissant suffisante pour donner l'éclaircissement de toutes autres qui peuvent être proposées dans le même genre.

Multiplications d'entiers & fractions par fractions composées.

On veut multiplier 517.^{aunes} 5/6 par 7/8, on en demande le produit. Réponse 453 : 5/48.

OPERATION.

Multiplier . . 517——5/6		
Par . . . . : ——7/8		
	5/6	35/48
	5	7
Pour 1/8 . . 64 . . . 35/48		245 { 48
7		5 } 5 ent. 5/48
448		48
5——5/48		
Pour 7/8 . . 453——5/48		

Pour faire cette opération, il faut premierement prendre 1/8 du nombre proposé, comme ci-dessus, disant, le huitieme de 51 est 6, que je pose au produit, & il reste 3 qui étant joint avec 7 font 37 ; je dis le huitieme de 37 est 4, que je pose à la suite du 6, & il reste 5, par lequel 5 je multiplie le dénominateur de la fraction proposée, y ajoutant le numérateur, & disant 5 fois 6 font 30, & 5 du numérateur font 35 ; ensuite de quoi je multiplie les dénominateurs des deux fractions, l'un par l'autre, disant, 8 fois 6 font 48, de sorte que c'est 35/48, &

je trouve donc, pour le huitieme, 64. 35/48.
Préfentement pour trouver le produit des
7/8, je multiplie le numérateur de la fraction, que j'ai trouvé pour le huitieme, difant 7 fois 5 font 35, je pofe 5 & retiens 3 ;
je continue, & dis, 7 fois 3 font 21, & 3
que j'ai retenu font 24, comme on le voit
à côté de l'opération ci - contre, de forte
que je trouve 245/48, pour fçavoir combien il y a d'entiers, il faut divifer par 48,
les 245, ou bien en prendre la 48ᵉᵐᵉ partie,
& on trouve au quotient 5 entiers, & 5
reftans qui font 5/48 ; enfuite de quoi je
multiplie le produit de mon huitieme, qui
eft 64 par 7, & je trouve 448, y ajoutant
le produit des fractions qui eft 5. 5/48, cela
fait pour lefdits 7/8. 453=5/48, comme
on le voit par les opérations ci-contre.

L'on pourroit auffi donner la preuve de
cette opération, par la régle de trois, mais
puifque j'ai commencé à donner les preuves
par le contraire, je continuerai en prenant
la moitié du multiplicande, & doublant le
multiplicateur, comme il fe voit ci-après.

Preuve de la derniere opération d'entiers, & partie d'entiers par entiers & partie d'entiers.

OPERATION.

Multiplier. . .   258 . 11/12 par 1 . 3/4

$$\begin{array}{cc} 12 & 4 \\ \hline 3107 & 7 \\ 7 & \hline \\ & 12 \end{array}$$

$$\left. \begin{array}{l} 21749 \\ 254 \\ 149 \end{array} \right\} \begin{array}{l} 48 \quad 4 \\ \hline 453 . 5/48 \quad 48 \end{array}$$

5 restans.

AUTRE OPERATION.

258——11/12

Par . . . .   1——3/4
____
258   48

Pour 3/4. . . 193——1/2. . . . 24
Pour 6/12. . .   0——7/8. . . . 42
Pour 4/12. . .   0——7/12. . . 28
Pour 1/12. . .   0——7/48. . . 7
____
Réponse. . . . 453——5/48.   101 } 48
_______________________   5 }
                              ——— } 2
                               48 }

Pour faire cette premiere opération, je réduis tant le multiplicande que le multiplicateur en leurs fractions, commençant par le multiplicateur qui est 1 entier 3/4, je multiplie le 1 par 4, & y ajoute le numérateur 3, disant 4 fois 1 est 4 & 3 font 7; ensuite je mul-

tiplie le multiplicande 258. 11/12 par 12,
& y ajoute le numérateur 11, ce qui me
produit 3107, que je multiplie par le multiplicateur réduit en sa fraction qui est 7,
ce qui me produit aussi 21749. Et pour
trouver le nombre que je cherche, je multiplie les dénominateurs des deux fractions
l'un par l'autre, c'est-à-dire 12 par 4, disant
4 fois 12 font 48 ; ce qui me servira de diviseur pour trouver le nombre que je cherche, je divise donc 21749 par 48, & je trouve au quotient le nombre cherché qui est
453. 5/48 ; ce qui prouve bien clairement
que mes deux opérations sont justes, comme on voit par la seconde.

Multiplications d'entiers & partie d'entiers,
par entiers & partie d'entiers.

On veut multiplier 74 : 7/8 par 47. 3/4
on en veut sçavoir le produit.

OPERATION.

```
M. . . . . . 74 : 7/8. par 47. 3/4
            8                 4
        ___________       ___________
            599               191
            191                8
        ___________       ___________
            599               4
           5391           ___________
            599               32
        ___________
          114409      ⎧  32
            184        ⎨  ___________
            240        ⎪  2575. entiers 9/32
            169        ⎩
         9 restant.
```

PREUVE.

M. . . . . . 37 : 7/16. par . . . 95. 1/2

$$
\begin{array}{cc}
16 & 2 \\
\hline
599 & 191 \\
191 & 16 \\
\hline
599 & 2 \\
5391 & \hline \\
599 & 32 \\
\hline
114409 & \\
184 & \Big\{ \quad 32 \\
240 & \overline{\quad 3575 \text{ entiers } 9/32} \\
169 & \\
9 \text{ reftant} & \\
\hline
32 &
\end{array}
$$

Ces régles fe font comme la précédente
opération, en multipliant le multiplicande
par le multiplicateur réduits dans leur fraction, & divifant le produit par les dénominateurs des deux fractions multipliées l'un
par l'autre, comme on le voit ci-deffus &
expliqué de l'autre part, pour la premiere
opération. Mais la feconde a quelque chofe
de plus difficile. Après avoir multiplié 258
par 1——3/4, il faut prendre les 11/12 de
1——3/4; & pour ne point embarraffer l'ef-
prit, il faut prendre d'abord pour 6/12 qui
eft 1/2. enfuite pour 4/12 qui eft 1/3, &
encore prendre pour 1/12 fur 1=3/4, ou le
1/4 fur le produit de 4/12, comme on voit
de l'autre part, à la feconde opération.

TABLE pour prendre la 1/2, le 1/3, le 1/8, les 3/4: les 7/8, &c. d'une fraction proposée.

PREMIERE PROPOSITION.

Pour prendre la 1/2 de 1/8, multipliez le numérateur de chaque fraction l'un par l'autre ; multipliez de même le dénominateur l'un par l'autre, & le produit sera la 1/2 de 1/8 que l'on cherche, comme on voit ci-dessous qui est 1/16, c'est-à-dire, la seizieme partie d'un entier.

EXEMPLE.

Numérateur 1/8 Dénominateur.

1/2

____

1/16. Réponse.

DEUXIEME PROPOSITION.

Pour prendre le 1/4 de 5/7, il faut faire la même chose que ci-dessus, c'est-à-dire, multiplier les numérateurs les uns par les autres, & ensuite les dénominateurs & le produit sera le quart des 5/7, que l'on cherche comme il se voit ci-après qui est 5/28, c'est-à-dire, cinq fois la vingt-huitieme partie d'un entier.

Exemple de la deuxieme propofition.

Numérateurs 5/7 Dénominateurs.

1/4

5/28. Réponfe.

TROISIEME PROPOSITION.

Pour prendre les 3/4 de 7/9, il faut s'y prendre de la mêmé maniere que ci-deffus, multiplier les numérateurs les uns par les autres, & auffi les dénominateurs les uns par les autres; ce qui produïra pour réponfe 21/36, ou 7/12, qui eft de la même valeur defdits 21/36, prenant le 1/3 comme on voit ci-deffous.

EXEMPLE.

Numérateurs 7/9 Dénominateure

3/4

21/36

Le 1/3. . . . . . . 7/12 Réponfe.

Multiplications de fraction par fraction, ou prendre une fraction d'une autré, comme on le voit à la table des fractions ci-devant.

On veut multiplier 3/4 par un 1/3. Pour ce faire il faut multiplier les dénominateurs l'un par l'autre, & cela fera le dénominateur

de

de la fraction que l'on cherche, il faut auſſi multiplier les numérateurs l'un par l'autre, ce qui fera le numérateur de ladite fraction que l'on cherche. Voyez les opérations ſuivantes.

OPERATION.

Numérateurs Dénominateurs
$$\left.\begin{array}{c} 3/4 \\ 1/3 \\ \hline 3/12 \end{array}\right\}$$
Réponſe.

Cela fait 3/12 ou 1/4.

On veut multiplier 7/8 par 3/4.

OPÉRATION.

$$\left.\begin{array}{c} 7/8 \\ 3/4 \\ \hline 31/32 \end{array}\right\}$$
Réponſe.

Cela fait 21/32.

Ainſi des autres que l'on fait de la même maniere.

Diſſertation ſur la diviſion.

Par la diviſion on veut ſçavoir combien de fois un petit nombre eſt contenu dans un plus grand.

L'on s'en ſert pour partager une ſomme entre pluſieurs, afin qu'ils ayent entr'eux une portion égale. Je ne me ſervirai dans toutes mes diviſions, que de la diviſion à

X

l'italienne brieve, qui est la plus abrégée, & la plus intelligible, mettant les chiffres restans sous le dividende, le diviseur à côté dudit dividende, faisant une accollade entre ledit dividende, & le diviseur; sous lequel diviseur, je ferai une barre pour y mettre le quotient ou produit, comme il se verra ci-après. Cependant pour contenter les amateurs de l'arithmétique, & comme tous ne font pas leurs divisions de la même maniere, je démontrerai & expliquerai en peu de mots les divisions suivantes, 1°. à l'italienne brieve, 2°. à l'italienne longue, 3°. à la portugaise, 4°. à l'espagnole, 5°. à la françoise brieve, 6°. à la françoise longue.

La division a trois nombres, 1°. le nombre à diviser, que l'on nomme dividende, 2°. le nombre par lequel on divise, que l'on appelle diviseur, 3°. le produit, que l'on nomme quotient.

Il faut séparer le dividende du diviseur & du produit, par deux traits de plume, le premier doit être une espece de petite accollade, entre le dividende & le diviseur, parce qu'il faut mettre le diviseur au côté droit; le second trait, est une petite barre que l'on fait sous le diviseur, pour poser le quotient sous cette barre; de sorte que les trois nombres se verront aisément, comme on va voir par la démonstration qui en sera faite.

Il faut obſerver qu'on doit prendre autant de chiffres du dividende, qu'il y en a au diviſeur, quand il s'agit de l'opération, & ſi la même quantité de chiffres du dividende n'eſt pas ſi fortes que celle du diviſeur, il faut prendre un chiffre de plus au dividende, parce qu'il faut toujours que le dividende ſoit plus fort que le diviſeur, comme nous le verrons dans les opérations ſuivantes.

Diviſions ſimples à l'italienne brieve.

On veut diviſer 9783. par 9.

OPÉRATION.   PREUVE.

Dividende   Diviſeur.   Par multiplication.

9783 } 9   1087
078 } ———— Produit
63   } 1087   9
0   ————
9783

Pour ce qui eſt de la diviſion ci-deſſus, ſuivant l'opération qui y eſt démontrée, & qui eſt 9783, à diviſer par 9, il faut prendre le premier chiffre à gauche du dividende, & dire en 9, combien de fois 9, il eſt 1, que je poſe au quotient, ſous le diviſeur ; je multiplie le diviſeur 9 par 1, diſant 1 fois 9 eſt 9, à aller à 9 eſt quitte ; je poſe zero, ci 0, ſous 9 du dividende, je baiſſe le 7 qui ſuit le 9, & je le diviſe par

X ij

9, je dis en 7 combien de fois 9, il ne peut pas y aller, je pose zero, ou o, au quotient, je baisse le 8 qui est après ledit 7, à côté du 7 qui est déja baissé, je dis en 78 combien de fois 9, il y est 8, je pose 8 au quotient à côté du zero, je multiplie le diviseur par le produit dernier, disant 8 fois 9 font 72 à aller à 78 il y a 6, que je pose sous 78, je baisse le 3 qui est encore au dividende, à côté du 6 qui a resté, de sorte que cela fait 63, je dis en 63 combien de fois 9 il y est 7 fois juste, & sans reste, lequel 7 je pose au quotient, & mon produit est de 1087. Et pour prouver que c'est une somme égale entre neuf partageans, il faut multiplier ce produit, ou quotient 1087, par le diviseur 9, & l'on trouve le montant que l'on avoit à diviser, qui est 9783, comme on le voit par l'opération & la preuve de l'autre part.

DIVISION.

Deuxieme proposition par deux chiffres au diviseur.

La division par deux chiffres est un peu plus difficile que la précédente, qui n'est qu'à un chiffre au diviseur ; mais il ne faut que un peu plus d'attention, & prendre toujours autant de chiffres au dividende, & quelquefois plus qu'il y en a au diviseur, parce qu'il faut que le dividende foit plus fort que le divifeur, comme je l'ai ci-de-vant dit.

On veut divifer la fomme de 4787 liv. en 37 parts ou perfonnes, fçavoir ce qu'il reviendra à chaque, par portion égale; pour ce faire il faut difpofer la régle comme celle de la premiere propofition, & comme on la voit ci-deffous.

OPERATION.

```
Dividende     Divifeur
   liv.
  4787     {  37
   108     { ______________
   347     {  129 l. -7 f. -6 d.
    14
    20
  ________
   280
    21
    12
  ________
   252
  30 den. reftans.
```

PREUVE.

```
   liv.        fols      den.
                 3
  129 ——————— 7 ——— 6
   37
  ________________________
 , 903
 387
   II ————————— 2
    I ————— 17 —————
    0 ————— 18 ——— 6
               2 ——— 6 reft.
  ________________________
   liv.         f.       d.
 4787 ——————— 0 ——— 0
  ________________________
```

Pour l'opération de la régle de l'autre part, je dis, en 4, premier chiffre du dividende, combien de fois 3, premier chiffre du divifeur, il y eft 1, je pofe 1 au quotient ou produit, & je multiplie par ce même 1, le dernier chiffre du divifeur qui eft 7, en difant 1 fois 7 fecond chiffre du dividende eft 7 , à aller à 7 eft quitte, je pofe o fous 7 du dividende ; je continue, & je dis, 1 fois 3 du divifeur eft 3 , à aller à 4 dudit dividende , il y a 1 , que je pofe fous 4 d. je baiffe enfuite le 8 du dividende , parconféquent , j'ai 108 à divifer par 37 , je dis, en 10 combien de fois 3 , il ne peut y aller que 2 , je pofe 2 au quotient , je multiplie le divifeur à l'entier par ledit 2 , commençant toujours par le dernier chiffre , & difant 2 fois 7 font 14 , à aller à 18 du dividende , il refte 4 , que je pofe fous 8 , je continue , & je dis 2 fois 3 font 6 & 1 que j'ai emprunté pour faire valoir le 8 , font 7 , à aller à 10 il y a 3 que je pofe fous 10 , il refte donc 34 ; je baiffe le 7 , dernier chiffre du dividende , cela fait 347 , à divifer par 37 , & comme les deux premiers chiffres du dividende ne font pas fi forts , c'eft-à-dire , ne valent pas tant que les deux du divifeur , j'en prends deux du dividende pour en faire parler un du divifeur , & je dis en 34 , combien de fois 3 , il y va 9 fois , je multiplie le divifeur par 9 , difant 9 fois 7 font 63 , à aller à 67 , il y a 4 , que je pofe fous 7 du dividende , & je retiens 6 , & dis , 9 fois 3 font 27 , & 6 que j'ai retenu font 33 , à aller à 34 il y a 1 , que je pofe fous 4 du dividende , & il me refte 14 liv. qui ne peuvent plus fe divifer par 37 , pour qu'ils ayent des livres, & je trouve au produit 129 liv. mais comme il reste 14 liv. il faut les réduire en sols, en les multipliant par 20, parce que la livre est composée de 20 sols, de sorte que les 14 liv. font 280 sols, qu'il faut diviser par le même diviseur 37 ; je dis donc, en 28 combien de fois 3, il ne peut y aller que 7 fois, lequel 7 je pose au quotient, au rang des sols, après les livres que j'ai trouvé, je multiplie le diviseur à l'entier par 7, disant 7 fois 7 font 49, à aller à 50 il y a 1, que je pose sous le 0 du dividende, & je retiens 5 ; je continue, & je dis, 7 fois 3 font 21, & 5 que j'ai retenu font 26, à aller à 28, il y a 2 que je pose devant 1 qui a déja resté, de sorte quil me reste 21 sols, qui ne se peuvent pas diviser par 37, parconséquent je réduis ces 21 sols en deniers, en les multipliant par 12, parce quil faut 12 deniers pour 1 sol, cela me produira 252 deniers, qu'il faut diviser par le même diviseur 37, je dis donc, en 25 combien de fois 3, il n'y va que 6 fois, lequel 6 je pose au quotient, au rang des deniers, après les sols. Je multiplie tout le diviseur par ledit 6, disant 6 fois 7 font 42, à aller à 42, il ne reste rien, je pose 0 sous le 2 du dividende, & retiens 4 ; je continue, & je dis, 6 fois 3 font 18, & 4 que j'ai retenu font 22, à aller à 25 il y a 3, que je pose devant le zero qui a déja resté, ainsi c'eſt 30 deniers qui reſtent, & qui ne peuvent ſe diviſeur par 37, leſquels 30 deniers il faudra ajouter à la preuve, qui ſe fait par multiplication, pour trouver la ſomme prinpale que j'avois à diviſer, comme il ſe voit par ladite preuve, à côté de l'opération, page 165, & j'ai trouvé qu'ils ont chacun 129 l. —— 7 ſ. —— 6 d. 30/37.

La preuve de cette dite derniere opération ſe fait par multiplication, en multipliant le quotient ou produit par le diviſeur, de ſorte que multipliant 129 l. —— 7 ſ. —— 6 d. 30/37, l'on trouve la ſomme propoſée que l'on avoit à diviſer par 37 parts, ou perſonnes, laquelle dite ſomme principale ſe trouve juſte, y ayant ajouté les 30 deniers reſtans, comme il ſe voit à la preuve de l'opération ci-devant, dont le montant eſt 4787 l. même nombre propoſé. Voyez la page 165.

Diviſion compoſée de livres, ſols & deniers, par trois chiffres au diviſeur.

TROISIEME PROPOSITION.

On veut diviſer ou partager par égale opération la ſomme de 4736 ℔ —— 17 ſ. —— 7 den. en 287 parts, on demande le produit.

OPERATION.

OPERATION.   PREUVE.

```
 liv.    f.  d.        287              287
4736--17--7  }                    }          liv.  f.  d.
1866                     f.  d.              16--10--1
 144                  16--10--1
  20                                           4592
 ____                                           143
2897                                          1-- 3--11
  27                                              3-- 8 reft.
  12                                          liv.    f.      d.
 ____                                        4736--17--  7
 331
 44/287 d. reftans.
```

Pour faire l'opération de cette troisieme
propofition, il faut s'y prendre de la même
maniere qu'à la 2 ᵉᵐᵉ propofition, la différence eft, qu'il y a trois chiffres au divifeur
de celle-ci, & qu'à la précédente il n'y en
a que deux, la difficulté n'eft pas plus grande
à trois, à quatre & à 5 chiffres au divifeur,
qu'à deux, la différence eft, qu'il faut prendre autant de chiffres au dividende qu'il y en
a au divifeur, comme en cette opération, il
y a trois chiffres au divifeur, je prendrai trois
chiffres fur le dividende, & fi lefdits trois
chiffres ne valoient pas tant que les trois
du divifeur, j'en prendrois quatre fur ledit
dividende, comme on a vu par les opérations
précédentes, & comme on verra par les
fuivantes. Je dirai donc en 4, premier chiffre
du dividende, combien de fois 2, premier

Y

du diviſeur, il n'y va que 1 ; je poſe 1 au quotient, je multiplie tous les chiffres du diviſeur, les uns après les autres, par ledit 1, commençant par le dernier chiffre, de gauche à droite, & je dis 1 fois 7 eſt 7, à aller à 13, il y a 6 que je poſe ſous 3 du dividende, & je retiens 1 ; je continue, & je dis, 1 fois 8 eſt 8 & 1 de retenu eſt 9, à aller à 17 il y a 8, que je poſe ſous le 7 du dividende, & je retiens 1 que j'ai emprunté, je dis encore, 1 fois 2 eſt 2, & 1 que j'ai emprunté c'eſt 3, à aller à 4 eſt 1, que je poſe ſous 4 du dividende, & devant le 8 qui eſt déja reſté ; de ſorte qu'il reſte 186 ; & pour diviſer ce nombre, il faut baiſſer le chiffre ſuivant du dividende qui eſt 6 ; de ſorte que ce ſera 1866 à diviſer par 287, & comme les trois premiers chiffres de ce dernier dividende, ne ſont pas ſi forts que les trois du diviſeur, j'en prends deux à la fois, de ce dernier dividende, pour en faire parler un du diviſeur, je dis donc en 18, combien de fois 2, il n'y va que 6 ; je multiplie le diviſeur à l'entier par ce 6, diſant 6 fois 7 font 42, à aller à 46 il y a 4 que je poſe ſous le premier chiffre du dividende, & retiens 4 ; je continue, & dis 6 fois 8 font 48, & 4 de retenu font 52, à aller à 56, il y a 4, que je poſe ſous le ſecond chiffre du dividende, & je retiens 5 ; je dis encore 6 fois 2 font 12, & 5 de retenu font 17, à aller à 18 il y a 1, que je pose sous 8 du dividende; de sorte que je trouve à mon quotient ou produit 16 liv. & il me reste 144 liv. qui ne peuvent pas se diviser par 287; ainsi il faut réduire ces 144 l. en sols, ayant soin d'y ajouter les 17 sols que j'ai à mon dividende, pour lors je multiplie les 144 liv. par 20, parce que la livre est composée de 20 s. y ayant ajouté les 17 s. cela me produit 2897 s. que je divise par le même diviseur 287; & je dis pour trouver des sols en 2 combien de fois 2 il y va 1, que je pose aux dixaines de sols, je multiplie aussi par ce 1 tout le diviseur, disant une fois 7 est 7 à aller à 9 il y a 2, que je pose sous 9 du dividende, je continue & dis 1 fois 8 est 8, à aller à 8 est o; je dis encore 1 fois 2 est 2, à aller à 2 est o, & il ne me reste que 2, je baisse le chiffre suivant du dividende qui est 7, ce qui fait 27 pour deuxieme dividende des sols; mais comme ayant baissé ce 7, je vois que 27 ne peuvent se diviser par 287, je pose o au quotient, de sorte que je trouve 10 s. audit quotient, & il me reste 27 s. qu'il faut que je réduise en deniers, en les multipliant par 12, parce qu'il faut 12 den. pour un sol; & j'ai soin d'y ajouter au produit de cette derniere multiplication les 7 d. que j'ai à mon dividende. Je trouve donc 331 deniers à diviser par 287, je dis en 3 combien 2 fois 2 il y va 1 que je pose au quotient après les sols ; je multiplie tout le diviseur par ledit 1, disant une fois 7 est 7, à aller à 11 il y a 4, que je pose sous 1 du dividende & je retiens 1 ; je continue & je dis 1 fois 8 est 8, & 1 que j'ai retenu font 9, à aller à 13 il y a 4, que je pose devant l'autre 4 qui a déja resté & je retiens 1, je dis encore 1 fois 2 est 2 & 1 que j'ai retenu font 3, à aller à 3 est quitte, & je trouve au produit 1 den. & 44 deniers restans, qui ne se peuvent diviser par 287 : je trouve donc pour chaque portion 16 l.——10 s.——1 den. 44/287.ᵉᵐᵉ

La preuve de cette régle se fait par multiplication, multipliant le diviseur par le quotient, & y ajoutant les 44 den. restans. Voyez l'opération & la preuve ci-devant démontrées, page 169.

Division à l'italienne longue.

PROPOSITION.

L'on a la somme de 387046 l.——18 s.—— 4 den. à diviser en 469 parts ; je pose selon la démonstration suivante, le diviseur sur la même ligne du dividende, & le quotient sous le diviseur.

OPERATION.

	liv.	f.	d.
Diviſeur 469	387046	—18—	4
Produit 825 liv.	11861		
	242		
	1		
	20		
Diviſeur 469	2438 f. dividende		
Produit 5 f.	93		
	12		
	1116		
	4 d.		
Diviſeur 469	1120 d. dividende		
Quotient 2 uen.	182 d. reſtans		

$$182 \begin{cases} 12 \\ \hline \end{cases}$$
$$62 \begin{cases} \\ 15 \text{ f. } 2 \text{ d.} \end{cases}$$
$$2$$

Preuve de l'opération de la régle ci-deſſus.

	liv.	2 f.	d.
Multiplier . . . 825	—	5—	2
Par 469			

```
        7425
       4950
      3300
         93—16
         23— 9
          3—18—2
          15—2 reſtans
```

	liv.	f.	d.
	387046	—18—	4

Pour faire l'opération de l'autre part, felon fa pofition & démonftration, je dis en 38 combien de fois 4, il ne peut y être que 8 fois, je pofe 8 fous le premier chiffre du divifeur, & je multiplie par ledit 8, le divifeur 469 commençant par le dernier chiffre, & je fouftrais en même-tems fon produit fur les 3870, difant 8 fois 9 font 72, de 80 refte 8 que je mets fous 0; j'ai pris le dernier chiffre 0 du dividende, & ai emprunté 8 dixaines pour faire 80, & je retiens les 8 dixaines que j'ai empruntées; je continue difant 8 fois 6 font 48, & 8 de retenu font 56; de 57 refte 1, que je pofe fous 7 & retiens 5, je dis 8 fois 4 font 32, & 5 de retenu font 37, de 38 refte 1 que je pofe fous 8, & il refte 118, je fais un petit point fous le chiffre 4 pour faire connoître qu'il doit être joint avec le reftant. Pour faire la feconde opération je dis en 11 combien de fois 4, il y eft 2 fois, je pofe 2 au produit, je multiplie par le même 2 tout le divifeur, difant 2 fois 9 font 18, de 24 refte 6, que je pofe fous 4 du dividende, & je retiens 2 que j'ai emprunté; continuant je dis 2 fois 6 font 12 & 2 de retenu font 14, de 18 refte 4 que je pofe fous 8 dè la feconde opération, & je retiens 1 que j'ai emprunté, je continue difant 2 fois 4 font 8, & 1 de retenu font 9 de 11 refte 2, que je pofe fous les 11 de la seconde opération du dividende , de forte qu'il reste 246, & y ajoutant le dernier chiffre du dividende fera 2466, qu'il faut diviser par le même diviseur 469. Pour trouver la troisieme opération , je dis en 24 combien de fois 4 , il ne peut y être que 5 fois, je pose donc 5 au produit, & je multiplie par ledit 5 tout le diviseur, commençant par le dernier chiffre , & je souftrais de fuite , en difant 5 fois 9 font 45 , de 46 reste 1 , que je pose fous 6 du dividende, & je retiens 4 que j'ai emprunté ; continuant je dis 5 fois 6 font 30 , & 4 de retenu font 34, de 36 reste 2 , que je pose fous 6 de la feconde opération , je retiens 3 que j'ai emprunté, je continue & dis 5 fois 4 font 20, & 3 de retenu font 23 , ôtés de 24 reste 1 que je pose fous le 4 de la troisieme opération ; ayant toujours foin de barrer les chiffres que j'ai fait parler , les regardans comme inutiles; de forte qu'il reste 121 liv. qu'il faut réduire en fols, en les multipliant par 20 pour faire la fous-divifion, & y ajoutant les 18 f. lefquelles 121 l.——18 f. fe trouvent réduites à 2438 fols qu'il faut fous-divifer par le même diviseur 469, exécutant les mêmes opérations pour les fols que l'on a fait pour les livres, & comme il eft expliqué ci-deffus, de même qu'à la fous-divifion des deniers, il fe trouve 93 fols reftans qu'il faut réduire en deniers en les multipliant par 12, & y joignant les 4 deniers du premier dividende, ce qui produit 1120 deniers, qu'il faut diviser par ledit diviseur 469. L'on trouve 2 deniers au produit, & 182 deniers restans qu'il faudra joindre à la preuve qui se fait par multiplication, comme elle se voit à la page 165. Chaque part se trouve avoir 825 l.——5 f.——2 d. la multipliant par le diviseur 469, il se trouve la somme principale 387046 liv.——18 f.——4 d. qui étoit proposée à diviser, y ayant ajouté les 182 deniers restans, qui font 15 f. 2 d. Voyez l'opération, & la preuve p. 173.

Division simple à la Portugaise.

Pour faire cette régle de division à la portugaise, il faut mettre le produit à côté du dividende sur le diviseur, faisant une barre sous le dividende & sous le produit, & une autre barre entre le produit & le dividende, mettant le diviseur sous ledit quotient, comme il est démontré dans l'opération suivante.

PREMIERE PROPOSITION.

On veut diviser 97978 en 275 parts.

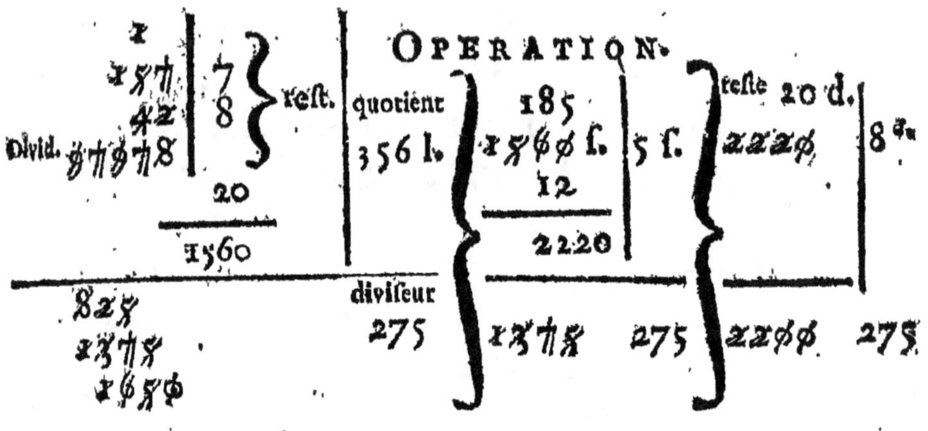

PREUVE.

Pour expliquer & démontrer la régle
ci - dessus, il faut commencer par le premier chiffre du dividende, & dire en 9 combien de fois 2 , aussi premier chiffre du diviseur, il ne peut y être que 3 fois; je pose 3

Z

au quotient, & je multiplie par ledit 3 le
diviſeur à l'entier, commençant par le dernier chiffre de gauche à droite, & poſant le
produit de cette multiplication ſous les trois
premiers chiffres du dividende ; je dis donc
3 fois 5 font 15, je poſe 5 ſous le 9, troiſieme
chiffre du dividende, & je retiens 1 ; je continue diſant 3 fois 7 font 21 & 1 que j'ai retenu font 22 ; je poſe 2 ſous le chiffre 7 du
dividende & je retiens 2 : enſuite je dis 3
fois 2 font 6, & 2 retenus font 8, je poſe 8
ſous le 9, premier chiffre du dividende.
N'ayant plus de chiffres à multiplier, je ſouſ-
traits les trois premiers chiffres du dividende,
d'avec les trois chiffres de deſſous, qui ſont
le produit du diviſeur multiplié par le quotient 3 ; & commençant par le produit de
ladite multiplication, je dis 5 à aller à 9 il y
a 4, que je poſe ſous 9 dudit dividende ; je
prens les autres chiffres de ſuite, & je dis,
2 à aller à 7 il y a 5, que je poſe ſur 7 ; enfin
dis 8 à aller à 9 il y a 1, je poſe 1 ſur 9, premier chiffre du dividende : j'ai toujours ſoin
de barrer les chiffres, tant du dividende que
ceux du produit de la multiplication, à fur
& à meſure que je les fais parler ; de ſorte
qu'il reſte 154 y joignant le chiffre ſuivant
qui eſt 7, cela fait 1547 ; & je dis, en 15
combien de fois 2, il ne peut y aller que 5,
je poſe 5 au quotient, je multiplie par ledit

5 le diviseur à l'entier, difant 5 fois 5 font
25 ; je pofe 5 fous le 7 du dividende & retiens 2 ; je continue & dis 5 fois 7 font 35 ,
& 2 de retenus font 37, je pofe 7 devant 5 ;
qui eft déja pofé, & retiens 3 : je dis encore
5 fois 2 font 10 & 3 retenus font 13 , je pofe
13, enfuite j'ôte ce produit 1375 de 1547, difant 5 à aller à 7 il y a 2 , que je pofe fur 7,
je continue & dis 7 à aller à 4 ne peut, j'emprunte 1 qui vaut 10 & 4 font 14 , & je dis
donc 7 à aller à 14 il y a 7 , que je pofe fur
ledit 4 du dividende ; je dis enfuite , 3 à aller
à 4 il y a 1 , parce que le 5 ne vaut plus que
quatre , à caufe de 1 que j'ai emprunté fur
ledit 5 ; je dis encore 1 à aller à 1 eft quitte ,
je ne pofe rien , & il me refte 172 , qui étant
joint au 8 reftant 1728 ; je dis en 17 combien
de fois 2 il y va 6 fois , je pofe 6 au quotient ,
& je multiplie tout le divifeur par ledit 6 ,
comme j'ai fait ci-deffus , difant 6 fois 5 font
30, je pofe 0 fous 8 du dividende & retiens 3 ;
je dis 6 fois 7 font 42, & 3 de retenu font 45 ;
je pofe 5 à la fuite du 0 qui y eft déja , & retiens 4 ; je continue & dis , 6 fois 2 font 12
& 4 de retenus font 16 , je pofe 16 ; de forte
que j'ai 1650 à fouftraire 1728 , & je dis ,
de 0 à aller à 8 il y a 8 , que je pofe fur le
même 8 du dividende ; je continue & dis , 5
à aller à 12 il y a 7 , que je pofe fur 2 du dividende , & comme j'ai emprunté 1 fur 7

qui est devant 2, par conséquent le 7 ne vaut
plus que 6; je dis 6 à aller à 6, il ne reste rien,
& je dis encore 1 à aller à 1 est quitte, & il
me reste 78 liv. qu'il faut réduire en sols, &
me produiront 1560 sols, qu'il faut mettre
après l'accollade des livres, poser le même
diviseur 275 à côté dudit dividende 1560
sous la barre, & le quotient sur le diviseur;
je dis donc en 15 combien de fois 2, il ne
peut y aller que 5 fois, je pose 5 au rang des
sols, & je multiplie tout le diviseur par 5;
j'en mets le produit sous le dividende, disant
5 fois 5 font 25; je pose 5 sous o du dividende,
& retiens 2, je dis 5 fois 7 font 35, & 2 de
retenu font 37, je pose 7 & retiens 3; je dis
encore 5 fois 2 font 10, & 3 de retenu font
13, je pose 13; de sorte que j'ai 1375 à soustraire de 1560, & je dis 5 du produit de la
derniere multiplication, à aller à 10 du dividende il y a 5, je pose 5 sur le o du dividende; ensuite je dis 7 à aller à 15 il y a 8, je
ne dis que 15 sur 16, parce que j'ai emprunté 1, je pose donc le 8 sur 6 du dividende;
je dis encore 3 à aller à 4, parce que le 5 ne
vaut plus que 4 à cause de 1 que j'ai emprunté, il y a donc 1 que je pose sur 5 du
dividende, & enfin je dis 1 à aller à 1 est
quitte, je ne pose rien, & il me reste 185 s.
qu'il faut réduire en deniers, & qui me produisent 2220 den. à diviser, de même que

les fols par le même divifeur 275 ; je trouverai au quotient 8 deniers, & il me reftera 20 deniers. La preuve fe fait par multiplication, multipliant le produit qui eft 356 l.—5 f.—8 d. par 275 & y ajoutant le reftant 20 d. qui font 1 f.—8 d. on trouvera le nombre que l'on avoit à divifer qui eft 97978 l. comme on le voit par l'opération & la preuve, page 177.

Divifion compofée de fols & deniers à la Portugaife.

On veut divifer 4787 l.——17 f.——9 d. en 376 parts, & on demande combien il y aura pour chaque part.

$$\begin{array}{cc} 253 \\ 12 \\ \hline 3045 \end{array}$$

OPERATION.

$$\begin{array}{l} 27 \\ \hline 1025 \\ 4787 \text{ l.} -17 \text{ f.} -9 \text{ d.} \quad 12 \text{ l.} \\ \underline{20} \\ 5517 \\ \hline 7356 \\ 7582 \end{array} \quad \left\{ \begin{array}{l} 25 \\ \hline 1175 \quad 3 \\ 5517 \quad 14 \text{ f.} \\ \hline 3756 \quad 376 \\ 18044 \end{array} \right. \quad \left\{ \begin{array}{l} 00|37 \\ 3045|8 \text{ d.} \\ \hline 3048|376 \end{array} \right.$$

PREUVE.

$$376 \text{ liv.} \quad 7 \text{ f.} \quad d.$$
$$12 \text{——} 14 \text{——} 8$$
$$\overline{}$$
$$45\,12$$
$$263 \text{——} 4$$
$$12 \text{——} 1 0 \text{——} 8$$
$$3 \text{——} 1 \text{ restant.}$$
$$\overline{}$$
$$\text{liv.} \qquad \text{f.} \qquad d.$$
$$4787 \text{——} 17 \text{——} 9$$

Il se trouve par cette régle qu'il y a pour chaque part 12 l.——14 f.——8 d. & 37 den. restans qui ne peuvent se diviser. Cette régle se fait comme la précédente, excepté que quand on réduit les livres en sols, il faut y ajouter les sols qui sont proposés, de même que quand on réduit les sols en deniers, il faut y ajouter les deniers qui sont dans le nombre proposé, comme on voit ci-dessus.

Division simple & composée à l'Espagnole.

On veut diviser la somme de 478978 liv. ——15 f.——7 d. en 487 portions, il faut la disposer comme celle à la françoise brieve, page 186, excepté qu'à celle à la françoise, on commence à multiplier par le produit le premier chiffre à gauche du diviseur, & qu'à celle à l'espagnole on commence à

multiplier par le dernier du diviſeur, comme on va voir dans l'opération ci-deſſous ;
il faut faire une barre ou raye ſous le dividende, & une à côté tirée en ligne mixte,
& le diviſeur ſe mettra ſous le dividende.

OPERATION.

PREUVE.

	liv.	ſ.	d.
983	— 10	—	7
487			

6881
7864
3932

243	— 10	
8	— 2	— 4
6	— 1	— 9
1	— 6 reſtant.	

	liv.	ſ.	d.
478978	— 15	—	7

Pour faire la régle ci-deſſus, je la diſpoſe
comme on la voit à l'opération, & je dis en

47 combien de fois 4, il y est 9 fois, que je pose au produit; je multiplie le diviseur à l'entier par ledit 9, commençant par le 7 dudit diviseur, qui est le dernier chiffre de gauche à droit, & je dis 9 fois 7 font 63, à aller à 69 il y a 6, qu'il faut poser sur le 9 du dividende, & je barre mes chiffres que j'ai fait parler, c'est-à-dire, le 7 du diviseur & le 9 du dividende; je continue à multiplier le diviseur par le produit 9, en disant 9 fois 8 font 72, & 6 empruntés font 78, à aller à 78 il n'y a rien, je pose o sous le 8 dudit dividende & retiens 7; je continue, disant 9 fois 4 font 36, & 7 retenus font 43, à aller à 47 il y a 4, que je pose sur le 7 du dividende, & je barre exactement mes chiffres, à mesure que je les fais parler; ainsi il reste 406, & le 7 suivant y étant joint fera 4067, qu'il faut diviser par le même diviseur 487, ainsi que les autres opérations, reculant toujours le dernier chiffre 7 du diviseur sous le chiffre du dividende, que l'on doit joindre avec le restant. S'il reste quelques chiffres après toutes les opérations des livres, il en faut faire une sous-division, c'est-à-dire, réduire les livres restantes en sols, & les diviser par le même diviseur, comme il se voit dans l'opération ci-devant, où il y a 257 l. restantes, réduites en sols, font 5140 sols, & y ajoutant les 15 sols, qui sont au nombre proposé, cela

fait

fait 5155 sols, que l'on voit ci-devant divisés par le même diviseur 487, & ont produit
10 sols, & 285 sols restans que j'ai réduit en
deniers, & qui ont produit 3427 deniers, y
ayant ajouté les 7 deniers du nombre proposé; & étant divisés par ledit diviseur 487,
ont donné au quotient 7 deniers & 18 deniers restans; pour cesdites sous divisions,
il faut suivre les mêmes principes qu'à la premiere division; de sorte que l'on voit qu'il y
a pour chaque portion 983 l.——10 f.——7 d.
18/487. La preuve se fait par multiplication,
y ajoutant les 18 den. restans, & l'on trouve
la somme principale à diviser, qui est 478978
liv.——15 f.——7 d. ce qui prouve que la
régle est bonne.

Division à la Françoise briève.

On a la somme de 15783 l.——12 f——9 d.
à diviser ou partager en 38 parts; je pose
premierement mon dividende, ou ma somme
à diviser, & je fais une barre dessous, mon
diviseur sous ladite barre, & mon produit ou
quotient à côté dudit dividende, comme il
est démontré dans l'opération ci-après.

OPERATION.

$$2^{r}$$
$$5\emptyset \quad | 3$$
$$15783 \text{ liv. } 12 \text{ f. } 9^{d.} \quad \Big(\quad 415 \text{ liv. } 272 \quad \Big\{ 7 \text{ f. } \frac{16}{8x} \Big\{ 2^{d.}$$

$$3888 \quad 13 \text{ liv. } 12 \text{ f.} \quad \Big(\quad \text{produit} \quad 38 \qquad 38$$
$$20 \qquad\qquad\qquad\qquad\qquad 6 \text{ f.} — 9$$
$$\overline{} \qquad\qquad\qquad\qquad\qquad 12$$
$$272 \qquad\qquad\qquad\qquad\qquad \overline{}$$
$$\qquad\qquad\qquad\qquad\qquad\qquad 81$$

Preuve de l'opération ci-dessus.

liv.	f.	d.
415 —	7 —	2
38		

$$3320$$
$$1245$$
$$11 — 8$$
$$1 — 18$$
$$0 — 6 — 4$$
$$5 \text{ reftans.}$$

liv.	f.	d.
15783 —	12 —	9

Pour faire l'opération ci-dessus, je dis en
15 combien de fois 3, il y eft 4 fois, je pose
4 au quotient, je multiplie par ce même 4 le
premier chiffre du diviseur, disant 4 fois 3
font 12, à aller à 15 il y a 3 de reste : je continue, disant 4 fois 8 font 32, à aller à 37 il
y a 5 , que je pose sur le 7 du dividende ; j'ai
pris le 3 qui restoit, je ne pose rien sur le 5
du dividende, je recule le 8 , dernier chiffre

du diviseur sous le chiffre 8 du dividende, que je dois prendre, & je dis en 5 combien de fois 3, il y est 1, que je pose au quotient ; je dis 1 fois 3 est 3, à aller à 5 il y a 2, que je pose sur 5 ; je dis 1 fois 8 est 8, à aller à 8 il n'y a rien, je pose 0 sur 8, je recule le 8, dernier chiffre du diviseur sous le 3 du dividende, que je joints avec les 20 restans, & cedit 3 étant joint, fait 203 ; je dis en 20 combien de fois 3, il n'y est que 5 fois, je pose 5 au quotient & je multiplie, disant 5 fois 3 font 15, à aller à 20 il y a 5, que je retiens en ma mémoire ; je continue, disant 5 fois 8 font 40, à aller à 43 il y a 3, que je pose sur 3 du dividende, & ne pose que 1 au-dessus de la colonne du 8 du dividende, parce que sur 5 qui étoit restant, j'en ai pris 4 reste pour 1 , ce qui fait justement 13 liv. restantes, qu'il faut réduire en sols, les multipliant par 20, parce que la livre est composée de 20 sols, lesdites 13 liv. produiront 260 sols, & y ajoutant les 12 sols qui sont au nombre proposé, cela fera 272 sols, qu'il faut diviser par 38, même diviseur, disant en 27 combien de fois 3, il y est 7 fois, je pose 7 au quotient, & je multiplie pour cedit produit 7, le diviseur entier, disant 7 fois 3 font 21, à aller à 27 il y a 6, que je retiens en moi-même ; je continue disant 7 fois 8 font 56, à aller à 62 il y a 6,

A a ij

que je pose sur 2 du dividende, & ne pose rien sur 7, parce que j'ai pris le 6 qui me restoit, ou que je retenois en ma mémoire; de sorte qu'il ne me restoit que 6 sols qu'il faut réduire en deniers, les multipliant par 12, me produiront 72 deniers : mais y ajoutant les 9 deniers qui sont au nombre proposé, cela fera 81 deniers, les divisant par le même diviseur 38, il se trouve au produit 2 deniers & 5 deniers restans. Chaque part a donc 415 l.——7 s.——2 d. 5/38; de sorte que 38 fois cette même somme, fait la somme principale, comme on voit par la preuve de ci-devant, que multipliant 415 l. ——7 s.—— 2 d. par 38, & y ajoutant les 5 deniers restans, on trouve la somme principale à diviser qui est 15783 l.--22 s.--9 d. Voyez l'opération page 186 & la preuve.

Division à la Françoise longue.

Il faut séparer le dividende du diviseur & du produit par trois traits de plume; le premier doit être droit sur la ligne oblique entre le diviseur & le dividende, parce qu'il faut mettre le diviseur devant le dividende: le second en dessous à la grandeur du dividende, & le troisieme doit être courbé & au côté droit dudit dividende pour y poser le quotient; de sorte que les trois nombres se trouveront de suite & sur la même ligne, comme il se voit par l'opération suivante.

On veut diviser 4978 l.———17 f.———4 d. en 39 parts, sçavoir ce qu'il y aura pour chaque part.

OPERATION.

	liv.	f.	d.		liv.	f.	d.
39 |	4978	17	4	{	127	13	3

```
        1ø7
        2ø8
         25
         20
        ――――
        517
        127
         10
         12
        ――――
        124
```

7 deniers reftans.

PREUVE.

	liv.	6 f.	d.
	127	13	3
	39		

```
       1143
       381
        23—— 8
         1——19
         0—— 9——9
                7 reftans.
```

	liv.	f.	d.
L :	4978	17	4

Pour faire l'opération de la régle de l'autre part, je dis en 4 combien de fois 3 il y est une fois, je pose 1 au quotient, & je multiplie par le même 1 tous les chiffres du diviseur les uns après les autres, & pose au-dessous du dividende tout ce qui reste, comme en l'opération de l'autre part, je dis 1 fois 3 est 3, à aller à 4 il y a 1 que je pose sous 4; je continue à multiplier l'autre chiffre du diviseur, disant 1 fois 9 est 9, à aller à 9 il n'y a rien, je pose 0 sous le second chiffre du dividende qui est 9, & je baisse le chiffre 7 qui suit : ce qui fait 107 ; je dis en 10 combien de fois 3 il ne peut y aller que 2, je pose 2 au quotient, & je multiplie par le même 2 les chiffres du diviseur, disant 2 fois 3 font 6, à aller à 10 il y a 4, que je retiens en ma mémoire ; je continue à multiplier, & dis 2 fois 9 font 18, à aller à 27 il y a 9, que je pose sous 7 du dividende, & ne mets que 2 devant ledit 9, parce que sur le 4 que j'avois retenu en ma mémoire j'en ai pris 2, reste 2, & étant joint avec le 9 aussi restant font ensemble 29, & baissant le 8 suivant feront 298; je dirai donc en 29 combien de fois 3 il ne peut y être que 7, je pose 7 au quotient, je multiplie le diviseur entier par ledit 7, disant 7 fois 3 font 21, à aller à 29 il y a 8 que je retiens en ma mémoire ; je continue à multiplier,

& dis 7 fois 9 font 63, à aller à 68 il y a 5, je pose 5 sous le 8 du dividende ; j'ai pris 6 sur 8 que j'ai retenu, il ne reste donc plus que 2, joint avec 5 aussi restant, feront 25 liv. lesquelles il faut réduire en sols en les multipliant par 20 ; & ajoutant les 17 sols qui sont au dividende, cela fera 517 s. comme il se voit à l'opération ci-devant, lesquels il faut diviser par le même diviseur 39, & dire en 5 combien de fois 3 il y est 1 fois, je pose 1 au quotient des sols, & je multiplie le diviseur entier par le même 1, disant 1 fois 3 est 3, à aller à 5 il y a 2, que je retiens dans ma mémoire ; je continue & dis 1 fois 9 à aller à 11 il y a 2, que je pose sous le 1 du dividende : & du 2 que je retenois en mémoire, je ne pose plus que 1 devant ledit 2 restant, parce que j'en ai pris 1 pour joindre avec le chiffre dudit dividende ; je baisse le 7 suivant, ce qui fait 127, & je dis en 12 combien de fois 3, il ne peut y être que 3 fois ; je pose 3 au quotient, & je multiplie par le même 3 le diviseur, disant 3 fois 3 font 9, à aller à 12 il y a 3 ; je continue & dis 3 fois 9 font 27, à aller à 27 il n'y a rien, je pose 0 sous 7 du dividende & ne mets que 1 devant, parce que sur 3 qui restoit j'en ai pris 2 ; il ne reste donc plus que 1, lequel étant joint avec le 0 qui reste, fait 10, lesquels 10 sols restans, il faut réduire en deniers en les multipliant par 12, & y ajoutant les 4 deniers qui font au premier dividende; ce qui produira 124 deniers, qu'il faut auffi divifer par 39 pour trouver au quotient des deniers: je dis donc en 12 combien de fois 3, il ne peut y être que 3 fois, je pofe 3 au quotient, & je multiplie par ce même quotient tout le divifeur, difant 3 fois 3 font 9, à aller à 12 il y a 3; je continue & dis 3 fois 9 font 27; à aller à 34 il y a 7, que je pofe fous 4 du dividende, & ne mets rien devant ledit 7 reftant, attendu que j'ai pris le 3 qui reftoit; ainfi c'eft 7 deniers qui reftent, qu'il faudra ajouter à la preuve qui fe fait par multiplication, comme elle fe voit fous l'opération page 189; de forte que pour chaque portion il y a 127 l.——13 f.——3 d. laquelle multipliée par 39, il fe trouvera la fomme propofée à divifer par lefdits 39, y ayant ajouté les 7 deniers reftans. Voyez l'opération & la preuve, page 189.

Je crois avoir amplement traité de toutes les manieres de divifer, foit à l'italienne, à la portugaife, à l'efpagnole & à la françoife. Je vais préfentement faire toutes mes divifions à l'italienne briève, qui eft la meilleure maniere, la plus intelligible & la plus en ufage; c'eft celle dont je me fervirai dans toutes les régles de divifion fuivantes.

Divifions

Divisions avec fraction au nombre à diviser.

PREMIERE PROPOSITION.

On veut diviser 317 : 4/9 d'entiers par 7 entiers, on demande combien ils produiront d'entiers & fraction, c'est-à-dire, & partie d'entiers.

OPERATION.

Diviser 317 : 4/9 par 7 entiers.

$$\frac{9}{2857} \qquad \frac{9}{63}$$

2857 } 45   entiers. 22/63
337 } 45
22 restans.

PREUVE.

63
45
———
315
252
22 restans.
———
2857

Pour faire l'opération ci-dessus, il faut réduire le dividende en la fraction proposée, de même que le diviseur en la même fraction dudit dividende, comme l'on voit ci-dessus, où je commence par le dividende, & je multiplie par le dénominateur de la fraction, qui eſt 9, les 317 propoſés, & y ajoute le numérateur 4 ; diſant 9 fois 7 font 63, & 4 du numérateur font 67, je poſe 7 au produit du multiplicateur & retiens 6 ; je continue & dis 9 fois 1 font 9, & 6 que j'ai retenu font 15, je poſe 5 & retiens 1 ; je dis encore 9 fois 3 font 27 & 1 de retenu font 28, je poſe 8 & avance 2, de ſorte que je trouve pour dividende 2857. Je multiplie auſſi le diviſeur 7 par le même dénominateur de la fraction, qui eſt 9, diſant 9 fois 7 font 63, leſquels 63 feront mon diviſeur ; je diviſe donc à l'italienne briève de la maniere que je l'ai enſeigné à la page 163, &c. & je trouve au quotient de cette derniere diviſion 45 entiers, & 22 reſtans qui font 22/63.mes parties d'entiers.

Pour la preuve, il faut multiplier le produit 45 par 63 diviſeur, ou 63 par 45, & y ajouter les 22 reſtans, vous trouverez ſous 2857 neuviemes, qui valent autant que 317.4/9 d'entiers ; c'eſt ce qui fait la certitude de la régle, comme il ſe voit par l'opération & la preuve ci-devant.

DEUXIEME PROPOSITION.

On veut diviser 4567. 5/7 par 32 entiers, on demande le produit. Réponse, 142 entiers, 83/112.ᵉᵐᵉ

OPÉRATION.

Div. 4567. 5/7. par 32 entiers.

$$\begin{array}{c|cc} 7 & & 7 \\ \hline 31974 & 224 & 224 \\ 957 & 142.^{\text{ent.}} & 166/224 \text{ ou } 83/112.^{\text{eme}} \\ 614 & \\ 166 \text{ restans.} \end{array}$$

PREUVE.

$$\begin{array}{r} 224 \\ 142 \\ \hline 448 \\ 3136 \\ 166 \text{ restans.} \\ \hline 31974 \end{array}$$

L'opération ci-dessus se fait comme la précédente, en réduisant le nombre proposé en sa fraction, c'est-à-dire, multipliant tout le nombre par le dénominateur de la fraction, & y ajoutant le numérateur. Le produit de cette multiplication sera le dividende, il faut de même réduire le diviseur en la même fraction, & ce sera le diviseur commun, comme on le voit de l'autre part, où il reste 166. Et à la preuve il faut ajouter ces 166. restans pour avoir le dividende.

Divisions d'entiers & fraction par entiers & fraction.

PREMIERE PROPOSITION.

On veut savoir le produit de 113. 4/7 divisés par 2. 5/9 d'entiers. Réponse, 44. entiers 71/161.

OPERATION.

Diviser 113. 4/7 par 2. 5/9.

$$\begin{array}{cc} 7 & 9 \\ \hline 795 & 23 \\ 9 & 7 \\ \hline 7155 & 161 \\ 715 & 44^{\text{ent.}}\ 71/161\ ^{\text{part. d'entiers}} \\ 71\ \text{restans.} \end{array}$$

PREUVE.

$$\begin{array}{r} 161 \\ 44 \\ \hline 644 \\ 644 \\ \hline 7084 \\ 71\ \text{restans.} \\ \hline 7155 \end{array}$$

Pour faire l'opération ci-contre, il faut multiplier 113. 4/7 par le dénominateur 7 de la fraction, & y ajouter 4, numérateur, disant 7 fois 3 font 21 & 4 font 25, je pose 5 & retiens 2 ; je continue, & dis 7 fois 1 font 7 & 2 retenus font 9, je pose 9, je dis encore 7 fois 1 font 7, je pose 7 ; ensuite je vas au diviseur que je réduis aussi en sa fraction, disant 9 fois 2 font 18 & 5 du numérateur font 23 ; mais comme il y a des fractions, tant au dividende qu'au diviseur, il faut les réduire en même dénomination, c'est-à-dire, multiplier le dividende par la fraction du diviseur, & le diviseur par le dénominateur de la fraction du dividende, de sorte qu'ayant trouvé 795 au dividende ; étant multiplié par le dénominateur de la fraction du diviseur qui est 9, cela fera 7155 pour dividende commun : ensuite ayant trouvé 23 au diviseur, étant multipliés par le dénominateur de la fraction du dividende qui est 7, cela fera 161 pour diviseur commun, & je trouve au quotient (ayant divisé comme à l'ordinaire à l'italienne briève) 44 entiers 71/161. partie d'entiers.

La preuve se fait par multiplication, en multipliant le diviseur 161 par le produit 44, & y ajoutant les 71 restans, on trouve les 7155 qui est le nombre à diviser. Voyez l'opération & la preuve ci-contre.

DEUXIEME PROPOSITION.

On veut diviser 413. 5/6 d'aunes de drap par 7 aunes 7/8 d'aune, sçavoir le produit. Réponse, 52 aunes 208/378. ou 104/189 partie d'aune.

OPERATION.

Diviser 413. 5/6 d'aune par 7. 7/8 d'aune.

$$\begin{array}{cc} 6 & 8 \\ \hline 2483 & 63 \\ 8 & 6 \\ \hline 19864 & 378 \qquad 378 \\ 964 & \\ 208 \text{ restans.} & 52 \text{ aunes } 208/378. \text{ ou } 104/189 \\ & \text{partie d'aune.} \end{array}$$

PREUVE.

$$\begin{array}{r} 378 \\ 52 \\ \hline 756 \\ 1890 \\ 208. \text{ restans.} \\ \hline 19864. \end{array}$$

Il n'y a pas plus de difficulté dans l'opération ci-dessus qu'en la précédente; il faut de même réduire le dividende & le diviseur en même dénomination, c'est-à-dire, premierement en leurs fractions proposées, secondement réduire le dividende en la fraction du diviseur, & le diviseur en la fraction du dividende, comme on le voit ci-contre, & comme il est expliqué en la précédente opération, p. 196 & 197. Voyez l'explication qui y est faite.

Divisions de fractions.

On veut diviser 7/9 partie d'entiers par 1/3 d'entier, sçavoir ce qu'il y aura d'entiers. Réponse, 2 entiers 1/3

OPERATION.

Diviser 7/9 par 1/3
    3/1
----
21 $\{$ 9
     2 entiers 3/9 ou 1/3.
   3 restans.

PREUVE.

  9
  2 : 1/3

  18
  3
----
21 dividende.

Pour faire l'opération ci-dessus, il faut multiplier le numérateur de la fraction proposée à diviser ou du dividende, par le dénominateur du diviseur, ce qui produit le dividende commun, comme l'on voit de l'autre part, où j'ai dit 3 fois 7 font 21 pour ledit dividende; ensuite pour avoir le diviseur, je multiplie le dénominateur du dividende par le numérateur du diviseur, disant 1 fois 9 est 9, qui est le diviseur commun; je divise donc 21 par 9, je trouve au quotient 2 entiers 3/9 ou 1/3.

Pour la preuve, je multiplie le diviseur par le produit pour trouver le dividende commun, comme l'on voit de l'autre part, qu'ayant multiplié 9 qui est le diviseur par 2: 1/3, je trouve 21 qui est le dividende commun.

DEUXIEME PROPOSITION.

On veut diviser 17/24 par 5/12 d'entiers, on en demande le produit. Réponse, 1 entier 7/10 d'entiers.

OPERATION.

Diviser 17/24 par 5/12 d'entiers.

$$12 \cdot 5$$

$$204 \,)\,120$$
$$84$$
$$\big)\,1 \text{ entiers } 7/10.^{eme}$$
$$120$$
$$21/30 \text{ ou } 7/10$$

PREUVE.

PREUVE.

120

1--7/10.eme

——————————

120

84

Dividende 204 $\Big\{$ Le 10.eme eſt . . . 12

$\dfrac{7}{84}$

Pour les 7/10 . . . 84

L'opération ci-contre eſt comme la précédente, il faut multiplier le numérateur du dividende par le dénominateur du diviſeur, pour trouver le dividende commun; enſuite pour trouver le diviſeur commun, il faut multiplier le dénominateur du dividende par le numérateur du diviſeur, & le produit eſt le diviſeur commun, comme on voit ci-deſſus, & je trouve 1 entier 7/10, qui étant multiplié par le diviſeur commun, produit le dividende commun . 204.

Diviſion avec fraction prouvée par la multiplication.

On veut diviſer 134 aunes 2/3 par 4 aunes 4/5 d'aune, ſçavoir combien cela produira au quotient de la diviſion. Réponſe, 28 entiers ou aunes, & 1/18.eme d'aune.

Cc

OPERATION.

Diviser 134.^{aun.} 2/3 par 4.^{aun.} 4/5

```
        3                5
      ─────            ─────
      404               24
       5                 3
     ─────            ──────
     2020  { 72     { 72
      580  { 28.aun. 4/72 ou 1/18.eme
      4 restans.
     ─────
      72
```

PREUVE.

Multi- 28.^{aun.} 1/18 par 4.^{aun.} 4/5.eme.
plier.

```
      18                5
     ─────            ─────
      505               24.
       24             ─────
     ─────
     2020               18
     1010                5
     ─────            ─────
    12120  { 90          90
      312  {          ─────
      420  { 134.aun. 60/90 ou 2/3.
     60/90
```

Pour faire l'opération ci‑dessus, il faut
opérer de la même maniere qu'à la division
d'entiers & fraction, par entiers & frac-

ction, page 196, réduisant le nombre proposé à diviser en sa fraction, & celui par lequel on divise aussi en sa fraction ; ensuite
multiplier le produit du nombre à diviser par
le dénominateur de la fraction du diviseur,
& aussi multiplier le produit du diviseur par
le dénominateur de la fraction du nombre à
diviser ; ensuite de quoi, il faut diviser le
dernier produit du nombre à diviser, par le
dernier produit du diviseur, c'est-à-dire, du
nombre par lequel on divise, comme on le
voit ci-contre.

Mais pour la preuve par multiplication,
voyez les multiplications d'entiers & fractions, page 157, dans lesquels il faut multiplier ou réduire les entiers en leurs fractions, ensuite multiplier les produits l'un
par l'autre, & ce dernier produit le diviser
par les deux dénominateurs des deux fractions multipliés l'un par l'autre, comme on
le voit ci-contre, que 18. dénominateur de
la fraction du nombre, étant multipliés par
5. dénominateur de la fraction du multiplicateur font 90, qui seront mon diviseur de
12120. mon dividende. Je trouve au quotient le nombre que je cherche, qui est
134 $^{\text{aun.}}$ 2/3. Voyez l'opération & la preuve
ci-contre.

TABLE pour la division.

Afin de faciliter la connoissance des nombres qui sont convenables, pour abréger, tant la multiplication que la division. Voyez la table suivante d'où il s'ensuit, que si vous voulez diviser par une seule figure, comme par 2. 3. 4. 5. 6. 7. 8. 9. on tirera du nombre à diviser, sçavoir

Diviser par 2, il faut prendre la moitié,
ci. . . . . la 1/2

par 3   le tiers . . . . le 1/3
par 4   le quart . . , le 1/4
par 5   la cinquieme partie le 1/5
par 6   la sixieme . . . le 1/6
par 7   la septieme . . le 1/7
par 8   la huitieme . . le 1/8
par 9   la neuvieme . . le 1/9

Mais quand vous aurez un nombre à diviser par un diviseur, composé de parties aliquotes, vous observerez l'ordre de la table suivante, sçavoir.

Quand vous aurez à diviser par 12, prenez le tiers du quart du nombre à diviser, ou la douzieme partie,

Par 14 prenez la moitié de la 7.me partie.

Quand vous aurez à diviser par 15, prenez le tiers de la cinquieme partie.

par 16 le quart du quart.

par 18 le tiers de la sixieme partie
par 20 le quart de la cinquieme partie.
par 21 le tiers de la septieme.
par 24 le quart de la sixieme.
par 25 le cinquieme de la cinquieme.
par 27 le tiers de la neuvieme.
par 28 le quart de la septieme.
par 30 le cinquieme de la sixieme.
par 32 le quart de la huitieme.
par 35 la cinquieme de la septieme.
par 36 le sixieme de la sixieme.
par 40 la cinquieme de la huitieme.
par 42 la sixieme de la septieme.
par 45 la cinquieme de la neuvieme.
par 48 la sixieme de la huitieme.
par 49 la septieme de la septieme.
par 50 la cinquieme de la dixieme.
par 54 la sixieme de la neuvieme.
par 56 la septieme de la huitieme.
par 60 la sixieme de la dixieme.
par 63 la septieme de la neuvieme.

Quand vous aurez à diviser par 64, prenez la huitieme de la huitieme.

par 70 la septieme de la dixieme.
par 72 la huitieme de la neuvieme.
par 80 la huitieme de la dixieme.
par 81 la neuvieme de la neuvieme.
par 90 la neuvieme de la dixieme.

PREMIERE PROPOSITION.

Un Marchand a acheté 32 poinçons d'eau-de-vie, qui lui coûtent 2688 livres, on demande à combien revient le poinçon. Réponse, 84 liv. pour chaque poinçon.

OPERATION.   PREUVE.

$$
\begin{array}{r}
84 \\
8 \\
\hline
672 \\
4 \\
\hline
2688 \\
\end{array}
$$

2688 liv.

La huitieme. 336

Le quart de la 8.eme . . 84 l. pour chaque poinço

Pour cette opération je prends la huitieme partie desdits 2688 liv. qui est 336 liv. dont je tire le quart qui est 84 liv. pour la valeur de chaque poinçon.

La preuve de cette opération se fait en multipliant les 84 liv. par 8 & le produit par 4, on trouve au produit les mêmes 2688 liv. Voyez l'opération & la preuve ci-dessus.

DEUXIEME PROPOSITION.

Un Marchand Drapier a vendu 63 aunes de drap la somme de 940 l. ―― 5 f. ―― 6 d.

on demande à combien revient l'aune. Réponfe, 14 l.——18 f.——6 d. l'aune.

OPERATION.   PREUVE.

$$
\begin{array}{ccc}
\text{liv.} & \text{f.} & \text{d.} \\
14 & 18 & 6 \\
 & & 9 \\
\hline
134 & 6 & 6 \\
 & & 7 \\
\hline
\text{liv.} & \text{f.} & \text{d.} \\
940 & 5 & 6
\end{array}
$$

                          liv. f. d.
                          940—— 5——6
Le 1/9. . . . . . . 104——9——6
                          liv. f. d.
Le 1/7 dud. 1/9.ᵉᵐᵉ 14——18——6 pour chaque aune.

Pour cette opération je prends la neuvieme partie defdits 940 l.——5 f.——6 d. qui
eft 104 l.-9 f.-6 d. dont la feptieme partie eft
14 l.--18 f.——6 d. pour prix de chaque aune.

Pour la preuve je multiplie les 14 l.——
18 fols——6 den. par 9, ce qui me produit
134 l.——6 f.——6 d. lefquelles je multiplie
par 7, ce qui me produit ma principale fomme de 940 l.——5 f.——6 d.

Ces deux propofitions me paroiffent fuffifantes pour donner l'ufage de la table ci-
devant, pages 204 & 205, tant pour la divifion que pour la multiplication.

*Régles marchandes par la multiplication à une
figure.*

PREMIERE PROPOSITION.

Un Marchand de Draps a vendu 8 aunes

de drap à raiſon de 17 l.——18 ſ.——9 den.
l'aune, ſçavoir combien coûteront leſdits 8
aunes. Réponſe, 143 l.——10 ſ.

OPERATION.

8 aunes

A 17——18——9 l'aune.
liv. _ſ._ _d._

liv. _ſ._ _d._
143——10——0

PREUVE _par la diviſion._

liv. _ſ._
143——10
63
7
20

8
liv. _ſ._ _d._
17——18——9

150
70
6
12

72
0

Pour faire cette opération, je multiplie
tout d'un coup les 8 aunes par le prix de
l'aune, & je trouve la valeur des 8 aunes,
qui eſt 143 l.——10 ſ. & ce multipliant de
la même manière que je l'ai enſeigné ci-
devant, page 139, à 141.

L

La preuve de l'opération ci-contre, se fait en divisant le prix coûtant des 8 aunes, qui est 143 l.——10 s. par lesd. 8 aunes pour avoir le prix de l'aune que l'on trouve au quotient. Voyez l'opération & la preuve ci-contre, qui vous feront voir la certitude de la régle.

DEUXIEME PROPOSITION.

On demande combien coûteront 9 aunes de drap à 12 l.——17 s.——4 den. l'aune. Réponse, elles coûteront 115 l.——16 s.

	OPERATION.	PREUVE *par la division.*

```
        OPERATION.                    PREUVE
                                 par la division.

  liv.      s.      d.          liv.        s.
  12 ——— 17 ——— 4            115 ——— 16      ⎧ 9 aunes.
                  9 aun.         25           ⎨ ——————————
  ————————————————              7            ⎨ liv.   s.  d.
  liv.      s.      d.          20           ⎩ 12 — 17 — 4
  L: 115 ——— 16 ——— 0          ————
                               156
                                66
                                 3
                                12
                               ————
                                36
                                 0
```

Pour faire l'opération ci-dessus, je m'y prends de la même maniere qu'à la précédente, en multipliant le prix de l'aune par les 9 aunes proposées. Et pour la preuve je divise la valeur des 9 aunes par lesd. 9 aunes pour avoir le prix de l'aune, qui est 12 l.——17 s.——4 d. comme vous le voyez de l'autre part.

Régle marchande très-briève par multiplication à deux figures.

PROPOSITION.

On a acheté 21 aunes de toile de Hollande à 12 l. —— 17 s. —— 9 d. l'aune, savoir combien coûteront lesdits 21 aunes. Réponse, 270 l.——12 s.—— 9 d.

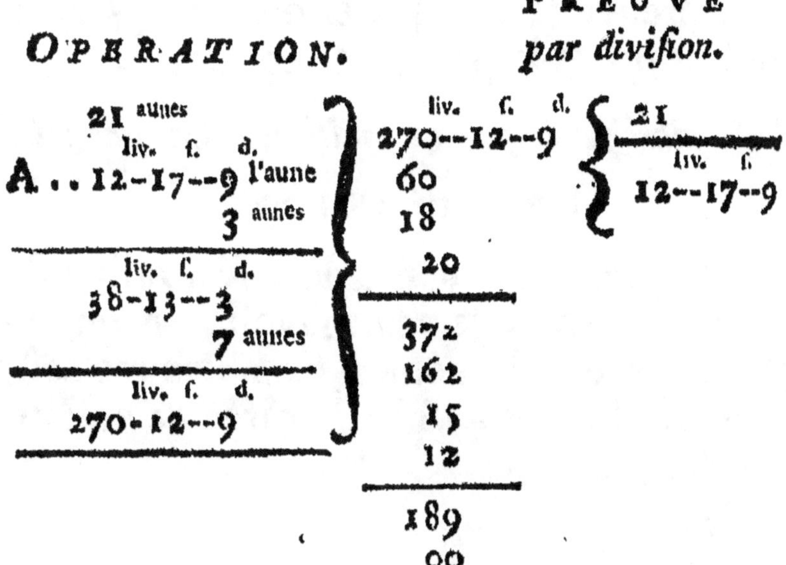

premierement multiplier le prix ou la valeur de l'aune par 3, ensuite il faut multiplier le produit dudit 3 par 7, de la même maniere qu'aux opérations précédentes, & comme il a été enseigné à la page 140 ; ce second & dernier produit fera le montant des 21 aunes. Et si au lieu de 21, il y avoit 23 aunes, nombre qui n'est point contenu au livret de multiplication, il faudroit ajoûter au produit de 21 la valeur de deux aunes, & par-là on trouveroit la valeur totale des 23 aunes, ou autres marchandises proposées. Il faut faire les mêmes remarques pour tous les autres nombres qui seroient proposés.

La preuve se fait par la division. Voyez l'opération & la preuve ci-contre.

Régle marchande par la multiplication par sols.

PROPOSITION.

J'ai acheté 478 ℔ net de café à raison de 18 sols la livre ; je veux savoir, en multipliant par les sols mêmes, combien me coûteront de sols les 478 ℔ de café, & ensuite combien de livres.

OPERATION.   PREUVE.

$$
A \ldots \begin{array}{c} 478 \text{ ℔} \\ 18 \text{ f. la livre,} \end{array} \left. \right\} \quad \begin{array}{c} \overset{\text{liv.}}{430} \!-\!\!\overset{\text{f.}}{4} \\ 20 \end{array} \left. \right\} \quad \begin{array}{c} 478 \\ \hline 18 \text{ sols.} \end{array}
$$

$$
\begin{array}{c} \hline 8604 \text{ sols} \\ \overset{\text{liv.}}{430} \!-\!\!\overset{\text{f.}}{4} \end{array} \left. \right\} \quad \begin{array}{c} \hline 8604 \\ 3824 \\ 000 \end{array} \left. \right\}
$$

Dd ij

Le nombre propofé de l'autre part qui eſt 478 ℔ de café, étant multiplié par le prix de la livre qui eſt 18 ſols, ont produit 8604 f. Pour les réduire en livres, il faut prendre la moitié defdits ſols, barrer le dernier chiffre & le poſer aux ſols, tel qu'il eſt, comme il ſe voit dans l'opération ci-devant ; c'eſt ce qu'on appelle la réduction des ſols en livres.

Je ne donnerai pas d'autres éclairciſſe- mens pour la réduction des ſols en livres, parce que cela eſt très-intelligible : cette opération doit ſervir de modele pour toutes les autres. La preuve ſe fait comme aux pré- cédentes opérations par la diviſion. Voyez ci-devant.

Régle Marchande par la multiplication par deniers.

PROPOSITION.

On demande combien vaudront 4788 oranges à 8 den. la piece. Réponſe, 159 l. ——12 ſ.

OPERATION.		PREUVE.	
	4788.	liv. ſ.	4788
A	8 ᵈ	159--12	8 den.
	38304 ᵈ	20	
La 12.ᵉᵐᵉ . .	319|2 ſols	3192	
La 1/2 . .	159 l.--12 ſ.	12	
		38304	
		0000	

Pour faire la régle ci-contre, de même que toutes autres qui seroient propofées dans le même genre à multiplier par les deniers, il faut multiplier les chiffres du nombre propofé par le prix de la chofe propofée, comme l'on voit dans l'opération ci-contre, dont il faut réduire les 4788. oranges en deniers, les multipliant par 8 deniers, prix de chaque orange; & enfuite pour les réduire en fols, il faut prendre le douzieme du produit, parce qu'il faut 12 deniers pour un fol, en difant le douzieme de 38, c'eft-à-dire en 38 combien de fois 12? eft 3; lequel 3 je pofe fous 8, & il refte 2, étant joint avec le chiffre 3 qui fuit font 23; je dis le douzieme de 23 eft 1, que je pofe fous 3, & il refte 11, étant joints avec le chiffre 0 qui fuit font 110; je dis le douzieme de 110 eft 9, & il refte 2, lequel 2 étant joint avec le 4 fuivant, feront enfemble 24; je dis encore le douzieme de 24 eft 2 fans aucun refte, ce qui fait 3192 f. Pour les réduire en livres, il faut prendre la moitié, comme il eft démontré par la précédente opération. Pour les autres deniers, on peut fuivre les mêmes opérations que ci-deffus; mais pour abréger l'on trouvera la table des deniers, page 114, qui eft préférable à toute autre maniere, & dont je me fervirai dans toutes mes régles marchandes.

Régle Marchande par la multiplication par livres, fols & deniers.

Les régles marchandes ne font établies que pour favoir le prix d'une marchandife que l'on a vendues ou achetées, à raifon de tant la livre, le cent, le millier, la toife, l'aune ou le tonneau , &c. comme on le verra à la fuite.

PROPOSITION.

On demande combien coûteront 36 tonneaux de vin à 115 l.——19 f.——7 den. le tonneau, tous frais payés.

Réponfe : L : 4175——5 f.

OPERATION.

```
              36. tonneaux.
          liv.     9 f.    d.
  A . . . 115——19——7
  ————————————————————
          180
          396
           32——  8
            1——16
            o——12
            o——  9
  ————————————————————
          liv.        f.
         4175——  5
```

PREUVE.

$$
\left.\begin{array}{l}
\text{liv.} \quad \text{f.} \\
4175 \text{---} 5 \\
57 \\
215 \\
35 \\
20 \\
\hline
705 \\
345 \\
21 \\
12 \\
\hline
252 \\
00
\end{array}\right\}
\begin{array}{l}
36 \\
\hline
\text{liv.} \quad \text{f.} \quad \text{d.} \\
115 \text{---} 19 \text{---} 7
\end{array}
$$

Pour faire l'opération ci-contre, je me
fers de la multiplication par livres, fols &
deniers ci-devant expliquée, page 136, &
de la table pour les fols, page 102, de
même que de celle des deniers, page 114,
comme je m'en fervirai à toutes les autres
régles fuivantes.

J'ai ci-devant dit que j'aurois donné la
preuve de la multiplication par la divifion ;
j'ai auffi prouvé toutes les précédentes régles marchandes par divifion, de même que
la derniere où je trouve ma régle bonne,
parce que le prix du tonneau fe trouve au
quotient de ma divifion. Je donnerai donc
la preuve de toutes les multiplications p a

la division, & la preuve de division je la donnerai par multiplication.

Régle Marchande avec fraction par la multiplication.

PREMIERE PROPOSITION.

Supposé qu'on ait acheté 47. aunes 1/4 de drap, à raison de 12 l. —— 17 f. —— 8 d. l'aune, y compris tous les frais, on demande combien coûteront les 47. aunes 1/4 de drap. Réponse, 608 l. —— 14 f. —— 9 d.

OPERATION.

$$
\begin{array}{l}
\qquad\quad 47.^{\text{aunes}}\ 1/4 \\
\qquad\quad \text{liv.} \quad 8\ \text{f.} \quad\ \text{d.} \\
A\ ..\quad 12 \text{——} 17 \text{——} 8 \\
\hline
\qquad\ 564 \\
\qquad\ 37 \text{——} 12 \\
\qquad\ \ 2 \text{——}\ 7 \\
\qquad\ \ 1 \text{——} 11 \text{——} 4 \\
\qquad\ \ 3 \text{——}\ 4 \text{——} 5 \\
\hline
\qquad \text{liv.} \qquad \text{f.} \qquad \text{d.} \\
\qquad 608 \text{——} 14 \text{——} 9
\end{array}
$$

47. aunes 1/4
4
____
189

liv.   f.   d.
608 —— 14 —— 9
4
liv.   f.   d.
2434 —— 19 —— 0

liv.   f.
2434 —— 19
544
166
20
____
3339
1449
126
12
____
1512
000

189

liv.   f.   d.
12 —— 17 —— 8

Pour faire l'opération ci-contre, ce n'est qu'une multiplication par fraction au multiplicande; ainsi voyez à la page 142, ce qu'il en est dit & démontré.

Pour la preuve par division, comme le multiplicande est composé de fraction, c'est-à-dire, de 47 aunes 1/4, il faut les réduire en quarts, ce qui produira 189 quarts; il faut aussi réduire le prix coûtant de 47 aun. 1/4, qui est 608 l. —— 14 f. —— 9 d. en quarts, afin que le dividende soit en même dénomination que le diviseur; ce qui produira 2434 l. ——

E e

19 ſ. qui ſont regardés comme livres & ſols, quoique quarts de 608 l. —— 14 ſ. —— 9 den. leſquels 2434 l. —— 19 ſ. étant diviſés par les 189 quarts, produiſent au quotient de la diviſion le prix de l'aune qui eſt 12 l. —— 17 ſ. —— 9 d. comme on voit ci-devant.

DEUXIEME PROPOSITION.

On demande combien coûteront 10 aunes 3/4 de batiſte, achétées 1 l. —— 15 ſ. —— 7 d. l'aune. Réponſe, 19 l. —— 2 ſ. —— 6 d.

OPERATION.

	10 aunes 3/4		
	liv. 7 ſ.	d.	
A.	1 —— 15 ——	7	l'aune.

	liv.	ſ.	d.	
	10			
	7 ——	0		
	0 ——	10		
	0 ——	3 ——	4	
	0 ——	2 ——	6	
	0 ——	17 ——	9 ——	1/2
	0 ——	8 ——	10 ——	3/4

	liv.	ſ.	d.	
	19 ——	2 ——	6 ——	1/4

PREUVE.

```
10 aunes 3/4 ⎫        liv.      f.      d.
      4      ⎬     19 —— 2 —— 6   1/4
             ⎪                    4
     43      ⎪        liv.      f.      d.
             ⎪     76 —— 10 —— 1
             ⎭

  76 —— 10 —— 1 ⎫  43
      33        ⎪     liv.     f.     d.
      20        ⎬   1 —— 15 —— 7
     670
     240
      25
      12

     301
      00
```

L'opération ci-contre fe fait comme la précédente, excepté qu'il y a les 3/4 d'aunes, à prendre fur la valeur d'une aune ; il faut premierement prendre la moitié pour 2/4, & enfuite la moitié de cette moitié, pour l'autre quart, comme l'on voit ci-contre ; & comme il eft enfeigné & démontré aux multiplications par livres, fols & deniers, avec fraction au multiplicande, page 144.

Pour la preuve par la divifion, il faut réduire les 10 aunes 3/4 en quarts, ce qui fait 43 quarts, qui ferviront de divifeur ; il faut auſſi réduire les 19 l.——2 ſ.——6 d. 1/4 en quarts : mais s'il y avoit une autre fraction, c'eſt-à-dire 1/3 ou 1/8, &cc. il faudroit réduire le diviſeur & le dividende en la même fraction, tant l'un que l'autre, afin qu'ils fuſſent en même dénomination, comme on a vu ci-devant. Par les multiplications & diviſions de fractions, je trouve donc pour dividendé de cette preuve 76 l.——10 ſ.——1 d. pour diviſeur 43, & au quotient je trouve le prix de l'aune de la batiſte, qui eſt 1 l.-15 ſ. 7 d. ce qui fait la certitude de la régle. Voyez ci-devant.

Régles Marchandes par la diviſion.

PREMIERE PROPOSITION.

17. buſſes de vin ont coûté 812 l.-10 ſ. on veut ſavoir à combien revient la buſſe. Réponſe, 47 l.——15 ſ.——10 d. 10/17.

OPERATION.

liv.	ſ.
812——	10
132	
13	
20	

$$\left\{ \begin{array}{l} 17 \\ \hline \text{liv.} \quad\quad \text{ſ.} \quad\quad \text{d.} \\ 47——15——10 \; 10/17 \end{array} \right.$$

270
100
15
12

180

10 den. reſtans.

PREUVE.

	liv.	*f.*	d.
	47 —	15 —	10 10/17
	17		

799
11 — 18
0 — 17
8 — 6
5 — 8
10 reſtans.

	liv.	f.	d.
L : 812 —	10 —	0

Pour faire l'opération ci-contre, il faut diviſer le prix coûtant des 17 buſſes par 17, pour ſçavoir à combien revient la buſſe de vin ; l'on voit qu'elle revient à 47 l. — 15 f. — 10 d. 10/17.

Pour la preuve, il eſt cenſé que , puiſque la buſſe coûte 47 — l. 15 f. — 10 d. 10/17, 17 fois 47 l. — 15 f. — 10 d. 10/17, feront le prix coûtant des 17 buſſes, qui eſt 812 l — 10 ſols. Il ne s'agit donc que de multiplier 47 l. — 15 f. — 10 d. 10/17, par 17. Voyez l'opération & la preuve ci-contre & ci-deſſus.

L'ARITHMETIQUE

DEUXIIEME PROPOSITION.

724 aunes de ..... ont coûté 13572 liv.
--11 f.--9 d. on demande combien coûtera
l'aune de la pareille étoffe.

OPERATION.

	liv.	f.	d.	
13572	11	9	}	724

	liv.	f.	d.
18	14	11

6332
540
20

10811
3571
675

12
8109
869
145/724 d. reſtans.

PREUVE.

724 aunes

	liv.	7 f.	d.	145/724
A ... 18	14	11	

13032
506----16
24----2----8
9----1
12----1 reſtans.

	liv.	f.	d.
13572	11	9

Pour l'opération ci-contre, il faut s'y prendre comme à la précédente proposition, c'est-à-dire, diviser le prix coûtant des 724 aunes par lesdits 724 pour avoir la valeur d'une aune, qui est 18 l. —— 14 f. —— 11 d. $\frac{145}{724}$ den. restans.

Pour la preuve, il faut multiplier les 724 aunes par 18 l. —— 14 f. —— 11 d. & y ajouter les deniers restans, pour avoir la valeur ou le prix coûtant desdits 724 aunes, comme on voit ci-contre.

Régle Marchande par la division avec fraction.

PROPOSITION.

Supposé qu'un Marchand de draps ait dans la boutique deux restans de pieces de draps, qui consistent en 36 aun. trois quarts & un demi-quart d'aune, lesquelles lui reviennent, tous frais payés, à 585 l. —— 9 f. - 6 d. il veut savoir à combien lui revient l'aune de ces deux restans. Réponse, à 15 - l. - 17 f. - 6 d. 162/295 parties de deniers.

		liv.	f.	d.
36 aunes 3/4 . 1/2		585 ——	9 ——	6
4				4
147		2341 ——	18 ——	0
2			2	
Diviseur 295		4683 ——	16 dividende	

OPERATION.

$$
\left.\begin{array}{l}
4683 \overset{\text{liv.}}{} \!\!\!\!\!\!\!\!\!\!-\!\!-\!16^{\text{ſ.}} \\
1733 \\
258 \\
20
\end{array}\right\}
\begin{array}{c}
295 \\
\hline
15 \overset{\text{liv.}}{} \!\!-\!\! 17 \overset{\text{ſ.}}{} \!\!-\!\! 6 \overset{\text{d.}}{}
\end{array}
\left\{ \tfrac{162}{295} \right.
$$

$$
\begin{array}{r}
5176 \\
2226 \\
161 \\
12 \\
\hline
1932
\end{array}
$$

162/295 den. reſtans.

Preuve de l'opération ci-deſſus.

$$
36^{\text{aunes}}\ 3/4 \cdot 1/2
$$

A . . . . $15 \overset{\text{liv.}}{} \!\!-\!\! 17 \overset{\text{ſ.}}{} \!\!-\!\! 6 \overset{\text{d.}}{}$ 162/295

		dénominateur commun,
	540	
	28—16	
	1—16	2360
	0—18	
Pour les 162/295 ..	0— 1—7. 227/295 ..	1816
Pour 1/2 aune ...	7—18—9. 162/590 ..	648
Pour 1/4	3—19—4. 752/1180 ..	1504
Pour la 1/2 du 1/4 .	1—19—8. 752/2360	752

$$
\text{L} : 585 \overset{\text{liv.}}{} \!\!-\!\! 9 \overset{\text{ſ.}}{} \!\!-\!\! 6 \overset{\text{d.}}{}
\qquad
\left.\begin{array}{l} 4720 \\ 0000 \end{array}\right\}
\begin{array}{l} 2360 \\ 2\ \text{entiers} \end{array}
$$

Pour faire l'opération ci-deſſus, il faut réduire les aunes en quarts, & les quarts en demi-quarts, c'eſt-à-dire, multiplier les aunes par 4, & y ajoûter 3; enſuite par 2,

&

& y ajoûter 1, comme on voit à côté de l'opération, qui est ci-contre. Il faut aussi multiplier la somme principale en quarts & en demi-quarts, par 4, & ensuite par 2, afin que le dividende soit en même dénomination que le diviseur, ladite somme principale étant réduite en quarts & en demi-quarts, il faut la diviser par 36 aunes 3/4. 1/2 réduites en quarts & en demi-quarts, pour trouver la valeur d'une aune, comme il se voit par l'opération ci-contre, & on trouve au quotient ou produit 15 liv.——— 17 s.——6 d.——162/295. pour prix & valeur d'une aune.

La preuve ci-contre de l'opération précédente, page 124, est un peu difficile pour ceux qui n'entendent pas bien les fractions ; je vais l'expliquer en peu de mots. Après avoir multiplié les 36 aunes par les livres, sols & deniers, il faut prendre la valeur d'un denier sur les 36 aunes, qui sera 3 sols ; il faut faire une régle de trois sur un brouillard pour trouver la valeur des 162/295 partie d'un denier, & dire par cette régle de trois, si 295 (qui représentent 1 denier) donnent 3 sols, combien donneront 162. Reponse, 1 s. 7 den. 227/295 partie de denier, qu'il faut mettre au produit de la multiplication ; il faut ensuite prendre pour une demi-aune, qui est 2/4, la moitié du prix de l'aune, de même que de la fraction de deniers. Pour l'autre quart, il faut prendre la moitié des deux quarts, & pour le demi-quart, il faut prendre la moitié de ce dernier quart, comme il se voit ci-devant; ensuite de quoi, il faut faire addition du total, commençant par les fractions. Voyez les additions de fractions, page 47; on voit par l'addition totale, que la somme est juste à celle dont reviennent lesdits 36 aunes 3/4. 1/2 tous frais payés, qui est 585 l.——9 s.—— 6 d. ce qui fait que l'opération précédente, de même que la preuve, sont justes & prouvées l'une par l'autre.

Comme les régles marchandes ne sont que des multiplications ou des divisions, je ne m'étendrai pas beaucoup sur ces régles, parce que je crois avoir expliqué & demontré amplement les multiplications & divisions de toutes especes; on peut y avoir recours en cas de besoin.

Régles pour le commerce du bled & des parties du tonneau par la division.

PREMIERE PROPOSITION.

15. tonneaux de bled ont coûté 4370 l. ——15 s. on demande combien coûteront le tonneau, le septier & le boisseau, mesure nantaise, dont 10 septiers font le tonneau, & 16 boisseaux le septier.

PREMIERE OPERATION
pour le tonneau.

```
4370——15 ⎫ 15
137        ⎪ ─────────────
  20       ⎬      liv.   f.   d.
   5       ⎪  291——7——8
  20       ⎪
─────────  ⎭    Réponse.
 115
  10
  12
─────────
 120
  00
```

────────────────────────────

PREUVE
pour le tonneau.

```
      liv.   3 f.   d.
  291——  7——8
   15
─────────────────
  43 65
   4——10
   0——15
   0——10
─────────────────
      liv.    f.
L: 4370——15——
```

DEUXIEME OPERATION.

Pour le septier.

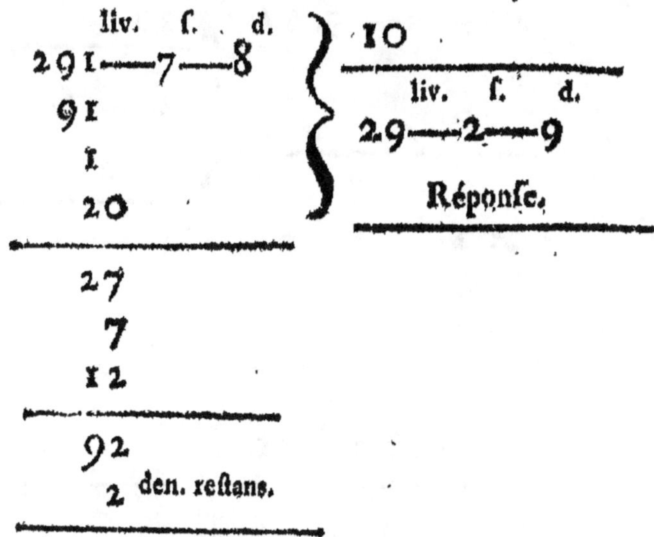

	liv.	f.	d.	
291	— 7 — 8			10
91				
1				
20				

	liv.	f.	d.
29	— 2 — 9		

Réponse.

27
7
12

92
2 den. reftans.

PREUVE

Pour le septier.

liv. f. f. d.
29 — 2 — 9. 2/10
10

290
1 — 0
5
2 — 6
2 reftans.

liv. f. d.
291 — 7 — 8

TROISIEME OPERATION.

Pour le boisseau.

```
       liv.   ſ.    d.
     29——2——9. 1/5  ⎰  16
     13                 ⎱  ————————————
     20                    liv.    ſ.    d.
  ———————————              1——16——5
    .262                   ————————————
    102                    Réponſe.
      6
     12
  ———————————
     8 1
   1/16 reſtant.
```

PREUVE

Pour le boisseau.

```
     16
         liv.  8 ſ.    d.
        1——16——5
     ————————————————
        16
        12——16
            4
          2——8
           1. 1/5 reſtans.
     ————————————————
         liv.    ſ.    d.
  L : 29—— 2——9. 1/5
```

Pour faire ces opérations, il faut premierement diviſer la ſomme principale par les
15 tonneaux, pour ſçavoir combien coûtera

le tonneau ; l'on voit par le quotient ou produit, qu'il coûte 291 l. ——7 f.——8 d. fécondement, pour fçavoir combien coûtera le feptier à proportion du tonneau, il faut divifer les 291 l.——7 f.——8 d. prix du tonneau par 10, parce qu'il faut 10 feptiers pour un tonneau, & les 29 l.——2 f.——9 d. 2/10 que vous trouverez au quotient, feront le prix du feptier. Troifiemement, pour favoir combien coûtera le boiffeau, il faut divifer 29 l.——2 f.——9 d. 2/10, prix du feptier par 16, parce qu'il faut 16 boiffeaux pour un feptier, vous trouverez au quotient de votre divifion 1 l.——16 f.——5 d. pour le prix du boiffeau.

La preuve de chaque opération fe fait par multiplication, en multipliant le divifeur par le produit, & y ajoûtant les deniers reftans de la divifion, comme l'on voit par les opérations & les preuves ci-devant.

Autre régle pour le commerce du bled.

DEUXIEME PROPOSITION.

Un Marchand a acheté 37 tonneaux, 6 feptiers, 9 boiffeaux de bled, la fomme de 5748 l.——15 f.——9 d. il veut fçavoir à combien lui revient le tonneau, le feptier & le boiffeau, même mefure nantaife.

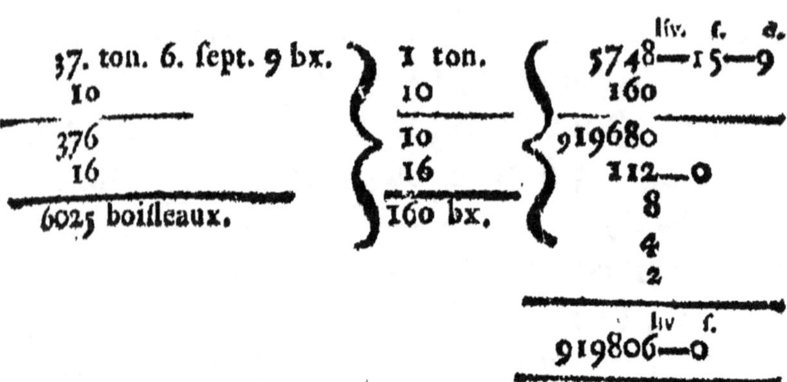

PREMIERE OPERATION.

Pour le tonneau.

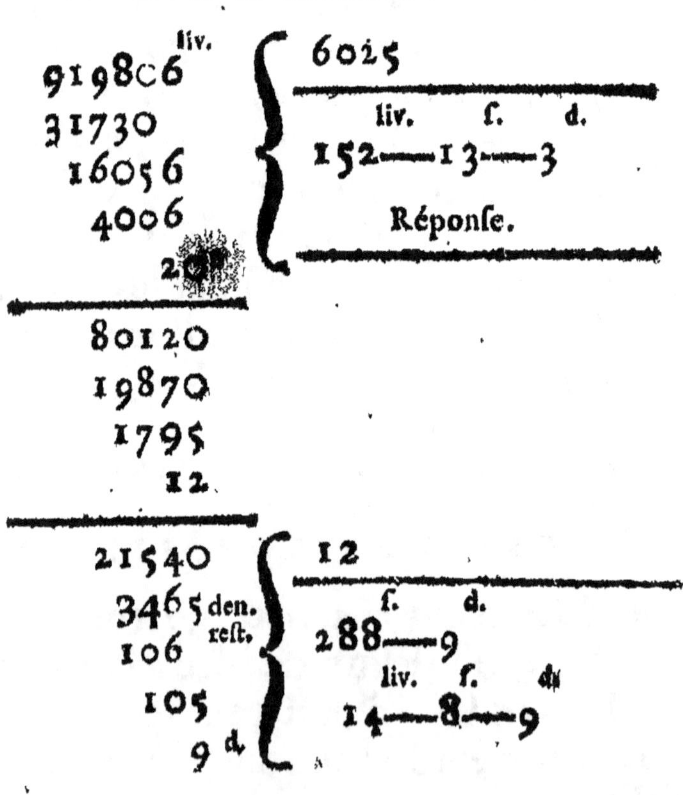

PREUVE.

$$6025$$

	liv.	6	f.	d.
152	—	13	—	3

$$12050$$
$$90375$$

3615	—	0	
301	—	5	
75	—	6	— 3
14	—	8	— 9 reſtans.

liv.

| 919806 | — | 0 | — 0 |

DEUXIEME OPERATION.

Pour le ſept.

liv.	f.	d.						
152 —	13 —	3		10				
52						liv.	f.	d.
2						15 —	5 —	3
20								

Réponſe.

| 53 |
| 3 |
| 12 |

39
9 den. reſtans.

PREUVE.

Pour le septier.

10 septiers

	liv.	2 f.	d.
A . . .	15—	5—	3

150
2——0
0——10
2——6

9 restans.

liv.	f.	d.
152—	13—	3

TROISIEME PROPOSITION

pour le boisseau.

liv.	f.	d.
15—	5—	3

20

16

f.	d.
19—	0— 15/16

Réponse.

305
145
1
12

15/16 d. restans.

PREUVE *pour le boisseau.*

16 boisseaux

	ſ.	d.
A... 0 — 19 —	0	15/16

14 — 8

0 — 16

1 — 3 reſtans.

liv.	ſ.	d.
L: 15 —	5 —	3

Pour faire les opérations de l'autre part, il faut commencer par réduire les tonneaux proposés en ſeptiers, en les mult: pliant par 10, & y ajoûtant les ſeptiers, qui ſont au nombre proposé ; enſuite de quoi il faut réduire les ſeptiers en boiſſeaux, en les multipliant par 16, & y ajoûtant les boiſſeaux qui ſont audit nombre proposé : de ſorte que l'on trouve 6025 boiſſeaux qui ſerviront de diviſeur. Mais comme on veut ſçavoir le prix du tonneau, il faut le réduire en même dénomination, c'eſt-à-dire, en boiſſeaux, & l'on trouve que 1 tonneau eſt composé de 160 boiſſeaux, par leſquels 160, il faut multiplier la ſomme principale qu'ont coûté les 37 tonneaux 6 ſeptiers 9 boiſſeaux, & on trouvera pour produit de cette multiplication 919806 liv. laquelle ſomme ſera le dividende de 6025 de diviſeur. Voyez ci-devant, page 231,

comment j'ai opéré pour cette dite réduction, de sorte que pour trouver la valeur du
tonneau, je divise 919806 liv. par 6025, &
le quotient est la valeur du tonneau. Je fais
les opérations & les preuves de la même
maniere qu'à la précédente proposition,
page 233. Voyez ci-devant les opérations &
preuves de cette derniere proposition „ dont
la valeur du tonneau est au quotient de la premiere opération, la valeur du septier est au
quotient de la seconde opération, & la valeur
du boisseau est au quotient de la troisieme
opération, & toutes les trois opérations bien
prouvées.

*Régle pour le vin & des parties du tonneau par
la division.*

PROPOSITION.

27 Tonneaux de vin nantais ont coûté
1890 liv. —— 9 s. —— 9 d. tous frais payés,
on demande à combien revient le tonneau, la
barrique & le pot, dont 4 barriques font le
tonneau, & 120 pots la barrique.

PREMIERE OPERATION

Pour le tonneau.

$$\left.\begin{array}{ccc} \text{liv.} & \text{s.} & \text{d.} \\ 1890 & 9 & 9 \\ 000 & 12 & \\ \hline 117 & & \\ 9 \text{ reste} & & \end{array}\right\} 27 \quad \begin{array}{ccc} \text{liv.} & \text{s.} & \text{d.} \\ 70 & 0 & 4 \end{array}$$

PREUVE *pour le tonneau.*

27 tonneaux

	liv.	f.	d.
A......	70	0	4

1890

0 — 9

0 — 9 d. reftans.

liv.	f	d.
1890	9	9

DEUXIEME OPERATION

Pour la barrique.

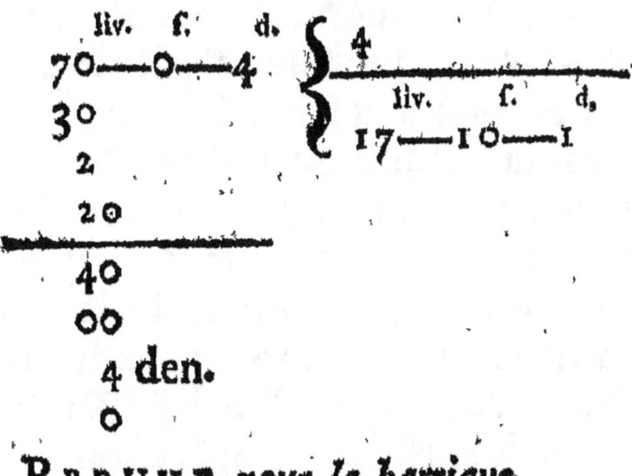

PREUVE *pour la barrique.*

liv.	f.	d.
17	16	1

4 barriques.

liv.	f.	d.
70	0	4

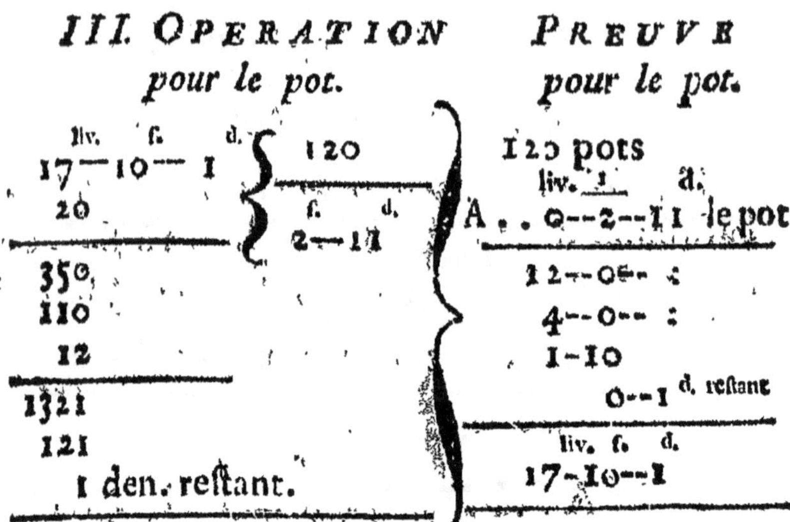

Pour faire ces opérations pour le tonneau
de vin, il faut s'y prendre de la même maniere qu'aux opérations de bled, p. 226, &c.
c'eft-à-dire, qu'il faut divifer le prix coûtant
des 27 tonneaux par lefdits 27 pour trouver
la valeur du tonneau. Enfuite divifer la valeur
du tonneau par 4, pour trouver la valeur de
la barrique, puifqu'il faut 4 barriques pour
un tonneau, & enfin divifer la valeur de la
barrique par 120 pots, pour trouver la valeur du pot; ce que l'on voit par le quotient
ou produit de chaque opération. Je mettrois
bien ici une régle du tonneau de vin & de fes
parties, comme j'ai fait pour le tonneau de
bled; mais cela me paroît affez inutile, parce
que l'on peut fe conformer aux précédentes,
pour réfoudre toutes propofitions qui fe-
roient dans le même genre.

Régle du ÷.

PROPOSITION.

Combien faut-il payer pour 746 ℔ de caſſonnade à raiſon de 45 l.——18 ſ.——9 d. le cent ? ci ÷. Réponſe, 352 l.-13 ſ.-10 d.

OPERATION.

$$746\ ℔$$

	liv.	ſ.	d.	
A....	45——	18——	9	le ÷

$$
\begin{array}{l}
3730 \\
2984 \\
\quad 671——8 \\
\quad\ 18——13 \\
\qquad 9——6——6 \\
\hline
342|69——7——6 \\
\qquad 20 \\
\hline
13/87 \\
\quad 12 \\
\hline
1|050 \diagup \text{ou } 1/2 \\
\quad 100
\end{array}
$$

PREUVE *par la division.*

$$\begin{array}{ll} & \text{liv.} \quad \text{f.} \quad \text{d.} \\ 34269 \text{---} 7 \text{---} 6 & \left\{ \begin{array}{c} 746 \\ \overline{45^{\text{liv.}}} \end{array} \right. \\ 4429 & \\ 699 & \\ 20 & \end{array}$$

$$\begin{array}{ll} \overline{13987} & \left\{ \quad \begin{array}{c} \text{liv.} \quad \text{f.} \\ 18 \text{---} 9 \end{array} \right. \\ 6527 & \\ 559 & \\ 12 & \end{array}$$

$$\overline{6714}$$
$$000$$

Pour faire cette opération, il faudroit divifer le produit de la multiplication par 100;
mais pour abréger, on tranche deux figures
à main droite, & celles qui font au-deffus de
raye font le prix de la marchandife propofée,
comme on le voit ci-deffus, que 749 liv. caf-
fonnades à 45 l. ——— 18 f. ——— 9 d. le $\frac{o}{o}$ coûtent
342 liv. ——— 13 f. 10 deniers 1/2.

La régle de cent ci $\frac{o}{o}$ ou o/o n'a pas plus
de difficulté que la régle de multiplication
fimple ou compofée; il ne s'agit que, fur le
produit de la multiplication, de trancher
deux chiffres, c'eft-à-dire, laiffer deux chiffres à droite, parce que dans 100, il y a deux
zeros qui font regardés comme inutiles, &
que c'eft la même chofe que fi l'on divifoit
par 1. Voyez ci-contre.

Quand on a un nombre tel qu'il puisse être, à diviser par 10, 100, 1000, ou 10000, il faut trancher autant de caractère du nombre à diviser qu'il y a de o au diviseur, le reste des caractères qui se trouvent à gauche, feront le quotient ou produit, qui est le contraire de l'autre méthode de diviser; parce que pour retrancher les figures, on les compte en allant de droite à gauche : que si les figures retranchées, c'est-à-dire, celles qui sont à droite, sont des livres, on les multipliera par 20 pour les réduire en sols, que l'on retranchera de même que les livres, en laissant toujours deux figures à la droite; & pareillement pour le restant des sols, que l'on multipliera par 12, pour trouver des deniers, & dont on retranchera de même deux figures à droite, & ce qui sera à gauche sera des deniers que l'on cherche, comme on voit par l'opération de ci-devant. La preuve de cette opération peut se faire de deux manieres; la premiere, comme elle est ci-devant, en divisant le produit de la multiplication par le poids proposé pour trouver le prix du cent. La seconde, en multipliant 342 l.———13 s.———10 d. 1/2, prix des 746 ℔ cassonnades par 100, pour avoir le produit de la premiere multiplication; & cedit produit le diviser par 746. pour avoir le prix du cent, qui est 45 l.———18 s.———9 d. comme je l'ai l'ai dit ci-devant, & comme il est démontré par l'opération précédente.

Régle du $\frac{0}{0}$ réduit à la livre.

PROPOSITION.

On demande à combien reviendra la livre de savon, le cent ayant coûté 47 l.—15 f. Réponse, 9 f.—6 d. 3/5.

OPERATION.	PREUVE.

liv.   f.
47—15—— :
  10
————————
9/55
  12
————————
6|6/0 ou 3/5
  /100

PREUVE.

100 ℔
       f.   d.
A....... 9——6
————————
900
50
5 f restans
————————
955 f.
liv.   f.
47——15

Pour faire cette opération, il faut diviser 47 l.——15 f. par 100 : mais comme il ne se peut trouver de livres, attendu que 47 n'est pas si fort que 100, il faut réduire les 47 l. en sols, & y ajoûter les 15 sols; ce qui fera 955 f. dont il faut en trancher deux figures à droite, & celle qui est à gauche au-dessus de la raye est des sols; ainsi l'on voit que la livre de savon vaudra 9 f.——6 d.

Hh

Régle de la livre réduite au $\frac{0}{0}$.

PROPOSITION.

A 3 l.—10 f. la livre de cotton, combien est-ce le cent, ci $\frac{0}{0}$.

<table>
<tr><td colspan="2" align="center">OPERATION.</td><td colspan="2" align="center">PREUVE.</td></tr>
<tr><td>100 ℔</td><td></td><td>3/50</td><td>100</td></tr>
<tr><td>liv.   f.</td><td></td><td>20</td><td>liv.   f.</td></tr>
<tr><td>A... 3—10</td><td></td><td>10/00</td><td>3—10</td></tr>
<tr><td>300</td><td></td><td></td><td></td></tr>
<tr><td>50</td><td></td><td></td><td></td></tr>
<tr><td>350 l. Rép.</td><td></td><td></td><td></td></tr>
</table>

AUTRE.

A 15 f.—9 den. la livre de caffonnade, combien 100 ℔.

<table>
<tr><td colspan="2" align="center">OPERATION.</td><td colspan="2" align="center">PREUVE.</td></tr>
<tr><td>100</td><td></td><td></td><td>liv.   f.</td></tr>
<tr><td>liv.   7 f.   d.</td><td></td><td></td><td>78—15</td></tr>
<tr><td>A... 0—15—9 la ℔</td><td></td><td></td><td>20</td></tr>
<tr><td>70— 0</td><td></td><td></td><td>fols. 15/75</td></tr>
<tr><td>5</td><td></td><td></td><td>12</td></tr>
<tr><td>2—10</td><td></td><td></td><td>den. 9/00</td></tr>
<tr><td>1— 5</td><td></td><td></td><td></td></tr>
<tr><td>liv.   f.</td><td></td><td></td><td></td></tr>
<tr><td>78—15 Réponse.</td><td></td><td></td><td></td></tr>
</table>

Les opérations ci-deffus font fi faciles,

qu'il n'eſt preſque pas néceſſaire d'en donner des inſtructions ; car il n'y a qu'à multiplier 100 par le prix de la livre, & on
trouve le produit ou valeur des 100 ℔.

Pour la preuve, il n'y a qu'à trancher
deux figures ſur ledit produit, c'eſt-à-dire,
en laiſſer deux à droite & celles qui ſont au-
deſſus de la raie que l'on fait entre les deux
chiffres laiſſés à droite, ſont la valeur de la
livre, comme on voit par les opérations &
les preuves ci-contre.

Régle du %.

PROPOSITION.

Combien faut-il payer 4787 ℔ de chanvre, à raiſon de 89 l.——17 ſ.——9 d. le %.
Réponſe, 430 l.——5 ſ.——9 d.

OPERATION.

```
           4787 ℔
             liv.    8 ſ.        d.
A  . . .    89——————17——————9 le %.
———————————————————————————————————————
             43083
             38296
              3829——————12
               239—————— 7
               119——————13——————6
                59——————16——————9
———————————————————————————————————————
                  liv.        ſ.      d.
             430/291——————— 9———————3
                20
———————————————————————————————————————
              5/829
                12
———————————————————————————————————————
              9/951/1000
```

Preuve.

```
        liv.   f.   d.  ⎧ 4787
  430291 — 9 — 3    ⎨ ─────────
   47331             ⎩  liv.   f.   d.
    4248                89 — 17 — 9
      20
 ──────────
   84969
   37099
    3590
      12
 ──────────
   43083
    0000
```

La régle du millier, ci $\frac{0}{0}$, eſt comme la régle du $\frac{0}{0}$, il n'y a de différence que, pour celle du millier, il faut trancher trois chiffres, parce que en 1000 il y a trois zeros, que l'on regarde comme inutiles. Voyez l'explication de la régle du cent, page 238, & ci-après.

L'opération de la propoſition de l'autre part, ſe fait comme celle de la propoſition du cent, excepté qu'à celle-ci qui eſt pour le millier, il faut trancher trois figures ſur le produit de la multiplication, & qu'à celle du cent on n'en tranche que deux, & les chiffres à gauche au-deſſus de la barre que l'on fait ſont le produit, comme l'on voit de l'autre part que les 4787 l. de chanvre, à raiſon de 89 l. — 17 ſ. — 9 d. le $\frac{0}{0}$ ſe montent à 430 l.——5 f.——9 d. $\frac{951}{1000}$ l. Pour la preuve, il faut diviser le produit de la multiplication par le poids de la marchandise pour trouver le prix du millier ; ce que l'on voit ci-devant.

Régle du $\frac{o}{o}$ réduit à la livre.

PROPOSITION.

A 74 l.——17 f.——6 d. le millier pesant de chanvre, à combien revient la livre. Réponse, à 1 f. 5 d. 97/100 partie den.

OPÉRATION.	PREUVE.

liv.	f.	d.			1000 ℔		
74 ——	17 ——	6				liv.	f.	d.
20				A	0——	1——	5

sols . 1/497
12

den. 5/970 den. reftans.

$970\begin{cases}12\\80\ f.\end{cases}$
d. 10 { 4 l.——0 f.——10 d.

PREUVE (right column):

	liv.	f.	d.
A	0——	1——	5
	50		
	12——10		
	8——	6——	8
reftant	4——	0——	10 reft.
	liv.	f.	d.
	74——17—— 6		

Cette opération ci-deſſus n'a pas beſoin d'inſtruction après avoir vu l'opération de la régle du $\frac{o}{o}$ réduite à la livre ci-devant, p. 238. Excepté qu'à celle-ci-deſſus (après avoir réduit le prix du millier en ſols, y ajoûtant les ſols propoſés, parce qu'il ne peut pas s'y trouver de livres) il faut trancher trois figures ; & enſuite pour trouver

des deniers, il faut multiplier ces trois figures tranchées qui font à droite par 12, &
du produit en retrancher de même trois figures, & ce qui eft au-deffus de la petite
barre, que l'on fait eft le produit. Voyez l'o-
pération avec fa preuve ci-devant.

Régle de la livre réduite au ⁰⁄₀.

PROPOSITION.

A 3 l.—17 f. la livre d'indigo, combien
coûtera le millier, ci ⁰⁄₀? Réponfe, 3850 l.

OPERATION.   PREUVE.

```
  1000 ℔ indigo    Livres....3/850
       liv.    f.                    20
A...    3——17        ————————————
  ——————————————     Sols...., 17/000
       3000
       800——0
        50——0
  ——————————————
       liv.
      3850——"
```

Pour l'opération de la propofition ci-
deffus, il faut multiplier 1000 par 3 liv.—
17 f.—pour avoir au produit la valeur des
1000 l. qui eft 3850 l.

Et pour la preuve, il faut divifer 3850 l.
par 1000; ou plutôt trancher trois figures,
de forte qu'il ne reftera qu'une figure qui
eft 3 l. enfuite il faut réduire les trois figures

tranchées en fols, en les multipliant par 20,
ce qui produit 17000 fols. Tranchez-en
trois figures, il reftera 17 f. ainfi c'eft donc
31—17 f. qui eft le prix de la livre. Voyez
l'opération & la preuve ci-contre.

Régle du ÷ réduit au ⫶

PROPOSITION.

A 85 l.—17 f.—10 d. le ÷ de café créol,
combien eft-ce le millier, ci ⫶. Réponfe,
858 l.—18 f.—4 d.

OPERATION.	PREUVE.

```
            liv.  f.   d.                       liv.  f.   d.
Mult.  85--17--10  le ÷  }              858--18--  4
Par . . . . . .  1Q       }        ─────────────────────
─────────────────────     }              liv.  f.   d.
       liv.  f.   d.      }   Le 10.eme 85--17--10
       858--18--  4       }
```

Pour faire cette opération ci-deffus du ÷
réduit au millier, il faut multiplier le prix
du cent par 10, parce qu'il faut 10 fois 100
pour faire 1000, ainfi le produit de cette
multiplication eft la valeur des 1000 ℔
comme on voit ci-deffus, que 1000 ℔ à raifon de 85 l.—17 f.—10 d. le ÷ font 858 l.—
18 f.—4 d.

Pour la preuve, il faut divifer cette dite
fomme de 858 l.—18 f.—4 d. par 10 pour
avoir le prix du cent, ou tout d'un coup trancher une figure, comme je l'ai dit ci-devant,

quand on avoit à diviser par 10 ou encore comme j'ai fait ci-devant, j'ai pris le dixieme, & j'ai trouvé juste les 85 l.--17 f.--10 d. pour le prix du cent; ce qui fait voir que ma régle est bonne.

Régle du $\frac{o}{oo}$ réduit au $\frac{o}{o}$.

PROPOSITION.

A 710 l.--15 f.--9 d. le $\frac{o}{oo}$, combien est-ce le $\frac{o}{o}$? Réponse, 71 l.--1 f.--6 d. 9/10.

OPERATION.		PREUVE.

liv. f. d.		liv. f. d.
710--15--9	}	71-- 1--6. 9/10
		10
liv. f. d.		
Le 10.eme 71-- 1--6 9/10	}	liv. f. d.
		710--15--9

Pour faire l'opération de ci-dessus, & pour sçavoir le prix du cent sur le prix du millier, il faut prendre la dixieme partie sur le prix du millier, parce qu'il faut dix cens pour faire un millier; & pour la preuve il n'y a qu'à multiplier le prix du cent par 10 pour trouver le prix du millier, ce qui fera voir que les deux régles se trouvent bonnes, si le produit de cette derniere multiplication est égal au prix du millier; comme on voit ci-dessus par l'opération & la preuve.

Régle

Régle de rachat de rente.

PREMIERE PROPOSITION.

Une personne qui paye 456 l.——10 f. de rente, veut sçavoir (si elle pouvoit en faire le rachat au denier 20) combien il faudroit qu'elle payât pour le remboursement. Réponse, 9130 liv.

OPERATION.   PREUVE.

$$
\begin{array}{ll}
\text{liv.} \quad \text{f.} & 9130 \ \text{liv.} \\
456\text{——}10 & 113 \\
20 & 130 \\
\overline{} & 10 \\
9120 & 20 \\
10 & \overline{} \\
\overline{9130 \ \text{liv.}} & 200 \\
& 000
\end{array}
$$

Preuve :
$$
\begin{array}{l}
20 \\
\overline{} \\
\text{liv.} \quad \text{f.} \\
456\text{——}10
\end{array}
$$

Pour faire le rachat au denier 20 d'une rente que l'on paye, il faut multiplier ladite rente par 20. pour trouver la somme principale qu'on nous a donné pour en tirer la rente, comme on voit ci-dessus.

Pour la preuve, il faut diviser la somme principale qu'on nous a donné par 20, qui est le denier dit, pour trouver la rente. Voyez l'opération & la preuve ci-dessus.

On entend de 20 deniers de principal 1 denier de rente   de 20 sols... 1 sols de 20 livres..... 1 liv.

C'eſt-à-dire il faut prendre la vingtieme partie du principal pour avoir la rente de quelque ſomme que ce ſoit.

DEUXIEME PROPOSITION.

Un particulier a donné à rente conſtituée à fond perdu 4586 liv. au denier 10. 1/2, on demande combien il aura de rente pendant ſa vie. Fond perdu, veut dire qu'après la mort du donneur, le preneur jouit de ladite ſomme donnée en propre, ſans en payer d'intérêt à perſonne. Reponſe, 436 l.——15 ſ.——2 d. 6/7 par an, à la vie durante.

OPERATION.

| 10. 1/2 | 4586 l. | 21 |
2	2	
21	9172	liv. ſ. d. 436-15-2. 6/7

Il faut réduire le denier propoſé en 1/2, de même que la ſomme, c'eſt-à-dire, multiplier par 2, tant l'un que l'autre.

9172
77
142
16
20

320
110
5
72

60
18/21

P R E U V E.

liv.   f.   d.

436——15——2 6/7

21

———————————

436

872

14——14

1—— 1

0—— 3——6

1——6 reſtans.

———————————

liv.   f.   d.

9172—— 0——0

Régle de tarre pour ÷ *ou dans le* ÷.

P R O P O S I T I O N.

Quelle eſt la tarre (*a*) de deux barriques de ſucre peſantes 2758 ℔ ord. (*b*) à 13 ℔ pour ÷? & combien faut-il payer pour le poids net à raiſon de 48 l.——17 f.—— 6 d. le ÷? Réponſe, il y a 358 ℔ de tarre, & le poids net coûtera 1173 liv.

(*a*) Tarre doit s'entendre par la diminution qu'il y a à faire ſur le poid pour la futaille ou embalage, &c.

(*b*) Ord. doit s'entendre du poids général, c'eſt-à-dire, tant de la marchandiſe que de la futaille ou embalage, &c. Tous écrivent ort. je crois qu'il vaut mieux écrire ord. parce que ce mot peut dériver d'ordure, attendu que l'embalage ou futaille doit être regardée comme rien, c'eſt-à-dire, comme de l'ordure en comparaiſon de certaines marchandiſes qui ſont dans les embalage & futaille.

I i ij

OPERATION.

```
2758 ℔                    2758. ℔ ord.
  13 pᵣ. %               358. tarre à 13 pour %.
────────────           ────────────────────────
358/54                    2400. ℔ net.
                              liv.    ß  ſ.      d.
              A . . . 48────17────6 le %.
                      ────────────────────────
                              19200
                               9600
                               1920────0
                                120────0
                                 60────0
                      ────────────────────────
                              1173/00────:
```

PREUVE.

```
                      ⎧    2400
                      ⎪   ────────────────────
    117300            ⎨   liv.      ſ.        d.
     21300            ⎪   48────17────6
      2100            ⎩
        20
    ────────
     42000
     18000
      1200
        12
    ────────
     14400
      0000
```


Nota. On peut tirer auſſi la tarre à tant ſur 100, comme à 3 ou 4, &c. ſur 100, c'eſt-à-dire, de 103 ou 104 livres n'en payer que cent liv. cela ſe fait ſelon convention de Marchand à Marchand. En ce cas il faut faire une régle de trois, comme par exemple de 800 liv. voulant tarer à 4 ſur 100, il faut dire ſi 104 liv. ſont réduites à 100 l. à combien ſeront réduites 800 liv. ainſi des autres propoſitions à tant ſur 100.

Pour faire cette régle de tarre, il faut premierement multiplier le poids ord. par la tarre que l'on donne pour cent. Du produit de cette multiplication, il faut en trancher deux figures que l'on regarde comme inutiles, ensuite de quoi il faut souftraire la tarre du poids ord. & le reftant fera le poids net qu'il faut multiplier par le prix du cent, & du produit de cette multiplication. Il faut en trancher deux figures, comme on voit par l'opération ci-contre.

Pour la preuve il faut divifer le produit de la derniere multiplication par le poids net pour trouver le prix du cent, ce que l'on voit par les opérations & la preuve ci-contre, dont les deux barriques, qui ont pefé 2758 ℔ ord. ont 358 ℔ tarre à 13 ℔ pour ⁒, parconféquent il refte 2400 ℔ net de fucre, qui étant vendu 48 l.——17 f.——6 d. le ⁒, fe montent à la fomme de 1173 liv. Voyez ci-contre.

Régle pour les factures.

PROPOSITION.

J'ai acheté les marchandifes fuivantes, combien faut-il payer pour le tout. Réponfe, 2301 l.——13 f.—— 9 d. 1/4.

SÇAVOIR,

	liv.	f.	d.			liv.	f.	d.	
150. aunes de revêche.....à	3	11	6	l'aune. L.	536	5		
86. aun. 1/2 id. moyenne à	2	17	9	. . . . . .	249	15	4. 1/2	
184 aunes 3/4 de plûche ..à	4	18	9	. . . . .	1405	19	0. 3/4	
18 aun. 2/3 de rat. de Lyon à	5	17	6	. . . . .	109	13	4	

	liv.	f.	d.
	2301	12	9. 1/4

Cela peut ſervir de modéle d'un petit
✠ Bordereau d'aunage. ✠

I.re OPERATION.   PREUVE.

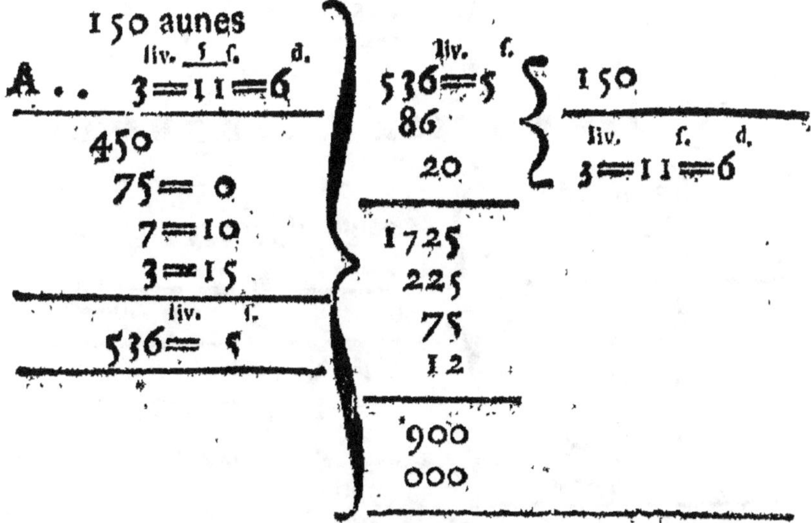

II. OPERATION.   PREUVE.

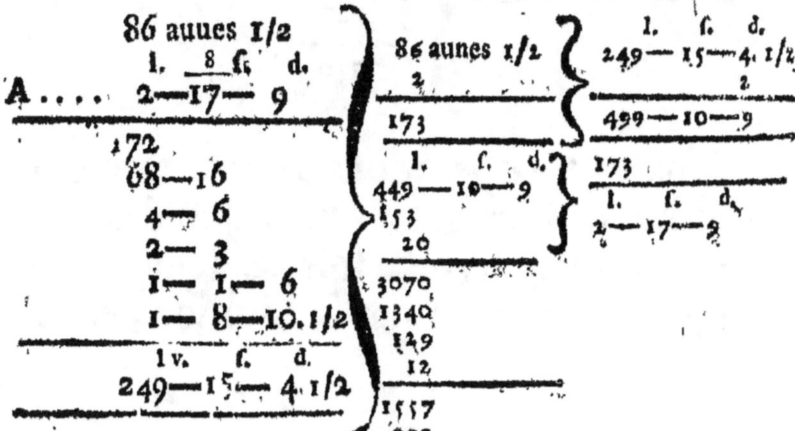

III. OPERATION.   PREUVE.

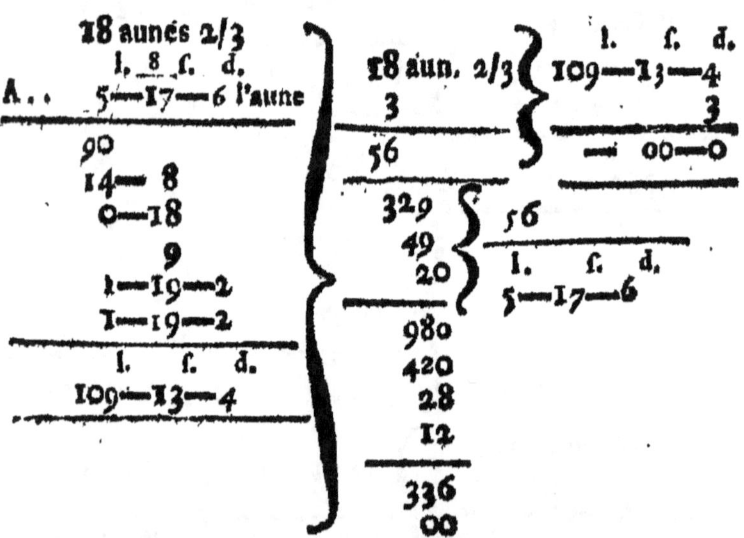

Toutes ces opérations de la derniere propofition ne font autre chofe que des multiplications par livres, fols & deniers, pour
les preuves fe font par la divifion, en divi-

fant le produit de la multiplication par les aunes propofées pour trouver la valeur propofée de l'aune, comme on le voit par la preuve de la premiere opération. La preuve de la feconde opération eft différente, attendu qu'il y a des 1/2, tant au dividende qu'au divifeur, il faut les réduire tous deux en demie, & divifer comme de coutume. La preuve de la troifieme opération eft compofée de 3/4, tant pour le dividende que pour le divifeur, il faut réduire tant l'un que l'autre en quarts, y ajoûtant 3 & divifer comme à l'ordinaire. La preuve de la quatrieme opération, eft compofée de 2/3 pour le divifeur ; il faut le réduire en tiers y ajoûtant 2, il faut auffi réduire le dividende en tiers, afin qu'ils foient en même dénomination, & divifer comme à l'ordinaire. Voyez les opérations ci-devant avec leurs preuves.

Modele d'une petite facture.

DOIT Monſieur Larieux à C. G.
L : 8943 l. —12 ſ. —2 d. pour les marchandiſes ſuivantes.

SÇAVOIR:

Deux caiſſes de ſavon marquées comme
en marge, numérotées & peſantes comme
ſuit :

Nº. 4. poids 217 ℔ ord. tare 21
       5. . . . 198 20
       ____________   ____________
            415   41
            45   4 trait à 2 ℔ p. caiſſe.
       ____________   ____________
       370 ℔ net à . 47 l.
= 10 ſ. le — . . . . c'eſt . . L : | 175 | 15 ſ. |
Une barrique d'huile peſante
1402. ℔ ord. 210. ℔ tarre &
trait à 15 ℔ pour — 1192 ℔ net
à 71 ℔ = 15 ſ. le — . . . . . L : | 855 | 5 | 2 d. |
Trois barriques de ſucré pe-
ſantes & numérotées comme
ſuit :
Nº. 6.   975 ℔ ord.
       7. 1037
       8. 1126
    ____
       3138 ℔ ord.
       376 tare à 12 ℔ pour —
    ____
       2762 ℔ net à 42 ℔ 10 ſ.
          le — , c'eſt . . . L : | 1173 | 17 |

                 L : 2204-17 ſ.   2 d.

K ᴋ

			l.	f.	d.
Juin	17	Suite & montant de l'autre part	2204	17	2
		Deux boucauts indigo pesans			
		N°. 5. 1007 ℔ ord.			
		6. 946			
		1953			
		156 tare à 8 l. pour --0/0			
		1797 net à 3 l.–15 f. la livre . . c'est . . L:	6738	15	
		TOTAL. . . . . L:	8943	12 f.	2 d.

Bordereau de payement.

PROPOSITION.

J'ai en caiſſe les eſpeces ſuivantes, deſ-
quelles il s'agit de faire un payement, ſçavoir à combien ſe montent leſdites eſpeces.
Réponſe, elles ſe montent à 8008 liv.

SÇAVOIR;

		L:
50 louis d'or à 24 l. chaque.		1200
962 écus de . . . . 6 . . f.		5772
127 pieces de . . 1—4		152-8
1636 pieces de . . 0—2		163-12
12 ſacs de ſols marqués de 6 liards de 30 l. chaque. . . .		360
15 ſacs de liards de 24 l. chaque		360
TOTAL . . . . L:		8008

OPÉRATIONS.

50 louis } 962 écus } 127 pieces
A.. 24 l. A.. 6 l. A.. 1 l.—2 f.—4

1200 l. } 5772 l. } 127
25—8

1521 l.—8 f.

1636 pieces } 12 facs } 15 facs
de, 0 l.—2 f. A.. 30 l. A.. 24 l.

163 l.—12 f. } 360 l. } 360 l.

Ces six opérations se font par multiplication, comme on voit ci-dessus.

Réductions de monnoye.

PREMIERE PROPOSITION.

Combien faut-il d'écus de 6 l. pour payer
la somme de 17964 l. Réponse, il en faut
2994.

OPERATION. PREUVE.

17964 liv. } 6 } 2994. écus
59 A......6 l.
56 } 2994 }
24 17964
0

Pour cette opération ci-dessus, il faut
diviser 17964 liv. par 6, & l'on trouve au
quotient 2994. écus de 6 liv.

K k ij

Pour la preuve, il faut multiplier les 2994 écus par 6 l. pour trouver la somme propoſée, comme on voit ci-devant.

DEUXIEME PROPOSITION.

Combien faut-il de pieces de 3 l.—15 ſ. pour payer la ſomme de 4786 l. Réponſe, 1276 pieces de 3 l.—15 ſ. & 1 l. reſtante.

OPERATION.   PREUVE.

liv.   ſ.   4786   1276 pieces
3—15   }   liv. 7 ſ.
20   }   20   { 75   A . . . 3—15
         }   ——————   { ——————
75 ſ.   )   95720   { 1276   3828
)   207   893——4
                   572   63—16
                   470
          20 ſ. reſtans.   1. reſtante.
                                 ——————————
                                 4786 l.—0

Pour faire l'opération de la deuxieme proſition ci-deſſus, il faut réduire les 3 liv. 15 ſ. en ſols, ce qui fait 75 ſols, & qui ſerviront de diviſeur, il faut auſſi réduire les 4786 l. en ſols, qui font 95720 ſols, & qui ſerviront de dividende ; pour trouver des pieces de 3 l.—15 ſ. l'on trouve au quotient 1276. pieces & 20 ſols reſtans.

Pour la preuve il ne s'agit que de multiplier les 1726 pieces par 3 l. 15 ſ. & y ajoûter les 20 ſ. reſt. qui diſent 1 l. on trouve au proſ[illegible] de la multiplication 4786 l. nombre propoſé, [illegible]ez ci-deſſus.

Mais si on proposoit des pieces composées de livres, sols & deniers, il faudroit les réduire en sols, ensuite en deniers, & le produit seroit le diviseur ; il faudroit de même réduire la somme proposée en sols & deniers, le produit serviroit de dividende ; & le quotient donneroit les pieces qu'on chercheroit. Il faut remarquer que quand le diviseur est réduit en deniers, le dividende doit aussi y être réduit, afin qu'ils soient tous deux en même dénomination ; comme on le verra en plusieurs propositions suivantes dans les régles de trois, & dans la question suivante.

Question sur les réductions de monnoye.

PROPOSITION.

Combien peut-on avoir de barriques de vin de 27 l.——11 s.——9 den. chaque barrique, tous frais payés, pour la somme de 7478 l.——17 s.——9 d. Réponse, 271. barriques, & 214/2207 partie de barrique.

OPÉRATION.

```
27 l.——11 s.——9 d.                    liv.    s.    d.
        20                            7478——17——9
      ─────────                             20
       551                           ──────────────
        12                            149577
      ─────────                            12 {  6621
       6621                          ──────────────
                                      1794933    271. bar. 214/…
                                        47073
642 d. rest. { 12                        7263
  12         ─────────     restans. 642/6621
   6         { 53 s.— 6 d.               214/1207
              2 l.——13 s.—6 d.
```

PREUVE.

271. barriques 214/2207

	liv.	f.	d.
A 27	11	9	

1897		
542		
135	10	
13	11	
6	15	6
3	7	9
2	13	6. restans.

liv.	f.	d.
7478	17	9

Pour faire l'opération ci-devant, il faut premierement réduire le prix de la barrique en fols & en deniers, de même que la somme proposée, comme je l'ai dit ci-devant, de forte que la somme proposée réduite en deniers, doit être divisée par ledit prix de la barrique, reduit en deniers, pour trouver le nombre de barriques que l'on doit avoir pour le prix proposé de chaque. Ce que l'on voit au produit de la division, qui est 271. barriques & 214/2207.eme partie de barrique, de forte que les multipliant par le prix de la barrique, qui est 27 l. 11 f. 9 d. y ajoûtant le restant 2 l. — 13 f. — 6 d. pour les 214/2207.eme, on trouve au produit de

ladite multiplication, le nombre proposé de
7478 l.——17 f.——9 d. Voyez l'opération & la
preuve ci-devant.

Régles pour les échanges des monnoyes.

PREMIERE PROPOSITION.

Un Négociant a 4976. écus de 6 l. qu'il
veut changer pour des louis de 24 l. fçavoir
combien il en pourra avoir pour lefdits écus.
Réponfe, 1244. louis de 24 l. chaque.

OPERATION.   PREUVE.

De la proposition ci-deffus.

```
    4976. écus                 1244
A...    6 l.                     24
___________                  _______
  29856 l.  { 24 l.            4976
   058     {                   2488
   105     { 1244            ________
    96              6.eme .... 29856 { 6
     0                             { 4974. écus de 6 l.
                                58
                                43
                                36
                              _______
                                 0
```

Pour cette opération, il faut réduire les
écus de 6 liv. en livres. Le produit de cette
multiplication par 6, eft des livres qu'il faut
divifer par 24 pour avoir des louis de 24 l.
ce que l'on voit au quotient de la divifion
qui eft 1244 louis de 24 l. Pour la preuve,
il faut multiplier le quotient de la divifion,

par le diviseur 24, l'on trouvera au produit de cette multiplication des livres, & pour trouver des écus de 6 l. il faut les diviser par 6, ou bien prendre le sixieme, comme on voit de l'autre part.

DEUXIEME PROPOSITION.

Un Marchand a 1278 pieces de 24 f. qu'il veut changer pour des écus de 3 l.-15 f.-6 d. fçavoir combien il en aura pour lesdites pieces de vingt-quatre fols? Réponfe, 406 écus de 3 l.——15 f.——6 d. & 19 f. reftans.

OPERATION.

1278. pieces
De . . . 1 liv. — 2 f. — 4

1278
255 — 12

1533 — 12
20

30672

12 — 906

368064
5664

228 d. reftans qui font 19 f.

liv.   f.   d.
3 — 15 — 6
20

75
12

906

406 écus de 3 liv. — 15 f. — 6 d.

406.
liv. s. d.
A . . . 3 — 15 — 6

1218
284 — 4
20 — 6
10 — 3
19 restans.

1533 — 12 { 1278
255
20 { 1 l. — 4 s.

5112
0000

Pour faire l'opération ci-dessus, il faut multiplier les pieces proposées par leur prix, ensuite réduire le produit de cette multiplication en sols & en deniers, parce que l'écu est composé de livres, sols & deniers, & diviser ce dernier produit de deniers par l'écu de 3 l. — 15 s. — 6 d. aussi réduit en sols & en deniers, afin de sçavoir ce que ledit Marchand aura d'écus pour sesdites pieces de vingt-quatre sols : on voit par le quotient de cette division qu'il en aura 406 & 19 sols en argent, comme il se voit par l'opération ci-contre.

Pour premiere preuve, il faut multiplier

les 406 écus par 3 l.—15 f.—6 d. & ajoûter au produit les 228 den. reftans qui font
19 f. on trouve au produit principal les mêmes 1533 l.—12 f. produit de la multiplication de ladite opération ci-devant. Pour feconde preuve, il faut divifer les 1533 l. 12 f.
par le nombre des pieces, qui eft 1278, &
on trouvera au produit de la divifion 1 l. 4 f.
qui eft le nombre que l'on cherche.

Régle de trois fimple droite.

PROPOSITION.

36. barriques de vin ayant coûté 4797 l. 10
f. on demande combien en coûteront 57. barriques du pareil vin. Rép. 7596 l. o f. 10 d.

OPERATION.

$$\text{l.} \quad \overline{5 \text{ f.}}$$

Si 36 bar. ont coûté 4797—10 comb. 57 barriques?

$$
\begin{array}{c}
57 \\
\hline
33579 \\
23985 \\
28\text{———}10 \\
\hline
\end{array}
$$

liv.   f.

$$
\left.
\begin{array}{l}
273457\text{———}10 \\
214 \\
345 \\
217 \\
1 \\
20 \\
\hline
30 \\
12 \\
\hline
360 \\
000
\end{array}
\right\}
\begin{array}{c}
36 \\
\hline
\text{liv. \quad f. \quad d.} \\
7596 = 0 = 10
\end{array}
$$

On nomme cette régle, régle de trois, parce qu'elle a trois termes connus, par lefquels on en cherche un quatrieme inconnu ; on la nomme auffi régle de proportion ou régle d'or, parce que par cette régle on peut réfoudre toutes fortes de queftions. J'ai mis ci-après la preuve par fon contraire, comme je ferai à toutes les régles de trois, & ce pour donner clairement les principes de cette régle.

P R E U V E

De l'Opération ci-contre.

Si 57. bar. coût. 7596--0--10 combien 36 barriq.

l. f. d.

$$36$$

$$45576$$
$$22788$$

0--18
0--12 { 57

273457--10

liv.   f.

4797--10--

454
555
427
28
20

570
000

Pour faire l'opération ci-devant, il faut la difpofer, comme on la voit, enfuite multiplier le fecond terme par le dernier; divifer le produit de cette multiplication par le premier terme de ladite régle de trois, & on trouve au produit de la divifion le quatrieme terme inconnu, que l'on cherche, comme on voit ci-devant.

La preuve fe peut faire en multipliant le produit de la divifion par le divifeur, enfuite divifer le produit de cette multiplication par le dernier terme de la premiere régle de trois pour trouver fon fecond terme. Mais j'ai jugé à propos de donner cette preuve par fon contraire, en prenant le dernier terme de la premiere régle de trois, pour premier de la feconde. Pour fecond terme fon prix ou valeur, & pour troifieme terme, le premier de la premiere régle de trois en l'opération.

Régle pour les eaux-de-vie par régle de trois simple.

PROPOSITION.

Combien faut-il payer pour vingt-cinq barriques d'eau-de-vie jaugeantes, 978 veltes? à raifon de 128 l.—11—9 d. la barrique de 29 veltes. Réponfe, 4336 liv.—10 f.—0 d. 18/29.

OPERATION.

Si 29. veltes coût. 128—11—9 comb. 978. veltes?

$$978$$

1024
896
1152
489— 0
48—18
24— 9
12— 4—6

$$\left\{ \begin{array}{l} 29 \end{array} \right.$$

liv. f. d.
12575,8—11—6

liv. f. d.
4336—10—0

97
105
188
14
20

291
001
12

18 d. reſtans.

PREUVE.

liv. f.
Si 978. veltes coût. 4336—10 combien 29. veltes?

29

39024
8672
14—10

1—6 d. reſtans.

liv. f. d.
12575,8—11—6

$$\left\{ 978 \right.$$

liv. f. d.
128—11—9

2795
8398
574
20

11491
1711
733
12

8802

Cette opération n'a point de différence entre la précédente, excepté que l'on demande combien vaudront vingt-cinq barriques d'eau-de-vie jaugeantes 978. veltes, à raison de 128 l.——11 f.——9 d. la barrique de 29 veltes. Ainsi il faut commencer pour premier terme par une barrique de 29 veltes, pour sçavoir combien vaudront les 978 veltes, disant, comme on voit ci-devant, si 29. veltes coûtent 128 l.——11——9 d. combien coûteront 978. veltes, & on trouve au quotient 4336 l.——10 f.——0——18/29, pour prix & valeur desdites 978 veltes.

La preuve se fait par son contraire, comme je l'ai dit ci-devant, pour trouver la valeur d'une barrique de 29 veltes.

Régle de trois avec fraction au premier terme.

PROPOSITION.

Un particulier a acheté 38. aunes 1/2 de
. . . . la somme de 416 l.—17 f.—9 d. il
veut fçavoir combien lui en coûteront 117
aunes de la même étoffe. Réponse, 1266 l.
18 f.—1 den.

OPERATION.

Si 38.ᵉˢ 1/2 coûtent 416—17—9 comb. 117ᵃᵘⁿᵉˢ

                 liv. 8 f. d.

$$\frac{2}{77} \qquad \frac{234}{1664} \qquad \frac{2}{234}$$

```
              234
             1664
             1248
             832
               187— 4
                11—14
                 5—17
                 2—18—6      77
        liv.  f.  d.      liv.  f.  d.
     9755 1—13—6       1266—18—1
     205
      515
      531
       69
       20
      ____
      1393
       623
         7
        12
      ____
        90
     13 den. reftant.
```

PREUVE.

Si 117. aun. coûtent 1266-18-1 comb. 38. aun. 1/2

                            l.   2 f.   d.

```
    2                      77                        2
  ─────                 ─────                      ─────
   234                   8862                        77
                         8862
                          69── 6
                           0── 6──5
                            1──1 d. reſtans.
                 ─────────────────────────────────────
                 liv.      f.   d.        234
                 97551──13──6  {      ──────────
                   395                 liv.    f.    d.
                  1611                 416──17──9
                   207
                    20
                 ───────────
                  4153
                  1813
                   175
                    12
                 ───────────
                  2106
                   000
```

Comme à l'opération de l'autre part, il y a
une demi-aune au premier terme de la régle
de trois, il faut le réduire en demie, y ajoûtant la demie propoſée ; il faut de même réduire le troiſieme terme de ladite régle en
demie, ſans y ajoûter de demie, parce qu'il
n'y en a point ; mais afin qu'ils ſoient réduits
en même dénomination ; enſuite multiplier
& diviſer comme on a fait aux précédentes,
& comme on voit ci-devant.

La preuve ſe fait comme les précédentes
par le contraire, en prenant le dernier terme
de la premiere régle de trois, pour premier
terme

terme de cette seconde, les réduisant comme à cette derniere opération en demie. Voyez ci-contre,

Régle de trois avec fraction, au premier & troisieme terme.

PROPOSITION.

Supposé qu'un Marchand ait vendu 47. aunes 1/3 de toile, la somme de 74 l. 17 f. 9 d. il veut sçavoir combien il vendra 67. aunes 3/4 de pareille toile. Réponse, 107 l. 3 f. 9 d. 249/568.

OPERATION.

```
                    l.   s. f.   d.
Si 47. aun. 1/3 coût. 74——17——9   combien 67. aunes 3/4.
        3            813                        4
      ————          ————                      ————
       142           222                       271
        4            74                          3
      ————          ————                      ————
       568          592                        813
                     650—— 8
                      40——13
                      20—— 6——6
                      10—— 3——3
  ————————————————————————————    {  568
                    liv.              ————————————
                 60883——10——9  {     liv. f.  d.
                  4083               107——3——9
                   107
                    20
                  ————————————
                  2150
                   446
                    12
  ————————————————————————————   {   12
                 5361                ————————————
               249 d. reftans.  {  20 f.——9 d. reftans.
               009
```

PREUVE.

Si 67. 3/4. coût. 107=3=9 comb. 47. aunes 1/3.

aunes   l.   f.   d.

$$\begin{array}{ccc} 4 & 568 & 3 \\ \hline 271 & 856 & 142 \\ 3 & 648 & 4 \\ \hline 813 & 535 & 568 \end{array}$$

56 = 16
28 = 8
14 = 4
7 = 2
1 = 0 = 9

liv.   f.   d.

60883 = 10 = 9   { 813
3973
721   liv.   f.   d.
20   74 = 17 = 9

14430
6300
609
12

7317
000

Pour faire l'opération ci-devant, il faut
réduire le premier terme de la régle de trois
en sa fraction proposée, de même que le
troisieme terme aussi en sa fraction, y ajoûtant les numérateurs desdites fractions; ensuite de quoi il faut multiplier le produit
de fractions du premier terme, par le dénominateur de la fraction du troisieme terme,
lequel dernier produit servira de diviseur;

il faut de même multiplier le produit de fraction du troisieme terme par le dénominateur de la fraction du premier terme, & ce dernier produit servira de multiplicateur pour le second terme : il faut multiplier & diviser comme à l'ordinaire ; il en faut faire la même chose à la preuve, c'est à-dire, réduire le premier & le troisieme terme en même dénomination. Voyez ci-devant.

Régle de trois par fraction aux trois termes.

PROPOSITION.

Supposé que l'on ait acheté 5 aunes 1/4. la somme de 9 l.——7/8, ou 17 s. 6 d. on veut sçavoir combien on en achetera 15 aunes 5/6. Réponse, 29 l.--197/252. partie de livre, c'est-à-dire, 29 l. --15 s. --7 d. 13/21.

OPERATION.

Si 5. aunes 1/4. coût. 9 l.——7/8. comb. coûteront 15 aun. 5/6.

```
    4          380 . . . . . . le 8.eme  47.4/8        6
 ───────      ──────────                  7        ───────
   21           720                   ────────        95.
    6            27                     28/8            4
 ───────      ──────────                /3         ───────
  126         332.——1/2               ────────       380.
    2         ──────────        332-4/8 ou 1/2
 ───────      3752.——1/2            252
  252              2            ──────────────
              ──────────        29 l. 197/252 part. de liv.
                7505               ou 15 s.--7 d. 13/21.
                7465
                 197               Réponse.
```

PREUVE.

Si 15.ªᵘⁿ .'5/6. cout. 29 l.—197/252. combien 5. aunes 1/4.

```
    6              126                         4
  ─────          ─────                      ─────
   95             174                        21
    4              58                          6
  ─────            29                       ─────
  380             98—1/2                      126
    2           ───────     Si 252. don. 126. comb. 197.
  ─────         3752—1/2                      197
  760               2     ─────              ─────
                 ─────── ⎰ 760                882
                 7505    ⎱ ─────────         1134
                  665      9 l.—7/8. Rép.     126
                                           ───────
                    760      133 ⎰ 7        24822 ⎰ 252
Le 5.ᵉᵐᵉ . . . . . 133/152    63 ⎱         2142  ⎱ 98. 1/2
Le 19.ᵉᵐᵉ . . . . . 7/8           ⎱/19      126/252
                          133 ⎰ 19         ───────
                           00 ⎱ 7           152 ⎰ 19
                                             00  ⎱ ──
                                                   8
```

Pour faire l'opération ci-devant, il faut réduire le premier & le troisieme terme en même dénomination, comme on a fait à la précédente opération, page 273; ensuite multiplier le second terme de la régle de trois par le troisieme réduit en fractions, sur lequel multiplicateur il en faut prendre les 7/8. Pour ce faire, il faut premierement prendre le huitieme & le multiplier par 7, pour trouver les 7/8, comme on voit ci-devant, que les 7/8 ont produit 332 entiers & 1/2; de sorte que additionnant les produits de la multiplication, on trouve 3752—1/2; & comme on veut trouver des livres & par ties de livres en fractions, il faut réduire ce produit de multiplication en sa demie, de même que le diviseur 126 ; de sorte qu'on aura pour dividende 7505, & pour diviseur 252, & on trouvera au quotient 29 l. 197/252 partie de livres, comme on voit ci-devant.

La preuve se fait de la même maniere que l'opération ; & quand on veut trouver la valeur des 197/252 partie de livres, il faut faire à côté une petite régle de trois, disant si 252 qui représentent l'entier donnent 126, qui est le multiplicateur, combien 197, qui est le numérateur de la fraction, on trouve au quotient 98. 1/2 qu'il faut mettre aux produits de la multiplication, on trouve pour produit total de la multiplication 3752. 1/2, qu'il faut réduire en demie, de même que le diviseur 380. & les produits des deux étant divisés l'un par l'autre, on trouve au quotient 9 l.——7/8, qui est la solution de la régle.

Régle de trois à doubles fractions.

PROPOSITION.

Supposé qu'un Marchand de vin ait vendu 47. veltes 1/2 & 1/8 d'eau-de-vie, à raison de 127 l.——10 f. —— : la barrique de 29. veltes, il veut sçavoir à combien se mon-

tent lefdites 47. veltes 1/2 & 1/8. Réponfe,
à 209 l.——2 f.——2 d.

OPERATION.

761 liv. 5 f.

Si 29. velt. coût. 127=10 comb. 47. v. 1/2. 1/8.

```
      2                              2
  ————————         5327         ————————
     58            1522            95
      8             761             8
  ————————          380=10     ————————
    464          ——————————       761
                 97027=10       ————————
                   4227          { 464
                     51          ——————————
                     29          { 209 l.=2 f.=2 d.
                 ——————————
                   1030
                    102
                     12
                 ——————————
  298 d. { 12      1224
   56   {
    8 d. { 24 f. 8 d.   296 den. reftans.
```

PREUVE.

464   1 f. d.

Si 47. veltes 1/2. 1/8 coûtent 209——2——2 comb. 29. veltes.

```
      2                 4176                2
  ————————               928            ————————
     95                  46——8             58
      8                  3——17——4           8
  ————————               1—— 4——8. reft. 464   ————————
    761                                        761
                     97627=10=0 { 761
                       2092       { 127 liv.——10 f.
                       5707
                        380
                         20
                     ——————————
                       7610
                       0000
```

L'opération ci-contre n'a point de difficulté après avoir fait les précédentes opérations; il faut premierement réduire le troisieme terme de la régle de trois en ses fractions, c'est-à-dire en demie, & ensuite le produit en huitieme, & ce dernier produit servira de multiplicateur; il faut réduire le premier terme de ladite régle de trois en même dénomination, c'est-à-dire en demie & en huitieme par 2, & ensuite par 8 sans y rien ajoûter, & ce produit du premier terme servira de diviseur. On en fera de même pour la preuve. Voyez l'opération & la preuve ci-contre.

Régle de trois prouvée par fraction.

PROPOSITION.

Un Marchand de draps a eu 3/7 d'aune de velours pour 5/9 d'aune d'écarlate, il demande combien il en aura pour 7/8. d'aune de ladite écarlate. Réponse, 189 ou 27/40.eme.   280.

OPERATION.

Si 5/9 d'aunes don. 3/7 d'aune, comb. 7/8 d'aune.

7/3   27.35
———   ————
35/27   189/280

Le 7.eme ... 27 / 40

PREUVE.

Si 7/8. d'aune coûtent 27/40, comb. 5/9. d'aune.

40/27	216/280
280:216	108/0/252/0
C'est 1080/2520, ou 3/7.	54/126
	27/63
	9/21
	3/7

L'opération ci-devant se fait en multipliant le numérateur du premier terme de la régle de trois par le dénominateur du second terme, & multipliant aussi le dénominateur du premier terme par le numérateur du second terme; ensuite il faut multiplier le numérateur du troisieme terme par le produit du dénominateur du premier terme; il faut aussi multiplier le dénominateur du troisieme terme par le produit du numérateur du premier terme; & le produit de ces deux multiplications, sera la fraction que l'on cherche, ou plutôt les parties d'aune.

La preuve se fait de la même maniere que l'opération. Voyez ci-devant l'opération avec sa preuve ci-dessus.

Des fractions de fractions sur l'unité.

PREMIERE PROPOSITION.

J'ai les trois quarts d'un entier & la moitié d'un quart, je veux sçavoir combien ces deux

deux parties d'entier font en une seule partie d'entier. Réponse, sept huitiemes, ci 7/8.

OPERATION.

Ajoûter 3/4. avec la 1/2. d'un quart.

3/4	Il ne s'agit que d'additionner le numérateur & le dénominateur de la forte
1/2	fraction, comme par exemple 3/4, qui
7/8	font 7, parce que 3. numérateur & 4. dénominateur font 7, & il faut multiplier les deux dénominateurs, difant 2 fois 4 font 8.

PREUVE.

1/4	3/4 . .	8/6	En cette preuve j'ai pris la
1/2	1/8 . .	1	1/2 de 1/4, c'est 8, j'ai additionné 3/4 & 1/8, ce qui a fait
1/8		7/8	pour preuve 7/8.

DEUXIEME PROPOSITION.

Je, les 7/8 d'un entier & les 5/6 d'un huitieme, fçavoir combien cela fera de partie d'entier. Réponse, 47/48.ème.

OPERATION.   PREUVE.

Ajoûter 7/8 avec 5/6eme d'un 8.eme.

5/6

47/48

		48
1/8	7/8 . . 42	
5/6	5/48 . . 5	
5/48		47/48.

Pour faire les deux opérations ci-defsus, il faut, pour la premiere opération, multiplier les trois quarts par le demi-quart, commençant par les deux dénominateurs, disant 2 fois 4 font 8, lequel 8 sera le dénominateur de la fraction que l'on cherche. Ensuite on multiplie le numérateur de la fraction, qui est en-dessus par le dénominateur de la fraction du demi-quart, & on y ajoûte le numérateur 1. du demi-quart, disant 2 fois 3 font 6, & 1 dudit numérateur font 7, de sorte que cela fera 7/8 d'entier, pour réponse de ce qu'on cherche. La preuve se fait en prenant la moitié d'un quart, qui est un huitieme, ensuite on fait addition de trois quarts & un huitieme, comme on l'a démontré aux additions de fractions, page 43, &c. cela produira les mêmes sept huitiemes, ci 7/8.

Pour la seconde opération de la deuxieme proposition de l'autre part, afin de sçavoir combien 7/8 & 5/6 d'un huitieme font en une seule fraction, il faut multiplier 7/8 par 5/6, comme on a dit ci-dessus pour la premiere opération; on commence par multiplier les deux dénominateurs l'un par l'autre, disant 6 fois 8 font 48, qui seront le dénominateur de la fraction que l'on cherche. Ensuite on multiplie le numérateur 7 par le dénominateur 6, & on y ajoûte le numérateur 5, disant 6 fois 7 font 42, & 5, numérateur de 5/6, font 47, de sorte que c'est 47/48 pour réponse.

La preuve se fait comme celle de la premiere opération ci-contre expliquée, prenant les 5/6.ᵉᵐᵉ d'un huitieme, qui est 5/48, on additionne 7/8 & 5/48, cela fera les 47/48 que l'on cherche. Voyez de l'autre part les opérations avec leurs preuves.

Fractions de fractions sur l'unité de fraction.

OPERATION.

J'ai les 4/7.ᵉᵐᵉ d'un entier, 3/5.ᵉᵐᵉ d'un septieme & 4/9.ᵉᵐᵉ d'un desdits cinquiemes, je veux sçavoir combien lesdites fractions font en une seule fraction. Reponse 47/63. parties d'entiers.

PROPOSITION.

Les 4/7. d'un entier, 3/5 d'un septieme, & 4/9 d'un cinq.

```
       1/5              1575           35
  3/5  4/9              ----           45
  ----       23/35 ..  1035          -----
  23/35 4/45   4/45 ..  140           175
                                      140
                       1175          -----
                       ----          1575  { 35
                       1575          175   { --
                       235           00     45
                       ----         -----
              315                    45
      C'est :  { 47 }                23
              { 63 }                -----
                                     135
                                     90
                                   ----------------
                                   1035 prem. prod.
                                   ----------------
                                   1575  { 45
                                   225   { --
                                   00    { 35
                                         {  4
                                   ----------------
                                   140. sec. pr
```

PREUVE.

11025. dénominateur commun.

```
 1/7  ⎫   4/7 ... 6300 ⎫        7
 3/5  ⎬   3/35 .. 945   ⎬       35
 3/35 ⎬   4/45 .. 980   ⎬      ————
 1/5  ⎬        ————      ⎬      245
 4/9  ⎬        8225      ⎬       45
 4/45 ⎭        ————      ⎭      ————
              110              1225
             1645              980     ⎫    7
             ————             ————     ⎬  ————
             2205.           11025     ⎬  1575
              329              40      ⎬    4
             ————              52      ⎭  ————
              441              35       6300. prem. prod.
                               0, &c.
```

Le 7.^{emo}. . . . . . 47/63. pour réponse à l'opération.

Pour faire l'opération de l'autre part, il
faut multiplier les 4/7 par 3/5, commençant par les deux dénominateurs, & difant
5 fois 7 font 35, qui feront le dénominateur
de la fraction que l'on cherche, enfuite il
faut multiplier le numérateur 4 des 4/7 par
le dénominateur 5 des 3/5, difant 5 fois 4
font 20, & y ajoûter le numérateur 3 defdits 3/5, cela fera 23/35 ; enfuite pour trouver les 4/9.eme d'un cinquieme, il faut multiplier 1/5 par 4/9, c'eft-à-dire, les deux
dénominateurs l'un par l'autre, de même
que les deux numérateurs l'un par l'autre,
cela fera 4/45. Préfentement, il faut additionner les 23/35 & les 4/45, pour fçavoir
combien cela fait en une feule fraction.

Voyez l'explication de l'addition des fractions, page 43. & de la preuve ci-contre où il est expliqué la maniere de réduire les fractions qui y sont proposées.

. Pour la preuve de l'opération de l'autre part, il faut premierement prendre les 3/5 d'un septieme, ce sera 3/35 ; ensuite il faut prendre les 4/9.ème d'un cinquieme, ce sera 4/45.ème. Il faut donc additionner 4/7 : 3/35 & 4/45.ème, ce qui fera 47/63, comme on le voit par l'opération de la preuve ci-contre. Pour réduire cesdites fractions en une seule, il faut multiplier les trois dénominateurs desdites fractions les uns par les autres pour trouver un dénominateur commun, qui est 11025. Sur lequel dénominateur commun il faut prendre les 4/7, commençant par en prendre un septieme, c'est-à-dire le divisant par 7, & on trouve au quotient 1575 pour 1/7, multipliant cedit quotient par 4 qui est les 4/7, le produit de cette multiplication qui est 6300 est pour la valeur des 4/7 prise sur le dénominateur commun. Il faut ensuite prendre les 3/35 sur ledit dénominateur commun, en le divisant par 35, & multipliant le quotient par 3 pour les 3/35, cela produira 945. que l'on pose sous 6300 : il faut encore prendre les 4/45 sur le dénominateur commun, en le divisant par 45, le quotient donnera 1/45, multipliant cedit quotient par 4, ce sera le produit des 4/45 qui est 980, additionnant ces trois produits, ils feront 8225/11025, qui se trouvent réduits en 47/63 pour réponse & pour preuve. Voyez l'opération & la preuve ci-devant.

Régle de trois toute fractionnaire.

PROPOSITION.

J'ai acheté 7/8 d'aunes qui ont coûté 5/6 de livres, combien en coûteront 3/4 d'aunes de cette même étoffe.

OPERATION.

Si 7/8 d'aun. coûtent 5/6 de l. comb. en coût. 3/4

$$6 : 5 \qquad 40 : 42$$
$$\overline{42 : 40} \qquad \overline{120/168}$$

Rép. c'est 120/168 parties de liv. ou . . 5/7. prenant le 24.eme

PREUVE

De l'opération ci-dessus.

Si 3/4. d'aunes coûtent 5/7.eme de livres combien 7/8. d'aun.

$$7 : 5 \qquad 20/21$$
$$\overline{21 : 20} \qquad \overline{140/168}$$

Rép. 5/6 de livres

le 1/4 . . . 35/42
le 7.eme . . . 5/6

L'opération & la preuve se font de la même maniere que celles de la régle de trois, prouvée par fraction page 275, dont les instructions y sont expliquées.

Question sur la régle de trois ou multiplication de livres, sols & deniers par livres, sols & deniers.

PROPOSITION.

On veut sçavoir à combien doivent se monter 7 l.—5 s.—6 d. étant multipliés par 5 l.—13 s.—9 d. Réponse, 41 l. — 7 s.— 6 d. 3/8.

PREMIERE OPERATION
par régle de trois.

```
          l.        1365   2  s.  d.                              l.  s.  d.
Si 1. donne        7-5==6 combien donneront                      5-13-9
   20              ___________________                              20
   ___              9555                                         ________
   20               273                                            113
   12               68—5 .                                          12
   ___              34—2—6    ⎰   240                             ______
  240               ________   ⎱  __________                      1365
                    9930—7—6       41 l.-7 s.-6 d.- 3/8
                    330
                     90
                     20
                    ________
                    1807.
                    127
                     12
                    ________
                    1530
                    9/0/24/0
                     3/8
```

On peut faire la preuve de cette opération par son contraire, en prenant le dernier terme de cette dite opération pour premier terme de la preuve, le produit pour second terme & le premier pour troisieme terme, comme on a vû aux précédentes régles de trois.

Autre question sur la multiplication de livres, sols & deniers, par livres, sols & deniers.

PROPOSITION.

	liv.	f.	d.
	447 = 17 = 7		
Par	37 = 15 = 9		

$$3129$$
$$1341$$

	liv.	f.	d.		
Pour 14 f.	312 = 18				
Pour 1 f.	22 = 7				
Pour 6 d.	11 = 3 = 6				
Pour 3 d.	5 = 11 = 9			240	
Pour 10 f.	18 = 17 = 10 = 1/2 . . 120				
Pour 5	9 = 8 = 11 = 1/4 . . 60				
Pour 2	3 = 15 = 6 = 9/10. 216				
Pour o-6 d. . . .	o = 18 = 10 = 29/40. 174				
Pour o-1	o = 3 = 1-189/140.189				

	liv.	f.	d.	39/240. 759
16924 = 4 = 8 = 13/80 . . 39

Après avoir multiplié les 447 l. par 37 l. 15 f.-9 d. il faut prendre pour les 17-f.-7 d. les parties de livre sur lesdits 37 l.-15 f.-9 d. c'est-à-dire il faut prendre pour 10 f. la moitié pour 5 f. le quart, pour 2 f. la dixieme. pour 6 den. le quart de la dixieme, & pour 1 den. la sixieme du produit de 6 d. ensuite
additionner

additionner tous ces produits & le montant,
est le résultat de la proposition, comme on
voit ci-devant, il est vrai qu'il faut sçavoir
les fractions & les réduire à leur plus petite dénomination ; mais cette opération
est plus courte & plus intelligible que les
suivantes, quoiqu'elles soient données dans
le propre sens de l'arithmétique ordinaire.

DEUXIEME OPERATION.

Par multiplication d'entiers & fractions par entiers
& fractions.

	liv.	s.	d.		liv.	s.	d.
Multiplier	7	5	6	par 5	13	9	
	12				12		

$$66/240 \qquad 165/240$$
$$22/80 \qquad 33/48$$

C'est . . . . . 7 l. 11/40. Par 5 l. 11/16

$$40 \qquad\qquad 16$$

$$291 \qquad\qquad 91$$
$$91$$

$$291 \qquad\qquad 40$$
$$2619 \qquad\qquad 16$$

$$26481 \qquad\quad \{ \; 640 \text{ diviseur.}$$
$$881 \qquad\qquad \{ \; 41 \text{ l.} - 7 \text{ s.} - 6 \text{ d. } 3/8$$
$$241$$
$$20$$

$$4820$$
$$340$$
$$12$$

$$4080$$
$$24/0/64/0$$

Le 8.ᵉᵐᵉ. 3 / 8

TROISIÈME OPÉRATION

*Par multiplication d'entiers & fractions par livres,
fols & deniers.*

```
            l.
Multi-  7-1 1/40        Le 40.ame de 5 l.—13 f.—9 d.
plier                              20
Par . . 5-13-9
            35              113       40       eſt
            4- 4            33
            0- 7            12        2 f.—10 d. 1/8
            0- 3-6                              11
            0- 1-9          405       7 l. 11 f. 3 d. 3/8
        1-11-3. 3/8         00. 5/40   pour les 11/40
          l.  f. d.         1/8
        41- 7-6. 3/8
```

Pour la ſeconde opération de l'autre part,
il faut réduire les ſols, tant du multiplicande
que du multiplicateur, en deniers; de ſorte
que les 5 f. 6 d. du multiplicande font 66 d.
qui feront 66/240 parties de la livre, parce
qu'il faut 240 deniers pour 1 l. & étant réduites en plus petite dénomination, cela
fera 11/40 parties de livres qui ſont de la
même valeur que les 66/240, parconféquent
ſe fera 7 l. 11/40 pour multiplicande; il faut
de même réduire en deniers les ſols du multiplicateur, & y ajoûter les deniers; de ſorte
que les 13 f. 9 den: dudit multiplicateur font
165 deniers qui feront 165/240, & qui ſe
trouvent réduits à 11/16 parties de livres
de même valeur que leſdits 165/240, auſſi
parties de livres : ce fera donc 5 liv. 11/16

pour multiplicateur. Enfuite il faut opérer de la même maniere qu'il eft enfeigné ci-devant aux multiplications d'entiers, & fractions, page 157.

Pour la troifieme opération ci-contre, il faut (après avoir multiplié l'entier du multiplicande par les livres, fols & deniers) prendre la 40.eme partie fur le multiplicateur, c'eft-à-dire, fur les livres, fols & deniers, ou bien divifer les livres réduites en fols, y ayant ajoûtés les fols, par 40, & le quotient donne la valeur d'un quarantieme, enfuite il faut multiplier cedit quotient ou produit de la divifion par 11, & on trouvera le produit des 11/40.eme qui eft 31 f. 3 d. 3/8 que l'on rapporte au produit de la premiere multiplication; enfuite il faut additionner tous ces produits qui fe montent à la même fomme de la premiere opération. Voyez ci-contre la 3.eme opération, & pour plus grand éclairciffement, voyez les multiplications d'entiers & fractions par livres, fols & den. page 144.

Régle pour le Change.

PREMIERE PROPOSITION.

On demande le change de 7989 l. à 1/2 pour cent par mois, ou plutôt quel sera le bénéfice pour un mois? Réponse, 39—l. 18 f.—10 d. 4/5.

OPERATION.   PREUVE.

```
7989 liv.              liv.   9 f.      d.
39/94—10          39——18——10  4/5
   20                    100
————————            ——————
  18/90                3900
   12                   90——  0
————————            2——10
  10/8ø                1——13——4
   10ø   4/5               6——8. reft
                    ——————————
                     3994——10——0 d.
                          2
                    ——————————
                         liv.
                     7989—— 0 —— :
```

Pour faire cette opération, il faut prendre la moitié de la fomme propofée, & du produit, il en faut trancher deux figures du côté droit, comme à la régle du cent fimple, & les figures tranchées à gauche font la fomme demandée, comme on voit ci-deffus.

Pour la premiere preuve, il faut multiplier la fomme trouvée par 100. pour feconde preuve, il faut multiplier le produit de cette premiere multiplication par 2, qui eſt la 1/2, & on trouvera la ſomme principale qui a été propoſée. Voyez ci-contre l'opé-ration & ſa preuve.

DEUXIEME PROPOSITION.

Quel eſt le change de 3786 liv. 17 ſ. 3 d. à 3/4 pour $\frac{0}{0}$ par mois, & ce pour 9 mois 15 jours. Réponſe, 269 liv. 16 ſ.

OPERATION.

	liv.	ſ.	d.
	3786 — 17 — 3		
Les 3/4.	28/40 — 2 — 11 1/4		
	20		
	8/02		
	12		
	35		
	4		

      100
1/4   25
41/100.41   1/41/100

66/100. ou 33/50.ᵉᵐᵉ partie de denier.

PREUVE

D'un mois ci-deſſous.

	liv.	ſ.	
Pour un mois. . . .	28	8	0

9 mois 15 jours.

	liv.	ſ.
Pour 9 mois. . . .	255	12
Pour 15 jours. . .	14	4

	liv.	ſ.	
TOTAL. . . .	269	16	p.ʳ 9 m. 15 j.

Preuve d'un mois.

	liv.	ſ.	d.
Les 3/4. . . .	2840	2	11. 1/4
1/4 . . .	946	14	3. 3/4

	liv.	ſ.	d.
Sommes totales	3786	17	3. 0

Pour faire l'opération ci-deſſus, il faut prendre les trois quarts de la ſomme propoſée, & du produit en trancher deux figures à droite, comme aux régles du cent, & les figures qui ſeront à gauche ſeront le produit d'un mois. Pour avoir le produit des neuf mois quinze jours, il faut multiplier ledit produit d'un mois par 9 mois, & pour les 15. jours il faut prendre la moitié d'un mois, additionner ces deux ſommes, & le montant de l'addition ſera le produit des

neuf mois quinze jours, comme on voit ci-
contre.

Pour la preuve, il faut ajoûter un quart de la somme proposée, aux trois quarts que l'on a déja trouvé, pour voir si ces deux montans feront la somme principale que l'on a proposé, ce que l'on voit ci-contre.

Dans cette opération ci-contre, je n'ai pas jugé-à-propos d'y joindre les fractions restantes, c'est-à-dire, les parties de deniers qui pourroient y entrer pour un mois, parce que en fait de commerce on n'exige pas 1/4 ni 1/3 de denier. Pour les prouver, il faudroit cependant les y joindre ; mais je les ai négligé, pensant que celui qui aura fait & suivi avec attention les régles précédentes, sçaura résoudre toutes sortes de fractions, telles qu'elles soient proposées.

TROISIEME PROPOSITION

Du Change & rechange, ou l'intérêt de l'intérêt.

Supposé qu'un quelqu'un prenne à change 4786 l.——15 s.——3 d. pour 4 mois à 2. 1/2 pour $\frac{o}{o}$, de sa perte pour les 4 mois, on demande combien il doit payer tant pour le principal que pour le change, au bout desdits 4 mois. Réponse, 4906 l.——8 s.—— 7 den.

I. OPERATION.

```
          liv.   f.   d.
          4786 == 15 == 3
                          2 1/2
  ————————————————————————————
          liv.   f.   d.
          9573 == 10 == 6
          2393 == 7 — 7  1/2
  ————————————————————————————
          l.     f.     d.
    119/66 -- 18 == 1  1/2
              20
        ——————————
          13/38
           12
        ——————————
          4/57              20
            2      1/2     ——
        ——————————         10
        1/15/100   3/20     3
        ——————————        ——————
          2                13/20
```

```
            l.    f.   d.
          4786 -- 15 -- 3
          119 -- 13 -- 4  13/20
  ————————————————————————————
            l.    f.    d.
  Rép. L : 4906 -- 8 -- 7  13/20
```

Mais le terme étant venu, le débiteur n'a point d'argent, il demande à son créancier qu'il prolonge encore pour quatre mois les 4906 l. 8 f. 7 den. à condition de lui en payer le change à la même raison de 2. 1/2 pour $\frac{0}{0}$. On demande quel sera le principal & l'intérêt desdits 4906 l. 8 f. 7 d. 13/20.

Réponse, 5029 l. 1 f. 10 d. 3/10. Voyez l'opération ci-après.

II. OPERATION.

```
          liv.   f.   d.
          4906 — 8 — 7
                        2. 1/2. p.r  0/0
  ————————————————————————————————
          liv.   f.   d.
          9812 — 17 — 2
          2453 —  4 — 3. 1/2.
  ————————————————————————————————
                    f.
    122/66 -- 1 — 5. 1/2.
              20
        ——————————
          13/21
           12                   20
        ——————————            ——————
          2/57       1/2 .. 10.
            2        3/20 .. 3
        ——————————            ——————
        1/15/100             13/20
          2   3/20
```

```
          liv.   f.    d.
          4906 -- 8 - 7. 13/20. 13
          122 -- 13 -  2, 13/20. 13
  ————————————————————————————————
          liv.   f.   d.
  Rép. 50:9 - 2 -. 10. 3/10.
```

Et si à la fin du terme le débiteur ne peut encore payer, il demandera sans doute encore un même terme de quatre mois, & y comprendra le change, comme ci-dessus : ainsi des autres.

Les opérations précédentes ne sont pas
difficiles ; il ne s'agit que de multiplier la
somme proposée par le prix du change, &
pour la demie prendre la moitié dudit nombre proposé ; ensuite du produit total en
trancher deux figures, comme à la régle de
cent, & les figures à gauche sont la somme
que l'on cherche pour le change, lesquelles
il faut ajoûter à la somme principale. Pour
le rechange, il faut y comprendre ledit premier change, & multiplier comme on a fait
pour le premier, ainsi des autres. Voyez
l'operation ci-devant.

Comme plusieurs nomment ces sortes de
change, change en dehors, & qu'ils nomment aussi l'escompte sur une certaine somme (change en dedans) j'ai jugé à propos
d'en donner la différence en peu d'exemples
par les régles d'escomptes.

Pour le change en dedans, comme on le
verra ci-après. On dit change en dedans,
parce que l'intérêt ou le change est compris
dans le capital.

Comme, par exemple, si un Marchand
avoit une lettre de change d'un autre Marchand, de 300 liv. seulement, à fournir à un
Banquier de Paris, sçavoir combien le Banquier lui devroit compter d'argent, diminuant le change à 3 pour 100.

Plusieurs pourroient se tromper en cette

rencontre, ne prenant pas garde qu'il y a un escompte à faire, diminueroient 3 pour 100 seulement, & par conséquent diminueroient 9 l. sur 300 l. & payeroient le reste ; ce qui n'est pas juste à l'égard de celui qui fournit sa lettre, comme je le ferai voir par la régle d'escompte, dont je traiterai ci-après.

QUATRIEME PROPOSITION

Par régle de trois.

Quelqu'un veut prendre 4500 l. pour trois mois, le change étant arrêté à 3. 1/4 pour $\frac{0}{0}$, on demande combien il doit payer en principal. Réponse, 4646 l.—5 f.

OPERATION

Si pour 100 on paye 103 liv. 1/4.
combien pour 4500 liv.

$$103 = 1/4$$

$$13500$$
$$4500$$
$$1125$$

$$4646/25$$
$$20$$

$$5/00$$

L'opération & la preuve n'ont pas besoin d'explication, ce ne sont que deux régles de trois prouvées l'une par l'autre.

PREUVE.

liv.   liv. f.   liv.
Si pour 4500 on a 4646=5 combien pour 100
      100

   464600
     25

   464625 } 4500
   14625 } liv.
    1125 } 103=1/4

   4500. 1/4.

TABLE pour trouver promptement le change de toute somme proposée.

Quand on prend ou quand on donne à change une somme

A . 1. { pour cent } la 1/100. ou le 1/10.ème du 1/10ème
   { on en prend }

A... 1/2. . . . . la . 1/2)
  1/4. . . . . le . 1/4)
  3/4. . . . . les . 3/4)
  1/8. . . . . le . 1/8)
  1/3. . . . . le . 1/3) Du 1/100. ou du 1/10 du 1/10.
  2/3. . . . . le . 2/3)
  1/6. . . . . le . 1/6)
  1/5. . . . . les . 1/5)
  2/5. . . . . les . 2/5)

A . 1.1/2. . . . le . 1/100. & la moitié de ce prod.
 1.1/4. . . . le . 1/8. du dixieme.
 1.3/4. . . . le . 1/100. & les 3 quarts de ce pr.
 1. 1/8. . . . ledit & un huitieme dudit.
 1. 3/8. . . . ledit & trois huitiemes dudit.
 1. 1/3. . . . ledit & le tiers dudit.
 1. 2/3. . . . le sixieme d'un dixieme.

Suite de ci-devant.

A . . 2 . . . . . le cinquieme d'un dixieme.
2. 1/2 . . le quart d'un dixieme.
2. 1/4 . . le 1/5 dudit avec le 1/3 dudit 1/5.
3. 1/3 . . le tiers dudit dixieme.
4 . . . . . le cinquieme du cinquieme.
4. 1/2 . . le 1/4 & le cinquieme du 1/10.
5 . . . . . la moitié du dixieme.
6 . . . . . le 1/5 du 1/5 avec la 1/2 du dern. prod.
6. 1/4 . . le seizieme ou le quart du quart.
6. 2/3 . le quinzieme ou 1/5 du 1/3.

A . . 7. 1/2 ⎱ pour cent . . . ⎰ La 1/2 du 1/10 avec le 1/2 dud. pr.
    8. 1/3 ⎰ on prend sur ⎱ Le douzieme de la somme
  12. 1/2 ⎱ la somme pro-⎰ Le huitieme de lad. som.
          ⎰ posée . . . . . ⎱
  15. . . . . Le dix. & la 1/2 dud. dix.
  16. 2/3 . . . . Le sixieme de la somme.
  20. . . . . Le cinquieme de ladite.
  25. . . . . Le quart de ladite.

Régle d'escompte.

Definition.

On doit entendre par le mot escompte, que c'est diminuer quelque chose d'une somme qui ne doit être payée que dans un certain tems limité, & que, cependant, on veut payer avant que le tems limité soit expiré ; laquelle diminution se compte ordinairement à tant pour cent, comme il a été expliqué dans la régle de change ci-devant, excepté qu'au lieu qu'on donne 3. 4. ou 5, &c. pour chaque 100, quand on paye les intérêts d'une somme empruntée, & que dans l'escompte on diminue 3. 4. ou 5 , &c. sur 103. 104. ou 105, &c.

PREMIERE PROPOSITION.

Supposé que j'aie acheté pour 778 l. de marchandises payables à 4 mois, à condition d'escompte à 4 l. sur $\frac{0}{0}$, & qu'au bout de trois jours, je me trouvasse en état de payer cette marchandise; par conséquent payant comptant je profiterai de l'escompte & je veux sçavoir combien je payerai. Réponse, 748 l.——1 s.——6 d. 6/13.

PREMIERE OPERATION.

Si 104 font réd. à 100 comb. 778

```
                          100 ⌠ 104
                  ─────────────────────────
                                   liv.  s.    d.
                        77800  ⌡ 748——1——6. 6/13
                          500
                          840
                            8

                           20
                  ─────────────────────────
                          160
                           56
                           12
                  ─────────────────────────
                          672
                          48/104
                          24/52
                          12/26
                           6/13
```

DEUXIEME OPERATION.

Pour sçavoir le gain que je dois faire sur ladite somme de 778 liv. escomptant à 4 pour $\frac{0}{0}$.

Réponse, 29 l.—18 s.—5 d. 7/13.

Si sur 104 l. on gagne 4 l. combien gagnera-t-on sur 778.

778 l.

$\Big\{$ 104

3112 $\Big\}$ 29 l.—18 s.—5 d. 7/13.
7032
96
20

1920
880
48
12

576
56/104
28/52
14/26
7/13

PREUVE

de cette régle.

de . . 778 l.
ôter . . 29 l. 18 s. 5 d. 7/13
reste . . 748 l.   1 s. 6 d. 6/13
preuve. 778 l. 0 s. 0 d.   0

PREUVE

De la premiere Opération.

Si pour 778 je ne donne que 748.— 1—6. 6/13. comb. p.r 104
104

2992
748

5—4
2—12
    4 s. rest. ou pour les 6/13

778000 — 0 $\Big\{$ 778
00000   100. l. pour Rép.

J'ai mis dans mon queftionnaire, à la fuite des queftions des régles d'efcomptes, une table pour trouver tout d'un coup l'efcompte d'une fomme propofée, de même qu'une table pour la remife en dehors, qui eft à la fuite Mais dans mon Livre intitulé : *Guide du Commerce*, j'ai donné une maniere abrégée d'opérer toutes régles arithmétiques ; & quant à la régle d'efcompte, j'en donne une ample explication.

DEUXIEME PROPOSITION

Pour répondre à la queftion qui eft à la p. 298.

Suppofé qu'un quelqu'un ait befoin d'argent pour faire un voyage de Nantes à Paris, il va trouver un Changeur auquel il donne une lettre de change de 300 l. fçavoir, combien le Changeur doit lui compter d'argent pour fa lettre de 300 l. diminuant le change à 3 pour 100. Réponfe, 291 l. 5 f. 2 d. 94/103. Il y en a plufieurs qui ne fçachant pas que c'eft une régle d'efcompte, qui fe fait connoître quand le change eft compris dans le capital, comme en celui-ci de 300 l. fe ferviroient de la régle de change naturelle & raifonneroient ainfi. Si fur 100 l. il y a 3 l. de perte, combien perdra-t-on fur 300 liv. on trouveroit pour réponfe 9 liv. de perte, que le Changeur retiendroit pour lui, & par conféquent donneroit 291 l. ce qui ne feroit pas

jufte, parce que, en ce cas, le Changeur tire-
roit le change des 9 l. qu'il ne débourfe pas;
mais faifant les comptes comme ci-deffous,
il donnera 291 l.——5 f.——2 d. $\frac{94}{103}$, & on voit
qu'il y auroit 5. f.——2 d. 94/103 de perte
pour celui qui fournit la lettre; ce qui n'eft
pas confidérable pour une petite fomme,
mais bien à l'égard d'une grande.

OPERATION.

Si 103 l. donnent 100 l. combien 300 l.

$$300$$

$$\begin{array}{l} 30000 \\ 940 \\ 130 \\ 27 \\ 20 \end{array} \left\{ \begin{array}{l} 103 \\ \hline 291\ l.\!-\!5\ f.\!-\!2\ d.\ \frac{94}{103} \end{array} \right.$$

$$540$$
$$25$$
$$12$$
$$300$$
$$94$$
$$103$$

PREUVE.

Si 300 l. donnent 291 l.——5 f.——2 d. $\frac{94}{103}$ combien 103.

$$103$$
$$873$$
$$291$$
$$20\!-\!12$$
$$5\!-\!5$$
$$0\!-\!17\!-\!2$$
$$0\!-\!7\!-\!10\ d.\ reftans.$$

$$\begin{array}{l} 30000 \\ 00000 \end{array} \left\{ \begin{array}{l} 300 \\ 100\ l. \end{array} \right.$$

Régle pour les gains & pertes.

Les gains & pertes doivent s'entendre, comme le change, à tant pour cent, tant à gain qu'à perte.

PROPOSITION.

Un particulier veut gagner 9 l. pour 100 l. sur un parti de marchandifes montant à la fomme de 1959 liv. 13 f. il veut fçavoir combien il doit vendre le même parti de marchandifes. Réponfe, L : 2136 l. o f. 4 d. 11/25.

PROPOSITION.

	liv.		liv.		liv.	f.
Si 100 produifent	9	comb. produiront	1959	-13		

                                                                          9
Somme princip. . 1959-13- :   176/36   17
gain. 176- 7-4-11/25   20

Total. . 2136 l. o f. 4 d. 11/25   7/37
                                                              12
                                                           4/44/100
                                                           11/ 25

PREUVE.

	liv.	f.		2000	3		liv.

Si 1959 —13 gagnent 176 l. 7 f. 4 d. 11/25. combien 100

  20   20
─────   ─────
39193   2000

Si 25, don : 8 l. 6 f. 8 d. comb. 11   12000.   Pour trouver la
                 11 d. { 25   14000   valeur des 11/25e
     91-13-4 {   3 l.   2000   parties de denier
  16   600- 0   il faut prendre le
     20   { 25   100   quart fur le pro-
  333 {   13 f. 4 d.   33- 6-8   duit de 4 d. & di-
  83   re comme ci-con-
   8   ci. . . 3-13-4   tre.
  12   ─────────────
─────   352737-0-0[b]   pour les 11/25
  100   00000   39193
  00   . l. pour réponfe

Régles des trocs.

PREMIERE PROPOSITION.

Deux Marchands ont des marchandises qu'ils veulent troquer ou faire échange ; l'un a du drap, qu'il veut vendre comptant 13 liv.——17 f. l'aune, & en troc il veut le vendre 17 l.——13 f. l'autre a du vin, qu'il veut vendre 24 liv.——15 f. la barique comptant : sçavoir combien ce dernier doit faire valoir en troc son vin, à proportion du drap du premier Réponse, 31 l.——10 f.——9 d. $\frac{207}{277}$.

OPERATION.

```
     l.    f.    495 l. 6 f.                        l.   f.
Si 13——17 val. 17——13 en troc, comb. vaudront 24——15
     20        ━━━━━━━━━━━━                             20
━━━━━━━━━      3465                               ━━━━━━━━━━
   277         495                                      495
               297══0
               24══15
           ━━━━━━━━━━━━        ⎰  277
            8736══15 f.        ⎱ ━━━━━━━━━━━━━━
             426                  liv.  f.   d.
             149                  31══10══9  207/277
              20
           ━━━━━━━━━━
             2995
             225
              12
           ━━━━━━━━━━
             2700
            207/277
```

Toutes fortes de régles fe peuvent réfoudre par la régle de trois ; auffi je donne la preuve par régle de trois, afin qu'on n'oublie pas cette précieufe régle fondamentale de toutes queftions. En celle ci-contre, il faut réduire le premier comme le troifieme terme en même dénomination, c'eft-à-dire en fols.

PREUVE

De l'opération ci-contre.

```
   liv.  f.              l . f. f. d.                liv.    f.
Si 24—15 compt. val. 31—10—9, 207/277 comb. 13—17
   20                    277                         20
 ————                  ————                        ————
  495                    217                         277
                         217
                          62
                         138—10
                           6 = 18 = 6
                           3 =  9 = 3
                          17 = 3 ... pour les 207/277
                       ————————————
                         liv.  f.        495
                        8736 = 15 = 0 } ————————
                        3786              liv.  f.
                         321              17 = 13
                          20
                       ————————
                        6435
                        1485
                         000
```

La preuve ci-deffus eft la même chofe que l'opération ; il faut réduire les livres du premier terme en fols, puifqu'il y a des sols proposés, de même que le dernier ; ensuite multiplier le second terme par le troisieme, qui est réduit en sols ; le produit de cette multiplication doit être divisé par le premier terme de la régle de trois ; le quotient donne le prix que l'on cherche, qui est 17 liv. 13 sols, prix de l'aune de drap en troc : ce qui fait voir que l'opération de la régle proposée est certainement bonne.

On en verra dans le questionnaire ci-après qui seront plus étendues.

DEUXIEME PROPOSITION.

Deux Marchands ont des marchandises différentes, dont ils veulent faire échange, l'un a du sucre à 9 f.——3 d. la livre comptant, & en troc 10 f.——6 d. l'autre a du savon qu'il veut vendre 8 f.——4 d. la livre comptant : sçavoir combien ce dernier vendra son savon en troc, à proportion du sucre du premier. Réponse 9 f.——5 d. 19/37.

OPERATION.

$$\begin{array}{l}
\overset{100}{\text{Si } 9\text{ f.} -3\text{ d. val. } 10\text{ f.} -6\text{ d. comb. } 8\text{ f.} -4\text{ d.}}
\end{array}$$

12		12
111	1000	100
	50	

1050   111
51   }   9 f.==5 d. 19/37
12   Réponse.
612
57/111
19/37

PREUVE.

Si 8 f. = 4 d. val. 9 f. = 5 d. 19/37 comb. 9 f. 3 d.

```
  12            999                    12
 ───         27 = 9                  ───
 100         18 = 6                  114
              4 = 9
            ─────────    ┌ 100
            1050 = 0      │ ─────────
             050          ┤ 10 f. = 6 d.
              12          │  Réponse.
            ─────────     └
             600
             000
```

Après avoir réduit le premier & dernier
terme de la régle de trois en même dénomination, on multiplie le second terme par le
troisieme, & le produit de la multiplication
eſt des ſols, qu'il faut diviſer par le premier
terme, on trouve au quotient des ſols, comme
on voit ci-contre, tant à l'opération qu'à la
preuve, dont le quotient donne la réponſe de
ce qu'on cherche.

Régles des diminutions d'especes.

PREMIERE PROPOSITION.

On demande quel sera la perte sur la somme de 4778 liv. à 2 liv. 15 s. de diminution sur chaque louis de 24 liv. Réponse, 547 l. 9 s. 7 den.

OPERATION.

Si 24 l. perdent 2 l. 15 s. combien perdront 4778 l.

PREUVE.

SECONDE PROPOSITION.

Quelle diminution ou perte peut-il y avoir sur 479 liv. 11 ſ. 11 d. à 9 den. de diminution ſur chaque piece de 3 liv. 15 ſ. Réponſe, 4 liv. 15 ſ. 11 d. 3/100.

OPERATION.

```
                 liv    ſ.      d.              liv. ſ. d.
Si une piece de 3 = 15 perd 9 comb.  479-11-11
                 20                             20
          ─────────                      ─────────
                 75                            9591
                 12                              12
          ─────────                      ─────────
                900                    115103   6 & 3/4

                  4316-7-3      Par. . . . . . ol.oſ.9d.
                   716         ⎰ 900   ⎰ 2877-11-6,
                    20         ⎱ l. ſ. d. ⎱ 1438-15-9
                              ⎰ 4-15-11 ⎱ ─────────
                 14327                    4316- 7-3d.
                  5327
                   827
                    12
          ─────────
                 9927
                  927
                   27/900
                    9/300
                    3/100
```

PREUVE.

```
      liv.  f.   d.          liv._7_ f.   d.                      liv.  d
Si 479—11—11 perdent 4—15—11 3/100. comb. 3—15
      20                     900                                 20
  ——————————          ——————————                      ——————————
     9591                   3600                                75
      12                    630=0                                12
  ——————————                 45= :                     ——————————
    115103                   30= :                              900
                             11=5
                              0=2=3 pour lés 3/100
                    ————————————————————————
                          4316=7=3 d.
                             20
                    ——————————
                          86327
                             12
                    ——————————        ⎰ 115103
                        1035927       ⎱ ————————
                        000000          9 den.
```

Régle pour le commerce du bled.

PROPOSITION.

On demande combien vaudront 15 tonneaux 6 feptiers 4 boiffeaux de bled, à raifon de 134 liv. 9 f. 11 d. le tonneau, mefure Nantaife. Réponfe, 2102 l. 18 f. 7 d.
1/8.

OPÉRATION *par multiplication.*

15 tonneaux 6 septiers 4 boisseaux.

liv.   s.   d.

A......... 134 = 11 = 9 le tonneau.

```
Pour 134 l. . 2010
Pour 10 s. . .      7 = 10
Pour 1 s. . .       0 = 15
Pour 6 d. . .       0 =  7 =  6
Pour 3 d. . .       0 =  3 =  9         40
Pour 5 sept.   67 =  5 = 10.1/2 .  20
Pour 1 sept.   13 =  9 =  2. 1/10 . .  4
Pour 4 bois.    3 =  7 =  3. 21/40. 21
```

```
          liv.        s.        d.
        2102 = 18 =  7. 1/8        45)40
                                    5)(1 d. 1/8
                                     40
```

PREUVE *par règle de trois.*

liv.   s.   d.

Si 15 ton: 6 sept. 4 b.x coût. 2102 — 18 — 7. 1/8 comb. 1 ton.

```
    10                  160                        10
  ______             ________                    ____

   156               336320                        10
    16               144 — 0                        16
  ______               4 — 0                      ____
                      0 — 13 — 4
  2500                 1 — 8                        160
```

On a vu ci-devant aux additions pour le bled, page 31.
qu'il faut 10 septiers pour un
tonneau, & 16 boisseaux
pour un septier; ainsi dans
l'opération ci-dessus, il faut
prendre pour les parties du
tonneau sur ledit prix du tonneau, comme pour les parties
du septier sur la valeur d'un
septier, ensuite additionner
le tout, comme ci-dessus.

```
          liv.      s.    d.
        336468 — 13 — 0            2500
          8646                   _________
         11468
          1468                   134 l. 1 1 9 d.
            20
        _______
         29375
          4375
          1875
            12
        _______
         22500
          0000
```

La preuve se fait
en réduisant le
premier comme le
dernier terme de
la règle de trois,
en même dénomi-
nation, c'est-à-di-
re, en septiers & en
boisseaux. Voyez
ci-dessus.

R r

Régle pour les livres de poids d'argenterie.

PROPOSITION.

Un particulier ne pouvant payer ſes dettes qu'en vendant ſon argenterie, veut ſçavoir combien elle lui produira, de ſorte qu'il en a 11 livres 1 marc 5 onces 3 gros, qu'il veut vendre à raiſon de 172 l.—17 ſ.—9 d. la livre. Réponſe, il doit toucher 2046 l. 5 ſ. 8 d. 17/128.eme

OPERATION.

11 ℔ 1 m. 5 onc. 3 g̃.

A. . . . . . 172 l. 17 ſ. 9 d. la livre.
____

```
              1892
                8—16
                0—11
                0— 5— 6
                0— 2— 9                    128 dénom. comm.
                                           ____________________
Pour 1 marc. . 86— 8—10—1/2 . . . 64
Pour 4 onces. . 43— 4— 5—1/4 . . . 32        16          64
Pour 1 once. . 10—16— 1—5/16 . . 40    128{  8   } 118 {  2
Pour 2 gros. .. 2—14— 0—21/64 . . 42    00{  5   }  00 { 21
Pour 1 gros. .. 1— 7— 0—21/128. 21         40          41
_______________________________________
           l.    ſ.    d.              199
       2046— 5— 8—71/128               71   { 128
                                       ____ {________
                                       128    1 d. 71/128
```

PREUVE.

Si 11 ℔ 1 m, 5 onc, 3 gr. cout. 2046 l. 5 f. 8 d. 71/128 combien 1 ℔,

$$\frac{2}{}$$

```
  2  ⎫                    l. f.  d. ⎧ 1515                ⎧      128                        2
 ─── ⎪ 261924-11-3                 ⎪ ──────              ⎪ ──────────────               ─────
  23 ⎪  11042                      ⎨      l.  f. d.      ⎨     16368                         2
 ─── ⎬   4374                      ⎪ 172-17-9            ⎪    24552                      ─────
   8 ⎪   1344                      ⎪ Réponfe.            ⎪     25-12                          8
 ─── ⎪     20                      ⎩                     ⎪      6- 8                      ─────
 189 ⎪ ──────                                            ⎪                                  16
 ─── ⎪  26891                                            ⎪      4- 5- 4                  ─────
   8 ⎪  11741                                            ⎪                                   8
 ─── ⎬   1136                                            ⎪      5-11 p.r les 71/128     ─────
1515 ⎪     12                                            ⎩  ────────────                   128
     ⎪ ──────                                               l.  f.  d.
     ⎩  13635                                              261924-11-3
         0000
```

Régle pour le marc d'or & d'argent.

PROPOSITION.

Un Officier marin, arrivant de la côte de Guinée, a apporté dudit lieu un petit fac de poudre d'or, pefant net 3 marc 5 onces 3 gros 2 deniers 15 grains ; il veut la vendre à raifon de 148 l.——17 f.——4 d. le marc ; fçavoir combien elle lui produira, efpeces fonnantes. Réponfe, 548 l. 13 f. 1 d. 7/32.eme

OPERATION.

3. marcs 5 onces 3 gros 2 den. 15 grains.

$$\frac{8}{}$$

```
A . . . 148 l. 17 f.  4 d. le marc,
─────────────────────────────────────────
         444
           2——8
           0——3
           0——1
```

Pour 4 onc.	74—— 8—— 8				96 dénominateur commun.
Pour 1 once.	18——12—— 2				
Pour 2 gros.	4——13—— 0——	1/2. .	48
Pour 1 gros.	2—— 6—— 6——	1/4. . .	24
Pour 2 den.	1——11—— 0——	1/6. . .	16
Pour 12 gr.	0—— 7—— 9——	1/24. . .	4
Pour 3 gr.	0—— 1——11——25/96. . .		25

```
L . 548 l. 13 f.  1 d.  7/32.      117   ⎧ 96
                                 21/96   ⎨ ───────────
                                  7/32   ⎩  1 d. 7/32
```

PREUVE.

Si 3 marcs 5 onces 3 gros 2 den. 15 gr. coûtent 548-1 3· 1-7/32 comb.

```
                                                    4608, 6
                                                  ─────────
                                                   l.   f. d.
                                 16983          548-1 3· 1-7/32 comb.

       8                                         36864                8
     ─────      2528202 l. 12 f.    16983        18432              ─────
      24          82990           ────────       23040                8
       5         150582            l.  f. d.       2764-16             8
     ─────        14718           148-17·4          230- 8           64
onces. 29             20                             19- 4            3
       8          ───────         Réponse.            4- 4· p. 7/32 ─────
     ─────        294372                            ──────────        192
      232         124542                            2528202 l, 12 f.   24
       3           5661                                              ─────
     ─────          12                                                768
gros . 235        ───────                                             384
       3           67932                                            ─────
     ─────         00000                                             4608
      705
       2
     ─────
den. . 707
      24
     ─────
     2828
     1414
      15
     ─────
gr. . 16983  } diviseur.
```

Pour cette preuve, il faut réduire le premier comme le dernier terme en sa plus petite espece, c'est-à-dire, en grains; on sçait qu'il faut 24 grains pour un denier, 3 deniers pour 1 gros, 8 gros pour 1 once, 8 onces pour 1 marc. Voyez l'addition pour le marc d'argent, page 26.

Régle pour la toise & ses parties.

PROPOSITION.

Supposé qu'un Marchand ait acheté un petit emplacement de terrain, contenant 3 toises

5 pieds 5 pouces 9 lignes 4 points, à raifon
de 146 l. —— 7 f. —— 3 d. la toife, il veut fçavoir
combien lui coûtera ledit petit emplacement.
Reponfe, 572 l. —— 16 f. —— 0 d. 1/3 denier.

OPERATION.

3 toifes 5 pieds 5 pouces 9 lig. 4 points.
3

A . . . 146 l. 7 f. 3 den. la toife.

$$
\begin{array}{l}
438 \\
0 —— 18 \\
0 —— 3 \\
0 —— 0 —— 9
\end{array}
$$

PRODUITS.   Dénominateur commun.
                                            96

Pour 3 pieds. . .   73 —— 3 —— 7.   1/2.   48. pour la   1/2
Pour 2 pieds . .   48 —— 15 —— 9.
Pour 4 pouces.   8 —— 2 —— 7.   1/2.   48. pour la 1/2.
Pour 1 pouce . .   2 —— 0 —— 7.   7/8.   84. pour les 7/8.
Pour 6 lignes. .   1 —— 0 —— 3.   15/16. 90. pour les 15/16.
Pour 3 lignes . .   0 —— 10 —— 1.   31/32. 93. pour les 31/32.
Pour 4 points . .   0 —— 1 —— 1.   53/96. 53. pour les 53/96.

L : 572 —— 16 —— 0.   1/3 d.   416 } 96
                                32 } —————————
                                96 } 4 d. --1/3 de d.

L'opération ci-deffus fe fait comme les
précédentes, en prenant les parties qui conviennent fur le prix ; comme en celle-ci, on
fçait qu'il faut 6 pieds de roi pour une toife,
12 pouces pour un pied, 12 lignes pour un
pouce, & 12 points pour une ligne : ainfi
il faut donc prendre pour les parties propofées fur le prix de la toife, comme on voit que
j'ai fait ci-deffus. La preuve fe fait par régle
de trois, pour trouver le prix de la toife.
Voyez ci-après.

PREUVE de l'opération de l'autre part.

Si 3 t. 5 p.ds 5 p.es 9 lig. 4 p.ts coût, 572 l. 16 f. 1/3 d. co. 1 toife.

6		6
——	M. 10368 points	——
18	l. 8 f.	6 pieds
5 pieds	par 572——16——1/3	12
——	——	——
pieds 23	20736	72 pouc.
12	72576	12
——	51840	——
276	8294—— 8	864 lig.
5 pouc	14—— 8	12
——	——	——
pouc. 281	5938804——16	10368 points
12	188120	
——	258164	
372	14708	
9 lig.	20	
——	——	
lig. 3381	294176	
12	10144	
——	12	
40572	——	
4 p.nt	121728	
——	00000	
P.ts 40576. div.		

{ 40576 ————
{ 1461. 7 f. 3 d.

Pour faire la régle ci-deſſus, il faut réduire le premier & le troiſieme terme de cette régle de trois en leur plus petite eſpece, qui ſont les points; multiplier le ſecond terme par le troiſieme, & diviſer le produit par le premier terme, comme on voit ci-deſſus.

Régle d'intérêt.

PREMIERE PROPOSITION.

On demande quel ſera l'intérêt de la ſomme de 4786 liv. au denier 18 par an, & combien ce ſera pour trois ans ſept mois. Róponſe, 952 liv. 15 ſ. 4 d. 4/9.

OPERATION.

                                  l.   8   f. d.
                               265-17- 9.-1/3
                                   3 ans 7. mois.

4786 } 18
118 {
106 {   l.   f. d.
16   { 265-17-9 1/3 par an.

20   p. 3 ans. . .   795
                   p. 6 mois. .   132-18-10-2/3.
320   p. un mois.   22- 3- 1-7/9.
140   p. 16 fols. .   2- 8
14   p. un fol. . .   0- 3
12   p. 6 den, . .   0- 1 -6
                   p. 3 den. . .   0- 0- 9
168   p. 1/3 de d.   0- 0- 1
   6/18. ou 1/3
                              L: 952-15- 4. 4/9

Preuve de l'opération ci-deſſus.

                        l.   7 f. d.
Si 3 ans 7 mois donnent 952--15--4 4/9. combien I an.
12   12   12
──   ──   ──
43   11424   12
                      8- 8
                      0-12
                      0- 4
                      0- 0-5 d. 1/3 pour les 4/9

11433 l. 4 f. 5 d. 1/3 { 43
283   {   l.   f.
253   { 265-17-9.1/3
38
20
───
764
334
33
12
───
401
  14- 43
  3-   3
───
Le 43.eme. . . 43/129
    C'eſt. . . 1/3.

DEUXIEME PROPOSITION.

Quel sera l'intérêt de la somme de 378 l. 17 f. 9 d. au denier 20, pour un an ; & on demande combien ce fera pour 7 ans 5 mois 19 jours. Réponse, 18 l. 18 f. 10 d. 13/20 pour un an ; & pour 7 ans 5 mois 19 jours, 141 l. 10 f. 0 d. $\frac{2279}{2400}$.

OPERATION.

```
l. f. d.  ⎧ 20- 9
3-17-9    ⎪           l. f. d.
3         ⎨  18-18-10. 13/20. pour un an.
8         ⎩  7 ans cinq mois 19 jours.

   20                                         2400. dénom.
          ⎧ p. 7 ans.    126
  377     ⎪ p. 4 mois..   6- 6-3.     11/20...1320.       120
  377     ⎪ p. 1 mois..   1-11-6.     71/80..2130.         11
   17     ⎪ p. 15 jours.  0-15-9.     71/160..1065        ————
   12     ⎪ p. 3 jours .  0- 3-1     711/800..2133.       1120
          ⎨ p. 1 jour..   0- 1-0   1511/2400.1511.       2400 ⎧ 80
  213     ⎪ p. 18 jours.  6- 6- :                        000  ⎨ ——
  13/20   ⎪ p. 6 den...   0- 3-6                               ⎩ 30
          ⎪ p. 4 den...   0- 2-4                                  71
          ⎩ p. les 13/20. 0- 0-4... 11/20. 1320.               ————
                                                                  30
             L : 141-10-0. 2279/2400.9479. ⎰ 2400              210
                             2279. ⎰  d. 2279/2400            ————
                                                                2130
                                                             2400 ⎧ 160
                                                             800  ⎨ ——
                                                             000  ⎩ 15
                                                                   71
                                                               ————
                                                                  15
                                                                 105
                                                               ————
                                                                 1065
```

PREUVE

De la deuxieme Proposition ci-contre.

l. ſ. ſ. d.

Si 7 ans 5 mois 19 jours don. 141 10 0. 2279/2400, comb. 1 an?

12	360	12
89	8460	12
30	423	30
	180——0	360 jou.
2689 jours	1——8——5——17/20. p.r 2279/2400

l. ſ. d.

50941——8——5 17/20.

l. ſ. d.

50941——8——5 17/20 { 2689

24051

2539

20

181. 18 ſ. 10 d. 13/20

50788

23898

2386

12

28637

1747

17/20 { 2689 / 13

34957

8066

0000

2689
20
53780
00000 { 2689 / 20

Si 2400 l. donnent 1 l. 18 f. combien 2279.

$$2279$$

$$2279$$
$$1139 = 10$$
$$3418 = 10$$
$$1018$$

$$\left\{ \begin{array}{l} 2400 \\ \hline 1\ l.\ 8\ f.\ 5\ d.\ 17/20 \end{array} \right.$$

$$20$$

$$20370$$
$$1170$$
$$12$$

$$14040$$
$$204/0/240/0$$
$$51/60$$
$$17/20$$

Pour les opérations précédentes de la régle d'intérêt, il faut diviser la somme consti-
tuée par le denier proposé, & moins il y a
d'années au denier de la constitution & plus
il est avantageux; le denier 18 est plus avantageux que le denier 20, & ainsi des autres:
cela est évident; car divisant un nombre par
18, le quotient est plus grand que si l'on divise
cette même somme par 20.

La preuve se fait par une régle de trois
pour trouver l'intérêt d'un an, comme on
voit ci-devant, où il a fallu réduire le premier
& dernier terme en même dénomination,
c'est-à-dire, en mois & jours, & multiplier
le second terme par le troisieme; mais pour
avoir le produit des 2279/2400 parties de

de denier, il a fallu prendre le produit d'un denier & faire une petite régle de trois, comme
on voit ci-devant ; ensuite diviser le produit de
cette multiplication par le premier terme de
la premiere régle de trois ; de sorte que (après
avoir trouvé les deniers) pour trouver les
13/20, il a fallu multiplier les deniers restans par les 17/20 du produit, c'est-à-dire,
par 20, & y ajouter 17 ; ensuite diviser par
le diviseur ordinaire, on a trouvé juste 13 ;
& pour trouver 20, il a fallu multiplier le
diviseur par le même dénominateur 20, &
on a divisé le produit par le diviseur ordinaire, on a trouvé les 20 que l'on cherchoit
sans reste, ce qui fait les 13/20 ; & on voit
par cette preuve ci-devant, que l'opération
est bonne.

Régle d'alliage.

PREMIERE PROPOSITION.

Un Négociant a trois sortes de grains,
dont il veut faire un mêlange ; sçavoir à combien se montera le boisseau commun de ce
mêlange. Réponse, 17 f. 9 d. 232/449.

SÇAVOIR,

148. b.x de from. à 1 l.	4 f. le b.x	L : 177 l. 12 f.	
728. id. de seigle à o	18 f. 6 d. le id.	673-8.	
471. id. d'orge.. à o	14 9 d...	L : 347 l. 7 f. 3 d.	

Div. ———————————————————————

1347. boisseaux.   Dividende. . 1198 l.   f. 3

S s

OPERATIONS.

<table>
<tr><td>

148 b.x from.
A . . 1 l. $\overset{2}{4}$ f.
———————
148
29—12
———————
177 l. 12 f.
———————
471 b.x d'orge.
A . . 0—$\overset{7}{14}$—9 d.
———————
329—14
11—15—6
5—17—9
———————
347 l. 7 f. 3 d.

</td><td>

728 boisseaux seigle.
A . . . 0—18 f. 6 d. le boisseau.
———————
655— 4
18— 4
———————
673 l. 8 f.
———————
Total 1198 l. 7 f. 3 d.
20
———————
23967   1347
10497
1068   f.   d.
12   17   9   232/449
———————
12819
696/1347
232/449

</td></tr>
</table>

II. PROPOSITION.

Un Aubergiste a cinq bariques de vin en perse, dont la pinte de la premiere vaut 4 f. de la seconde 5 f. de la troisieme 6 f. de la quatrieme 7 f. & de la cinquieme 12 f. lesquelles il veut mêler ensemble, & veut sçavoir combien vaudra la pinte de ce mêlange. Réponse, 6 f. 9 d. 3/5.

OPÉRATION.   PREUVE.

1,ere	4 fols	5. barriques.
2,eme	5	6 f. 9 d. 3/5
3,eme	6	
4,eme	7	30
5,eme	12	2 = 6
		1 = 3
34 f.	{ 5 barriques.	3
4	{ 6 f. 9 d. 3/5	34 f. o d.
12		
48		
3/5		

Pour ce qui concerne l'opération ci-deſſus, il n'y a point de difficulté ; il faut additionner tous les prix de chaque pinte de vin, & le diviſer par les cinq bariques propoſées, & on trouve au quotient 6 f. 9 d. 3/5 , pour le prix de tous ces vins, l'un dans l'autre : la preuve ſe fait, multipliant le diviſeur par le quotient : pour trouver le nombre à diviſer, on peut avoir recours au queſtionnaire ci-après ; on trouvera des régles d'alliage différentes de celle-ci.

III. OPÉRATION.

Il y a dans une dame-jeanne 96 pintes de liqueur à 8 f. la pinte ; mais comme on veut qu'elle ne revienne qu'à 6 f. 6 d. on demande combien il faut retirer de cette liqueur pour mettre autant d'eau en la place. Reponſe, 18 pintes.

PREMIERE OPERATION

Si 1 pinte de 8 f. eft evaluée à 6 f. 6 d. combien

                              96
    96   ───────
    78   576
────────────   48
18, il faut mettre 18   ──────┐ 8
    pintes d'eau.   624 ├───────
────────────   64 ┘ 78, pintes de liqueur.
    96

II. OPERATION.

                              PREUVE.

    96 pintes

A . . o = 6 f. 6 d.   78 pintes.
────────────
    28 16   A . . o l. 8 f.
    2 = 8   ───────────────────
────────────
    31 l. 4 f.   31 l. 4 f.

La premiere opération ci-deſſus, ſe fait par régle de trois, pour ſçavoir à combien ſeront évaluées les 96 pintes de liqueur ; de ſorte que l'on voit qu'il y aura 78 pintes de liqueur, & qu'il faudra y mettre 18 pintes d'eau, pour qu'elle ne vaille que 6 f. 6 d. la pinte. La ſeconde opération & ſa pieuve, ſe font par multiplication, en multipliant les 96 pintes par 6 f. 6 d. & les 78 pintes de liqueur par 8 f. on trouve au produit, tant de l'une que de l'autre, 31 l. 4 f. ce qui fait voir la bonté des deux régles.

Régles testamentaires ou de fausses positions simples.

PREMIERE PROPOSITION.

Un particulier, à l'article de la mort, ordonne qu'il soit partagé entre trois de ses amis, la somme de 1928 l. 17 l. 6 d. aux conditions suivantes.

SÇAVOIR,

$$\overline{12}$$

Que le premier en aura la 1/2 .. 6. Rép. L: 890- 5 l.
Le second . . . le 1/3 ., 4. 593-10
Et la troisieme .. le 1/4 .. 3. .. . . . . 445- 2- 6

$$\overline{13} \qquad \overline{1928\,l.\,17\,l.\,6\,d.}$$

Sçavoir ce que chacun doit avoir pour sa part & portion:

I.re OPERATION, *pour le premier.*

Si 13. donnent 1928 l. 17 l. 6 d. combien 6.

$$6$$

11573 l. 5 l. 0 } 13
117 } 890 l. 5 l. Rép.
003
20

65
00

II.me OPERATION, *pour le second.*

Si 13. donnent 1928 l. 17 f. 6 d. combien 4.

$$
\begin{array}{r}
4 \\
\hline
7715 = 10 = 0 \\
121 \\
45 \\
6 \\
20 \\
\hline
130 \\
000
\end{array}
\left\{
\begin{array}{l}
13 \\
593\ l.\ 10\ f.\ \text{Rép.}
\end{array}
\right.
$$

III.me OPERATION, *pour le troisieme.*

Si 13. don. 1928 l. 17 f. 6 d. combien 3.

$$
\begin{array}{r}
3 \\
\hline
5786 = 12 = 6 \\
58 \\
66 \\
1 \\
20 \\
\hline
32 \\
6 \\
12 \\
\hline
78 \\
00
\end{array}
\left\{
\begin{array}{l}
13 \\
445\ l.\ \ \ 2\ f.\ 6\ d.\ \text{Rép.}
\end{array}
\right.
$$

DEUXIEME PROPOSITION.

Un homme en mourant laiffe par teftament tout fon argent, qui fe monte à 18088
écus de 3 liv. à fa femme & à fes deux enfans,
dont

dont elle étoit belle-mere, fçavoir une fille & un garçon ; mais on difoit que le garçon étoit mort à l'armée, c'eft pourquoi les claufes du teftament étoient telles : il prétendoit que fa femme eut les 2/3 du legs, & fa fille l'autre tiers ; mais fi fon fils revenoit, il prétendoit qu'il eût les 2/3 du legs, fa femme 2/5 & fa fille 1/3, & comme peu de tems après la mort dudit teftateur le fils arriva, on demande quel part aura chacun des donataires, afin d'accomplir la volonté dudit teftateur.

Pour réfoudre cette queftion, il faut, comme à la précédente premiere propofition prendre un nombre à plaifir dont vous puiffiez tirer jufte toutes les parties portées par le teftament. Ainfi, 15 eft le moindre nombre que vous puiffiez prendre, & il contient toutes les parties requifes.

S Ç A V O I R ;

15

Pour le fils les 2/3	10.	Réponfe : . Δ 8613—11 l.
Pour la belle-mere les 2/5	6	5168—
Pour la fille le 1/3	5. , ...	4306—2
	21	Δ 18088—0

I.re *OPERATION, pour le fils.*

Si 21. ont 18088 écus, combien 10. pour le fils.

```
          10
       ─────────
    180880 ⎰21
    128   ⎱
     28   ⎱ 8613 écus & 1/3 d'écus, qui
     70   ⎰ eſt 1 l. Réponſe.
    7/21
    1/3
```

II.me *OPERATION, pour la belle-mere.*

Si 21. ont 18088 écus, comb. 6 pour la belle-mere

```
          6
       ─────────
    108528 ⎰ 21
     35   ⎱
    142   ⎱ 5168. écus. Réponſe.
    168   ⎰
     00
```

II.me *OPERATION, pour la fille.*

Si 21. ont 18088. écus, combien 5. pour la fille.

```
          5
       ─────────
    90440 ⎰21
     64  ⎱
    140  ⎱ 4306 écus & 2/3 d'écus qui eſt
   14/21 ⎰ 2 l. Réponſe.
    2/3
```

La preuve de ces deux propoſitions précédentes ſe voit, en faiſant addition de ce
qu'il revient à chacun, lequel montant d'ad-

dition doit faire la somme principale qui est à partager, voyez ci-devant.

Il y a dans mon queſtionnaire des régles teſtamentaires plus étendues : ceux qui voudront s'éclaircir ſur différentes queſtions, pourront y avoir recours.

Régle de trois inverſe ou indirecte.

DISSERTATION.

La régle de trois indirecte eſt contraire à la régle de trois directe, parce que dans la régle de trois indirecte quand le premier terme eſt plus grand que le troiſieme, le quatrieme que l'on cherche eſt plus grand que le ſecond ; & ſi le premier terme eſt moindre que le troiſieme, le quatrieme ſera moindre que le ſecond.

Comme je n'ai propoſé juſqu'ici, que des exemples de la régle de trois ſimple & directe, il eſt bon d'entendre par le mot (directe,) que le premier terme de la régle de trois, eſt toujours diviſeur du deuxieme terme multiplié par le troiſieme ; & par le mot (indirecte ou inverſe.) Il faut ſçavoir que le troiſieme terme eſt toujours le diviſeur du produit du deuxieme terme multiplié par le premier ; ce que l'on connoîtra encore plus clairement par les propoſitions ſuivantes, de même que dans mon queſtionnaire, où il y a des régles de trois double indirecte.

De la différence de la Régle de trois, droite ou directe à la Régle de trois inverse ou indirecte.

Il faut que dans l'une & l'autre, les premier & troisieme termes soient toujours de même dénomination.

La régle de trois est directe, quand le plus donne le plus, ou quand le moins donne le moins ; comme supposé que 46ᵃᵘ. de..... aient couté 278 liv. & qu'on veuille sçavoir combien en coûteront 27ᵃᵘ. il est certain que cette régle est droite, car le moins donne le moins, c'est-à-dire, le dernier terme moindre nombre de la régle de trois, donne moins de livres : comme on peut le voir en faisant l'opération.

La régle de trois est inverse quand le plus donne le moins, ou quand le moins donne le plus : comme on voit dans les opérations & preuve ci-dessous, &c. Par la proposition on voit que le moins donne le plus, ce qui se démontre aussi par l'opération ; & par la preuve on voit que le plus donne le moins.

PREMIERE PROPOSITION.

Dans le tems que le vin vaut 40 liv. la barique, & qu'on en a 12 pintes pour 24 f. on demande combien on en aura de pintes pour les mêmes 24 f. dans le tems que la barique de vin ne vaut que 30 liv. Réponse 16 pintes.

OPERATION.

Si 40 l. don. 12 pintes, comb. en donneront 30 l.

12

$$
\begin{array}{l}
480 \\
180 \\
00
\end{array}
\left\{
\begin{array}{l}
30 \\
\hline
16 \text{ pintes. Réponse.}
\end{array}
\right.
$$

PREUVE.

Où le premier terme est moindre que le troisieme.

Si 30 l. don. 16 pintes, comb. en donneront 40 l.

16

$$
\begin{array}{l}
480 \\
80 \\
00
\end{array}
\left\{
\begin{array}{l}
40 \\
\hline
12 \text{ pintes. Réponse.}
\end{array}
\right.
$$

DEUXIEME PROPOSITION.

Une place de guerre assiégée, où il y a 24000 hommes qui n'ont de vivres que pour 12 jours ; mais le gouverneur ayant résolu de soutenir le siége plus long-tems, a fait sortir 9000 hommes de ladite place. On demande combien de tems le reste de la garnison pourra subsister.

Pour résoudre cette question, je soustrais les 9000 hommes destinés à sortir, des 24000 qui font la garnison entiere ; le reste est 15000 qui doivent rester dans ladite place ; & pour trouver le tems que lesdits 15000 hommes pourront subsister, l'on dispose la régle comme

la précédente. Réponfe, les 15000 hommes
fubfifteront 19 jours 1/5 de jour, c'eft-à-
dire, 10 jours 4 heures 48 minutes.

OPERATION.

Si 24000 hom. ont des vivres pour 12 jrs. p. comb.
      12   de jours 15000 hom. en auront-ils.
   288000 { 15000
  ————
   138000 { 19 jours 1/5 de jour, ou 4 h. 48 min.
   3/000/15/000   Pour rép.
    1 / 5

PREUVE.

Si 15000 hom. ont des vivres pour 19 jours 1/5.
     19-1/5   Pour comb. de jours
  ————   en auront 24000

   285000
    3000
 ————
   288000 { 24000
   48000 {————
   00000 { 12 jours pour réponfe.

L'opération & la preuve de cette feconde
propofition, fe font comme celles de l'autre
part de la premiere propofition, où l'on multiplie le premier terme par le deuxieme, &
on divife par le troifieme terme, comme on
voit ci-deffus. Voyez au queftionnaire la maniere de faire les régles de trois double indirecte.

Régle de trois double directe à cinq termes.

PROPOSITION.

Je sçais que 37 hommes en 12 jours ont fait 127 toiſes de maçonnerie ; je veux ſçavoir combien en feront à proportion 45 hommes en 21 jours. Réponſe, 270 toiſes 45/148, ou 270 toiſes 1 pied 9 pouces 10 lignes 4 points & 8/37 parties de points.

OPERATION.

Si 37 hom. en 12 jours ont fait 127 toiſes, c. en 21 j. 45 h.

```
   12   ⎫                945                45
  ───   ⎬   135 toiſes reſtantes ─────     ───
  444   ⎭       6 pieds          635        105
                ─────      ⎫ 444   508        84
                 810       ⎬        1143     ───
                 366       ⎭ 1 p.  ─────      945
                12 pouces          120015   ⎫ 444
                ─────      ⎫         3121    ⎬ ───── 270. t. 45/148. eme part. de t.
                4392       ⎬ 9 pouc. 135/444 ⎭        ou
                 396       ⎭         45/148      270. t. 1 p. 9 p. 10 l. 4 p. 8/37.
                12 lignes
                ─────      ⎫
                4752       ⎬ 10 lignes
                 312       ⎭
                6 points
                ─────      ⎫
                1872       ⎬ 4 points
                  96       ⎭ 8/37
                 ───
                 444
```

PREUVE

Si 45 h. en 21 jou. ont fait 270 t. 45/148, c. en 12 jou. 37 h.

21	444	37
45	1080	444
90	1080	
945 diviseur.	1080	
	135 pour les 35/148	

120015 ⎰ 945
2551   ⎱ 127 toises. Réponse.
6615
000

Pour l'opération & la preuve ci-dessus, il faut multiplier les nombres qui sont devant celui du milieu pour former le diviseur ; ensuite multiplier ceux d'après celui du milieu l'un par l'autre, & le produit servira de multiplicateur au nombre du milieu, le produit de cette derniere multiplication sera le nombre à diviser. Voyez l'opération & la preuve ci-dessus. On peut faire plusieurs propositions dans le même genre.

Régle de trois double directe à sept termes.

PROPOSITION.

Supposé que 7 hommes en 17 jours avec 5 chevaux ayent gagné 1047 l. 18 s. 6 d. je demande combien à proportion gagneront 12 hommes en 20 jours avec 9 chevaux. Réponse, 3804 l. 4 s. 7 d. 79/119.

OPERATION.

OPERATION.

Si p h. en 17 j. avec 5 ch. gag. 1047 l. 18 s. 6 d. c. en 20 j. avec 9 ch. 12 h.

17	2160	9
——	——	——
49	62820	180
7	1047	12
——	2094	——
119	1944+0	2160
——	54+0	
5	——————	
——————	2263518	595
595 diviseur.	4785	3804 l. 4 s. 7 d. 79/119
	2518	
	138	
	20	
	——————	
	2760	
	380	
	12	
	——————	
	4560	
	395/595	
	79/119	

L'opération ci-dessus, de même que la preuve qui suit, se font en multipliant les trois premiers termes de cette régle l'un par l'autre, pour servir de diviseur, de même qu'en multipliant les trois derniers termes les uns par les autres, pour ensuite du produit en multiplier le nombre qui est au milieu; son produit sera le dividende ou la somme à diviser, le quotient sera la réponse & le huitieme terme que l'on cherche.

Preuve de l'opération de l'autre part.

l. f. d.

Si 12 h. en 20 j. avec 9 ch. g. 3804.4.7 79/119, c. en 17 j. avec 5 ch. 7 h.

20	595	5
240	19020.	85
9	34236	7
2160	19020	595

119 — 0 —
14 — 17 — 6
2 — 9 — 7
1 — 12 — 11. pour les 79/119.me

22635 18
10351
17118
1998
20
39960
18360
1080
12
12960
0000

{ 2160

{ 1047 l. 18 f. 6 d. R.

Pour faire cette régle, sans tant d'embarras, on
peut la faire par trois régles de trois simples,
comme il suit.

PREMIERE OPERATION.

Si 7 hom. gagnent 1047 l. 18 f. 6 d. combien 12 hommes.

12

12575 — 2 — 0   { 7
55   { 1796 l. 8 f. 10 d. 2/7
67

45
3
20

62
6
12

72
02/7

DEUXIEME OPERATION.

Si en 17 jours ils gag. 1796 l. 8 s. 10 d. 2/7, comb. en 20 jours.

$$20$$

35920
8-- 0
0--10
0-- 6--8 d.
5--5/7 pour les 2/7.

$$
\begin{array}{l}
\quad\quad\text{l. s. d.} \\
35928\text{--}17\text{--}1\ 5/7. \left\{ \begin{array}{l} 17 \\ \overline{} \\ \text{l. s. d.} \\ 2113\text{-}9\text{-}2.\ 110/119. \end{array} \right.
\end{array}
$$

19
22
58
7
20

157
4
12

49
15--17
7- 7
110/119

TROISIEME OPERATION.

Si avec 5 ch. ils gag. 2113 l. --9--2. 110/119, comb. avec 9 ch.

$$
\begin{array}{l}
\quad\quad\quad 9 \\
19021\,l.\,2\,s.\,6\,d.\ \boxed{990/119} \quad 990 \left\{ \begin{array}{l} 119 \\ \overline{} \\ 8\,d. \end{array} \right. \\
\quad\quad 8. \quad 38/119 \quad\quad\quad 38 \\
\hline
19021\text{--}3\text{--}2.\ 38/119 \quad\quad 119
\end{array}
$$

Div. par 5 ou pren-   l. s. d.   595 dén. com.
dre le 1/5... 3804--4--7 3/5...   357   119
                        38/595...   38   3
                                   395/595   357

Rép. 3804 l. 4 s. 7 d. 79/119. Le 1/5... 79/119.

Il faut remarquer, dans ces opérations ci-devant, que le produit de chaque opération sert de second terme à l'opération qui suit, & que le produit de la troisieme opération est la somme demandée par la proposition, ce qui sert de preuve à l'opération ci-devant, page 337.

On peut faire des preuves aux trois derniers opérations par leur contraire, comme on a démontré aux précédentes régles de trois.

On peut aussi sur ce modele, se conformer dans l'opération de semblables régles, & même plus étendues.

Régle de compagnie simple par livres.

PROPOSITION.

Trois Marchands se sont associés pour acheter une partie de diverses marchandises, lequel ils ont vendu, de main à la main, la somme de 1958 l. on demande ce qu'ils doivent retirer chacun à proportion de leur mise dans ladite société, ce qu'ils ont gagné en total & chacun en particulier.

SÇAVOIR,

Le prem. a mis L : 648, il doit ret. L : 1068, il gag. L. 420
Le second . . . . 324 . . . . 534 210
Et le troisieme . . . 216 . . . . 356 140

L : 1188. Total . . . L : 1958 l.   g. tot. 770 l.
            mis. 1188

Vente . . L : 1958 l.

PREMIERE OPERATION.

Si pour 118 l. on a 195 l. combien pour 648 l.

$$648$$

$$
\begin{array}{l}
15664 \\
7832 \\
11748
\end{array}
\left\{
\begin{array}{l}
1188 \\
\hline
1268 l.
\end{array}
\right.
$$

$$
\begin{array}{l}
1268784 \\
8078 \\
9504 \\
0000
\end{array}
$$

SECONDE OPERATION.

Si pour 118 l. on a . . . 195 l. comb. pour 324 l.

$$324$$

$$
\begin{array}{l}
7832 \\
3916 \\
5874
\end{array}
$$

$$
\begin{array}{l}
634392 \\
4039 \\
4752 \\
0000
\end{array}
\left\{
\begin{array}{l}
1188 \\
\hline
534 l.
\end{array}
\right.
$$

TROISIEME OPERATION.

Si pour 1188 on a 1958 comb aura-t-on pour 216

$$
\begin{array}{r}
216 \\
\hline
11748 \\
1958 \\
3916 \\
\hline
422928 \\
6652 \\
7128 \\
\hline
0000
\end{array}
$$

$\left.\begin{array}{l} \end{array}\right\} 1188$

$(359$ l.

La régle de compagnie ci-devant se fait par trois régles de trois, à cause des trois associés & de leur trois mises. La preuve se trouve faite en additionnant ce qui leur revient à chacun, qui doit faire la somme proposée ; voyez ci-devant où les profits de chacun sont tirés, de même que le profit en total, qui étant ajouté avec la mise des trois associés, fait la même somme principale de la vente de leur parti de marchandises : ce qui sert de seconde preuve.

Régle de compagnie, composée de livres & sols.

PROPOSITION.

Trois Particuliers ont gagné 4587 l. 12 s. sçavoir ce qu'ils auront chacun à proportion de la somme qu'ils ont mise en société pour contribuer à ce gain.

SÇAVOIR,

Le 1. a mis· L : 497--15 il aura L : 2006--0--10 d. 1610

                                             11383

Le 2. a mis. ... 329--12. · · · · · 1328--7-- 2. 6406

                                             11383

Et le 3. a mis 310--19. · · · · · 1253--3--11. 3367

                                 reſtans. · 1 : 11383

L : 1138 l. 6 ſ. total · · 4587 l. 12 ſ. 0 d. 11383 ⎰ 11383
                                            00000 ⎱ 1. reſt.

PREMIERE OPERATION.

Si 1138 l. 6 ſ. gag. 4587 l. 12 ſ. comb. 497 l. 15 ſ.

   20   9955   20

22766   22935   9955

          22935
          41283
          41283
           5973

     45669558 ⎰ 22766
       137558 ⎱
                   l. ſ. d.
         962   2006--0--10. 1610/11383
          20
                Réponſe pour le premier.
      19240
        12

     230880
Reſtant. · 3220/22766·
     1610/11383

DEUXIEME OPERATION.

Si 1138 l. 6 f. gag. 4587 l. 12 f. comb. 329 l. 12 f.

20	6592	20
22766	9174	6592
	41283	
	22935	
	27522	
	3955-4	

l. f. ⎰ 22766

30241459-4 ⎰ l. f.d.
74754 ⎱ 1328--7--2   6406/11383
64565   *Réponse pour le second.*
190339
8211

20

164224
4862
12

58344
Reſtant. . . . 12812/22766
6406/11383

TROISIEME OPERATION.

Si 1138 l. 6 f. gag. 4587 l. $\overset{6}{12}$ f. comb. 310 l. 19 f.

20	6219	20
22766	41283	6219
	4587	
	9174	
	27522	

3731-8

l. f.
28530284-8 { 22766

l. f. d.
57642 { 1253-3·11. 3367/11383
121108 *Réponse pour le troisieme.*
72784
4486
20   Reſtans.

89728	I.	3220
21430	II.	12812
12	III.	6734	div. com.
257160	22766	22766
29500	00000	1 den. qui ne peut être partagé.

Reſtant. . . . 6734/22766
3367/11383

Les régles de compagnies, telles que les précédentes & ſuivantes, ſe font par autant de régles de trois qu'il y a de perſonnes dans ladite ſociété, ou par autant de régles de trois qu'il y a de miſes.

Dans les opérations ci-deſſus des régles de trois, comme il y a des ſols au premier &

au dernier terme, il faut les réduire en même dénomination , c'eft-à-dire, en fols : nous avons déja vu cela dans les régles de trois par livres & fols ; ainfi, la démonftration des opérations ci-deffus eft facile à entendre, pour peu qu'on veuille travailler avec attention, de même que pour la régle fuivante, où il faut réduire auffi le premier & le dernier terme en deniers.

Pour les reftans on peut les additionner, divifer le montant de l'addition par le divifeur commun qui a fervi à toutes les opérations ; & le quotient donne un nombre de deniers qui ne peut être partagé ; mais que l'on ajoûte aux fommes qui reviennent à un chacun , afin de trouver jufte le gain qu'ils ont fait. Voyez ci-devant, & ci-après page 349, où l'addition des reftans fe trouve faite.

Régle de compagnie , compofée de livres, fols & deniers.

PROPOSITION.

Trois Négocians s'étant affociés , ont fait bourfe commune , & au bout d'un certain tems, voulant ceffer la fociété, ils ont trouvés en caiffe la fomme de 9717 l. 17 f. 6 d. ils veulent fçavoir ce qu'ils auront chacun à proportion de leur mife dans ladite fociété.

SÇAVOIR,

	l. f. d.		l. f. d.
Le 1. a mis .. L :	847--17--9	il doit avoir L :	3491--17-- 3
Le 2.	796--12--3.	. . . .	3280--13--11
Et le 3.	715-- 3---6.	. . . :	2945-- 6-- 3
			1

Miſes, L : 2359 l. 13 ſ. 6 d. } princ. L : 9717 l. 17 ſ. 6 d.

PREMIERE OPERATION.

```
    l.   ſ. d.         203493              l.  ſ. d.
Si 2359-13-6- prod. 9717-17-6 comb. 847-17-9

     20          1424451                   20
                 203493
    47193        1424451                 16957
     12          1831437                   12
                    162794- 8
   566322          10174-13               203493
                    5087- 6-6
```

```
                       l.  ſ.  d. ⎧ 566322
          19775 19537- 7-6 ⎨
                           ⎪      l.  ſ. d.
           2785535         ⎬ 3491--17--3, 39306
           5202473         ⎪
           1055757         ⎩      94387
            489435              Rép. pour le premier.
               20

            9788707
            4125487
             161233
               12

            1934802
Reſtant. . . . . . 235836/566322, ou 39306/94387.
```

DEUXIEME PROPOSITION.

```
   l.  f.  d.           191187              l.  f. d.
Si 2359-13-6 ont pr. 9717-17-6 comb. 796-12-3
      20                1338309                 20
   ───────              191187              ───────
   47193                1338309              15932
      12                1720683                 12
   ───────                                   ───────
   566322 div.       152949-12              191187
                       9559- 7
                       4779-13-6
                    ──────────────
                 1857931367-12-6  ⎧ 566322
                    1589653       ⎪          l.  f.  d.
                    4570096       ⎨  3280-13-11  45676
                     395207       ⎪             ─────
                         20       ⎩             94387
                    ──────────    ⎭  Rép. pour le fecond.
                     7904152
                     2240932
                      541966
                         12
                    ──────────
                     6503598
                      840378
Reftant..  274056/566322 : ou 45676/94387
```

DÉMONTRÉE. 349

TROISIEME OPERATION.

```
     l.  f.  d.              171642 l.  f.  d.                    l.  f.  d.
Si 2359-13-6 ont pr. 9717-17-6, comb. 715-3-6
       20                      1201494                              20
     ─────                      171642                            ─────
     47193                     1201494                            14303
       12                      1544778                              12
     ──────                                                       ──────
     566322 div.               137313-12                          171642
                                 8582- 2
   Reftans.                      4291- 1
2358,6/566322
274056/id.             ⎫  1667995500-15 ⎧ 566322
56430/ id.            ⎪    5353515      ⎨
──────────            ⎬    2566170      ⎩    l.  f.  d.
566322 ⎧ 566322      ⎪    3008820           2945-6-3. 9405/94387.
000000 ⎨             ⎪     177210           Rép. pour le troifieme.
       ⎩ 1 denier    ⎭        20
         qui ne peut
         être divifé.      ──────────
                            3544215
                             146283
                               12
                           ──────────
                            1755396
```

Reftant. . . . . . 56430/566322, ou 9405/94387.

Régle de compagnie par fraction fimple.

Quatre Marchands fe font affociés dans un navire : au retour d'un voyage dudit navire, ils fe trouvent avoir profité de 11478 l. 17 f. on demande ce que chacun doit avoir pour fa part, felon l'intérêt qu'il a dans lefdits profits.

Sçavoir,

		11	l. ſ. d.
Le Sr Jean.. y eſt intér. pour..1/2..	6.L.	2994- 9-7.19/23
Pierre............pour.. 1/3..	4.L.	1996- 6-5. 5/23
Paul............pour..1/4..	3.L.	1497-4.9 21/23
Jacques............pour..5/6..	10.L.	4990-16-1. 1/23
	23.L.	11478-17 ſ.

PREMIERE OPERATION.

Si 23 ont gagné 11478 l. 17 ſ. comb. 6. pour celui de la 1/2

$$6$$

68873 = 2 } 23

228

217　　2994 l. 9 ſ. 7 d. 19/23

103

11

20
______

222

15

12
______

180

19/23

DEUXIEME OPÉRATION.

Si 23 ont gagné 11478 l. 17 f. combien 4 pour celui du 1/3

$$4$$

$$
\begin{array}{l}
45915 = 8 \\
229 \\
221 \\
145 \\
7 \\
20 \\
\hline
148 \\
10 \\
12 \\
\hline
120 \\
5/23
\end{array}
\left\}
\begin{array}{l}
23 \\
\hline
1996 \text{ l. } 6 \text{ f. } 5 \text{ d. } 5/23
\end{array}
\right.
$$

TROISIEME OPÉRATION.

Si 23 ont gagné 11478 l. 17 f. combien 2 pour celui du 1/4

$$3$$

$$
\begin{array}{l}
34436 \text{ l. } 11 \text{ f. } \\
114 \\
223 \\
166 \\
5 \\
20 \\
\hline
111 \\
19 \\
12 \\
\hline
228 \\
21/23
\end{array}
\left\}
\begin{array}{l}
23 \\
\hline
\text{l.} \quad \text{f.} \quad \text{d.} \\
1497 \text{--} 4 \text{--} 9. \; 21/23
\end{array}
\right.
$$

QUATRIEME OPERATION.

Si 23 ont gagné 114781. 17 f. combien 10 pour celui des 5/6

```
                10
   ‑‑‑‑‑‑‑‑‑‑‑‑‑‑‑‑‑‑‑‑‑‑‑‑
   114788‑‑10 ⌡ 23
        227      ⌠
        208      ⌡ 4990 l. 16 f. 1 d. 1/23
         18      ⌠
   ‑‑‑‑‑‑‑‑‑‑
         20
   ‑‑‑‑‑‑‑‑‑‑
        370
        140
          2
         12
   ‑‑‑‑‑‑‑‑‑‑
         24
        1/23
```

Cette régle de compagnie se fait comme
la régle testamentaire, & autant qu'il y a
de personnes ou d'intéressés proposés, autant il faut faire de régles de trois, comme
on voit ci-dessus par les quatre opérations.
La preuve se fait en additionnant le produit
de chacun, qui doit faire en total le gain
qu'ils ont fait en grand, comme on le voit
ci-devant.

Régle de compagnie par fractions composées.

PROPOSITION.

Nous sommes trois associés dans un navire: & la vente en ayant été faite, nous
avons gagné 7786 l. 15 f. 9 d. sçavoir ce que
chacun

chacun de nous aura à proportion de notre intérêt; le capital ou la mise d'un chacun étant retiré sur le total de la vente dudit navire.

SÇAVOIR,   Dénominateur commun.
240
8

			l. f. d.	
Le premier y est pour 1/8..	5.	30.	L: 624-12-2.	13/187
Le second..... pour 3/5..	40.	144.	L: 2998- 2-5.	25/187
Et le troisieme.. pour 5/6.	240.	200.	L: 4164- 1-1.	149/187
		374.	L: 7786-15-9	187/187

PRRMIERE OPERATION.

j. 7 f. d.
Si 374 gag. 7786-15-9. comb. 30 pour le premier.
30
⎯⎯⎯⎯⎯⎯⎯⎯
233580
21 --0
1--10
0--15
0 --7--6
⎯⎯⎯⎯⎯⎯⎯⎯
l. f. d.
233603-12--6 { 374
920
1723 } 624 l. 12 f. 2 d. 13/187.
227
20 } *Réponse pour le premier.*
⎯⎯⎯⎯⎯⎯⎯⎯
4552
812
64
12
⎯⎯⎯⎯⎯⎯⎯⎯
774
26/374
13/187

Y y

DEUXIEME OPERATION.

l.　7 f. d.
Si 374 gag. 7786-15-9. comb. 144 pour le fec.

144
————

31144
31144
7786
100-16
7- 4
3-12
1-16
————

l.　f.
1122297- 8
3732
3669.
3037
45
20
————
908
560
12
————
1920
50/374
25/187

374
————
2998 l. 2 f. 5 d. 25/187

Réponfe pour le fecond.

TROISIEME OPERATION.

l. 7 f. d.
Si 374 gag. 7786-15-9. comb. 200 pour le trois.
200
____
1557200
140- 0
10- 0
5- 0
2-10
1557357-10 { 374
613   { 4164 l. 1 f. 1 d. 149/187
2395   { *Réponse pour le troisieme.*
1517
21

20
____
430
56
12
____
672
298/374
149/187

Régle de compagnie simple par tems.

PROPOSITION.

Trois Marchands ayant fait bourse commune, ont gagné 9878 l. 17 f. on demande
ce que chacun aura pour sa part, & pour le
tems, à proportion de sa mise.

SÇAVOIR,

Le I. a mis, 1415 p. 3 mois, 4245. il aura L. 3172- 7- 7. 9133/13219
Le second..1219 p. 4 mois, 4876............ 3643-18-10. 1850/13219
Le troisieme 683 p. 6 mois. 4098......... 3062-10- 6. 2238/13219

13219........ L. 9878-17- 0. 13219/13219

pour preuve.

EXEMPLE.

M......1415 l.	1219 l.	683 l.
Par....... 3 m,	Par.... 4	Par.... 6 m.
4245	4876	4098

PREMIERE OPERATION

Si 13219 don. 9878-17. comb. don. 4245 p. le pr.

4245

49390
39512
19756
39512
3396-0
212-5

41935718-5 } 13219

22787
95681
31488
5050
20

101005
8472
12
101664
9131/13219

l. f. d.
3172-7-7. 9131/13219
Réponse pour le premier.

DEUXIEME PROPOSITION.

l.   B f.   l.

Si 13219 don. 9878-17. comb. don. 4876 p. le fec.

$$\begin{array}{r}
4876 \\ \hline
59268 \\
69146 \\
79024 \\
39512 \\
3900\text{-}16 \\
243\text{-}16 \\ \hline
\end{array}$$

48169272-12 { 13219

l. f. d.

3643-18-10. 1850/13219

Réponfe pour le fecond.

$$\begin{array}{r}
85122 \\
58087 \\
52112 \\
12455 \\
20 \\ \hline
249112 \\
116922 \\
11170 \\
12 \\ \hline
134040 \\
1850/13219
\end{array}$$

TROISIEME OPERATION.

l. ſ.
Si 13219 don. 9878-17. comb. don. 4098 p. le tr.
4098

79024
889020
39512000
3278- 8
204-18

40483527- 6 | 13219

l. ſ. d.
3062-10-6.   2238/13219

Réponſe pour le troiſieme.

82652
33387
6949
20

138986
6796
12

81552
2238/13219

Pour faire cette régle de compagnie à divers tems, il faut multiplier la miſe de chacun par le tems que les aſſociés l'ont laiſſée en ſociété; & ayant ajouté les trois produits, comme vous voyez ci-devant, vous dites, par régle de trois comme aux précédentes, ſi 13219 gag. 9878 l. 17 ſ. combien 4245; combien 4876 & combien 4098; & pour preuve, vous trouverez, ayant additionné le profit d'un chacun, les mêmes 9879 l. 17 ſ. que vous avez gagné en total : voyez ci-devant le montant du gain de chacun.

Régle de compagnie composée par tems.

Trois particuliers ont fait une société, & ont gagné 976 l. 17 f. 9 d. sçavoir ce que chacun doit avoir, à proportion de sa mise & de son tems.

SÇAVOIR,

		l. f. d.		l. f. d.	Réponses. l. f. d.
1. a mis.	136-12-3	p. 4 m. 15 j.	18442-13-9	L. 357-11-9
second..	117-15-7	p. 3 m. 21 j.	13073- 9-9...	253- 9-8
le trois.	111-12-9	p. 5 m. 19 j.	18866-14-9....	365-26-2

l. f. d.
50382-18-3⅗

2 rest.
976ˡ.17ᶠ9ᵈ.

EXEMPLE.

4 m. 15 j.	3 m. 21 j.	5 m. 19 j.
30	30	30
135 jours	111 jours	169
l. f. d.	l. f. d.	l. f. d.
136-12-3	117-15-7	111-12-9
810	777	169
1755	1221	1859
81- 0	77-14	101- 8
1-13-9	5-11	4- 4-6
l. f. d.	2-15 6	2- 2-3
18442-13-9	9-3	l. f. d.
		18866-14-9

l. f. d.
L: 13073- 9-9

Pour faire cette régle de compagnie, il faut premierement, réduire les mois en jours

y ajoutant les jours proposés, & multipliant
par 30, parce que le mois est composé de 30
jours; ensuite, il faut multiplier les jours qui
proviennent par la mise d'un chacun, & ayant
ajouté les 3 produits, comme vous voyez de
l'autre part, faites trois régles de trois comme
vous allez voir ci-après; vous trouverez ce
qu'il vient à chacun, & ayant additionné le
profit d'un chacun, vous trouverez pour le
profit total 976 l. 17 s. 7 d. & y ajoutant 2
deniers restans qui ne se peuvent partager en
trois, vous trouverez 976 l. 17 s. 9 d. juste;
ce qui sert de preuve aux trois opérations
suivantes, & au principal de la régle.

PREMIERE OPERATION.

```
                              4426245
Si 50382 l. 18 s. 3 d. gag. 976 l. 17 s. 9 d. c. 18442 l. 13 s. 9d.
      20                  ─────────                        20
   ─────────              26557470                      ─────────
   1007658                30983715                        368853
      12                  39836205                          12
   ─────────                3540996──0                   ─────────
   12091899                 2213 12──5                     737706
                             110656──2──6                  368853
                              55328──1──3                 ─────────
                            ─────────                      4426236
                            4323943412 l. 8 s. 9 d.            9 d.
                             69637371                     ─────────
                             91778762                      4426245
                              7135469                   ┌ ─────────
                                  20                    │ 12091899
                            ─────────                   ┤ ─────────
                            142709388                   │   l. s. d.
                             21790398                   │ 357-11-9.2518302
                              9698499                   ┤ ─────────
                                 12                     │   4030633
                            ─────────                   │ Rép. pour le premier.
                            116381997                   └
                             7554906/12091899
                             2518302/4030633                    DEUX.
```

DEUXIEME OPERATION.

```
                              3137637
Si 50382 l. 18 f. 3 d. gag. 976 l. 17 f. 9 d. c. 13073 l. 9 f. 9 d.
     20                ――――――                           20
   ――――――              18825822                       ――――――
  1007658              21963459                         261469
     12                28238733                           12
   ――――――               2510109=12                     ――――――
  12091899               156881=17                      3137637
   ――――――                 78440=18=6
                          39220= 9=3
                       ――――――――――――――
                      3065118364=16=9 ⎧ 12091899
                         64673856     ⎪ ――――――――
                         42143614     ⎨ 253 l. 9 f. 8 d. 1879999
                          5867917     ⎪                ――――――――
                               20     ⎪                 4030633
                       ――――――――――      ⎩ Réponse pour le second.
                       117358356
                         8531265
                               12
                       ――――――――――
                       102375189
                         5639997/12091899
                         1879999/4030633
```

TROISIEME OPERATION.

Si 50382 l. 18 f. 3 d. gag. 976 l. 17 f. 9 d. c. 18866 l. 14 f. 9 d.

```
                              4528017
         20                                              20
       ────         27168102                           ────
     1007658         31696119                          377334
         12         40752153                              12
       ────            3622413-12-                      ────
    12091899            226400-17-                     4528017
                        113200- 8-6
                         56660- 4-3
                      ─────────────
                      4423363207- 1-9    ⎰ 12091899
                       79579350          ⎱ ──────────
                       70279567            l.   f.   d.
                        9820072            365--16--2--3662965
                              20                        ──────
                      ─────────────                     4030633
                      196401441          Réponse pour le troisieme.
                       75482451          Restans
                        2931057                  ──────
                             12          ⎰ 2518302
                      ─────────────      ⎱ 1879999
                       35172693            3662965
                     10988895/12091899    ──────
                      3662965/4030633      8061266  ⎰ 4030633
                                           0000000  ⎱ 2 d. restans.
```

Les trois opérations précédentes qui font
des régles de trois, étant compofées de livres,
fols & deniers, tant au premier qu'au dernier
terme, il faut les réduire tous deux en deniers, enfuite multiplier le troifieme terme
réduit en deniers par le fecond , & divifer le
produit de cette derniere multiplication par
le premier terme qui eft réduit en deniers , le
quotient eft la réponfe de ce que l'on cherche.

Pour les fractions reſtantes, il faut additionner tous les numérateurs deſdites fractions, & en diviſer le produit par le dénominateur. On trouvera 2 deniers qui ne peuvent être partagés en trois ; mais que l'on
ajoute néanmoins aux produits des profits
pour trouver le produit total qui eſt la preuve
de ces ſortes de régles. Voyez page 359, &
pour les reſtans des fractions ; voyez ci-
contre.

Régle de compagnie par tems avec répartition.

PROPOSITION.

Trois marchands ont fait une ſociété pour
2 ans ou 24 mois, leſquels ont gagné 4778 l.
17 ſ. 9 d. ils veulent ſçavoir combien il leur
reviendra à proportion de leur miſe & de
leur tems.

SÇAVOIR,

Le premier a mis 1078 l. 17 ſ. 9 d. dont il a
retiré 506 l. 17 ſ. au bout de 15 mois 20
jours.

Le ſecond a mis 379 l. 15 ſ. 4 d. dont il a
retiré 100 l. 4 ſ. 6 d. au bout de 1 mois 17
jours.

Le troiſieme a mis 327 l. 17 ſ. 9 d. au bout
de 6 mois 23 jours il a remis 470 l. 9 ſ. 7 d.

On demande combien ils auront chacun
à proportion de leur miſe & de leur tems.

EXPLICATION pour opérer cette régle.

Pour donner à chacun ce qui lui appartient à proportion du profit, selon sa mise & le tems, il faut raisonner comme il suit, SÇAVOIR:

Pour le premier, qui est le premier exemple ci-après, il faut premierement réduire les mois en jours, parce qu'il y a dés jours proposés; ainsi les 15 mois 20 jours font 470 jours, il faut multiplier sa mise, qui est 1078 l. 17 f. 9 d. par 470 jours, & il viendra 507077 l. 2 f. 6 d. qu'il faut poser à côté, attendu que lesdits 1078 l. 17 f. 9 d. ont profité pendant les 15 mois 20 jours.

Il faut ensuite ôter les 506 l. 17 f. (qu'il a retiré) des mêmes 1078 l. 17 f. 9 d. il restera 572 l. 0 f. 9 d. qui ont demeuré le reste du tems, qui est 8 mois 10 jours; il faut réduire ces 8 mois 10 jours en jours, ce qui fait 250 jours, & parconséquent multiplier les 572 l. 0 f. 9 den. par 250 jours viendra en produit 143009 l. 7 f. 6 d. qu'il faut ajouter à 507077 l. 2 f. 6 d. & les deux sommes feront celle de 650086 l. 10 f. pour la mise du premier. Voyez le premier exemple ci-après.

Pour trouver la mise du second, selon le second exemple ci-après, il faut considerer qu'il a mis 379 l. 15 f. 4 d. qui ont profité durant 1 mois 17 jours, il faut aussi

réduire un mois en jours, & y ajouter 17,
ce qui fera 47 jours, il faut multiplier 379
l. 15 f. 4 d. par 47 jours viendra pour produit de la multiplication 17849 l. o f. 8 d.
qu'il faut mettre à côté, & au bout de 1
mois 17 jours il a retiré 100 l. 14 f. 6. d.
reste donc 279 l. o f. 10 d. qui ont demeuré
22 mois 13 jours dans la société; il faut réduire ces 22 mois en jours & y ajouter 13,
ce qui fera 673 jours qu'il faut multiplier
par 279 l. o f. 10 d. viendra pour produit
187795 l. o f. 10 den. qu'il faut ajouter à
17849 l. o f. 8 d. ci-dessus, dit & mis à
l'écart dans le second exemple, la somme
totale fera parconséquent de 205644 l. 1 f.
6 d. pour la mise du second. Voyez ci-
après le second exemple.

Enfin pour trouver la mise du troisieme,
selon la proposition, il a mis 326 l. 17 f.
6 d. qui ont demeuré 6 mois 23 jours, il
faut donc réduire les mois en jours & y
ajouter 23, ce qui fera 203 jours, multipliez donc 327 l. 17 f. 6 d. par 203, il
viendra pour produit de la multiplication
66558 l. 12 f. 6 d. qu'il faut mettre à part,
mais au bout des 6 mois 23 jours, il a remis 470 l. 9 f. 7 d. qu'il faut ajouter avec
la premiere mise qui est 327 l. 17 f. 6 d. la
somme principale fera de 798 l. 7 f. 1 d. qui
a profité pendant les 17 mois 7 jours qui

ont resté, il faut réduire ces 17 mois en jours & y ajouter 7, ce qui fera 517 jours, il faut multiplier les 798 l. 7 f. 1 d. par lesdits 517 jours, & il viendra pour produit de la multiplication 412749 l. 2 f. 1 d. ajoutez cette derniere somme à celle de 66558 l. 12 f. 6 d. elles feront en total 479307 l. 14 f. 7 d. pour la mise du troisieme, comme on va le voir par le troisieme exemple.

Pour la mise du premier.

PREMIER EXEMPLE.

15 m. 20 j.	l.　f.　d.	24 mois	Mise du premier.
30	1078-17-9	ôter 15-20 j.	
─────	506-17	─────	l.　f.
470 jours	─────	8 m. 10 j.	L. 650086-10
l.　s　f. d.	572- 0-9	30	
1078-17-9	250	─────	
─────	─────	250 jours	
75460	28600		
43120	1144		
376- 0	6- 5		
23-10	3- 2-6		
11-15	─────		
5-17-6	143009- 7-6		
─────	507077- 2-6		
507077 -2-6			

───────────────

L. 650086-10 f. 0. Mise du premier.

Pour la mise du second.

SECOND EXEMPLE.

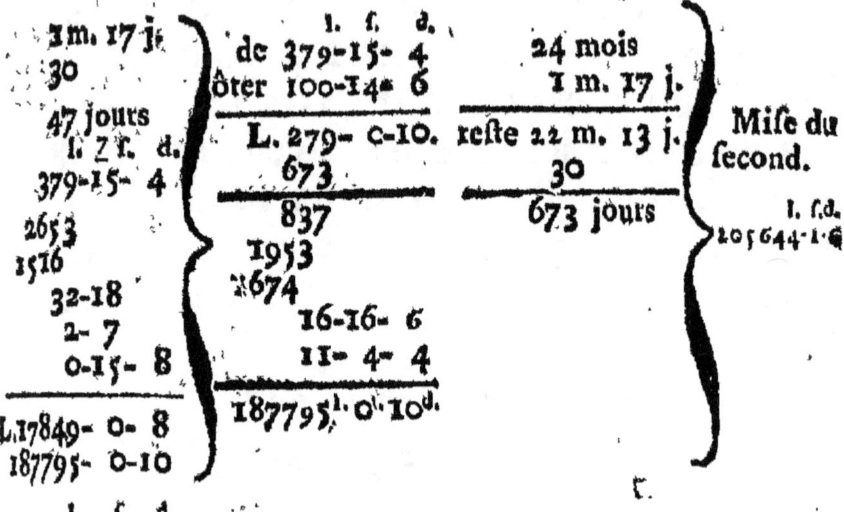

1 m. 17 j.	l. f. d.	24 mois
30	de 379-15- 4	1 m. 17 j.
47 jours	ôter 100-14- 6	reste 22 m. 13 j.
l. f. d.	L. 279- 0-10.	30
379-15- 4	673	673 jours
2653	837	
1516	1953	
32-18	1674	
2- 7	16-16- 6	
0-15- 8	11- 4- 4	
L. 17849- 0- 8	18779 5 l. 0 f. 10 d.	
187795- 0-10		

Mise du second.

l. f. d.
105644- 1- 6

l. f. d.
105644- 1- 6 Mise du second.

Pour la mise du troisieme.

TROISIEME EXEMPLE.

6 m. 23 j.	l. f. d.	24 mois
30	327-17-6	6 m. 23 j.
203 jours.	470- 9-7	17 m. 7 jours
l. f. d.	798- 7-1	30
327-17-6	517	517 jours.
981	5586	
654	798	
162 8	3990	
10- 3	155- 2	
5- 1-6	25-17	
L. 66558-12-6	2- 3-1	
412749- 2-1	412749- 2-1	

mise du troisieme.

l. f. d.
479307-14-7

L. 479307-14-7 d. Mise du troisieme.

mises	total des mises	gains
	l. f. d.	l. f. d.
Premier....	650086-10-	il a gagné 2327- 0-10
Second,....	205644- 1-6	736- 2- 5
Troisième..	479307-14-7	1715-14-5
		1 reft.

Mise totale, L. 1335038- 6- 1 d. gain, tot. L. 4798-17-9

PREMIERE OPERATION

pour le premier.

Si 13350381. 6 f. 1 d. gag. 4778 l. 17 f. 9 d. c. 650086 l. 10f.

	156020760 8	
20	1248166080	20
26700766	1092145320	13001730
12	1092145320	12
320409193	624083040	156020760
	124816608—— 0	
	7801038— 0	
	3900519— 0	
	1950259—10	
	74560565 9704——10	320409193 divifeur.
	1047872737	l. f. d
	86645158o	2327-0-10 p. le pr.
	2256331944	
	13467593	
	20	
	269351860	
	12	
	3232222310	
	28130390. Reffe	

DEUXIEME OPERATION,

pour le second.

$$\overset{8}{}$$

Si 13350381. 6 ſ. 1 d. gag. 47781. 17 ſ. 9 d. c. ſ. ſ. d. 205644-1-6

20	49354578	20
26700766	394836624	4112881
12	345482046	12
310409193	345482046	4935457.
	197418312	

```
             39483662- 8
             2467728-18
             1233864- 9
              616932- 4-6
```

$$
\begin{array}{l}
23585997587 \text{ } 1\text{-}19\text{-}6 \\
1157354077 \\
1961264981 \\
38809823 \\
\qquad\qquad 20
\end{array}
\left\{
\begin{array}{l}
320409193 \\[4pt]
\text{l. ſ. d.} \\
736\text{-}2\text{-}5. \text{ p. le ſec.}
\end{array}
\right.
$$

```
              776196479
              135378093
                      12
             1614537122
              22491157. Reſte
```

TROISIEME OPERATION,

pour le troisieme.

```
                              115033855
Si 1335038 l. 6 f. 1 d. gag. 4778  17 f. 9 d. c. 479307 l. 14 f. 7 d.
         20          ————————————————                   20
       —————            920270840                     ————————
       26700766         805236985                       9586154
         12             805236985                         12
       —————            460135420                     ————————
       320409193         92027084-0                   115033855
                          5751692-15
                          2875846- 7-6
                          1437923- 3-9
                        ————————————————
                        549733851736- 6-3   ⎫  320409193 diviseur
                        2293246587          ⎪  ————————————————
                         503822363          ⎬    l.   f.  d.
                         183413 1706        ⎪  1715-14-5 p. le tr.
                         232085741          ⎪  ————————————————
                                 20         ⎭
                        ————————————————
                         4641714826
                         1437622896
                          155986124
                             12
                        ————————————————
                         1871833491
                         269787526 d. reste.
```

```
        Restans
  I.   . . . 28130510
  II.  . .   22491157
  III. .     269787526
```

```
Dividende. . 320409193  ⎱ 320409193 divis.
             000000000  ⎰ 1 den.
```

Pour faire les trois opérations précédentes par régle de trois, il faut réduire le premier & dernier terme en même dénomination, c'est-à-dire en sols & deniers, comme on voit ci - devant.

Régle de compagnie par entiers & fractions.

PROPOSITION.

Trois Marchands ont acheté une place à bâtir de 247 toises 11/45 parties de toises quarrées, la somme de 22252 l. ils demandent combien ils doivent payer à proportion de ce qu'ils en ont pris.

SÇAVOIR,

			135.	Réponses.
Le I. en a pris	59 toises 7/9	. . 105.	L.	5380
Le II. . . . . . 103.	. . 4/5	. . 108.	L.	9342
Et le III. . . . 83.	. . 2/3	. . 90.	L.	7530
247 toises 11/45.	303.	L. 22252

A a a ij

Exemple de la réduction de fractions en entiers.

Dénominateurs.   135 dénom. commun.

9	Le 1/9.me 15 pour les 7/9.me 105	
5	Le 1/5.me 27 pour les 4/5.me 108	
	Le 1/3.me 45 pour les 2/3.me 90	
45		
3		303/135
		33 2 t. 11/45
		135

Dén.   135 commun.

Voyez les additions de fractions ci-devant, page 47.

Pour trouver un dénominateur commun de ces fractions, il faut multiplier les uns par les autres, & on trouve 135 pour ledit dénominateur commun, dont il en faut prendre les 7/9, les 4/5 & les 2/3, comme on voit ci-dessus ; desorte que le montant est de 303/135 qui font 2 toises 11/45, qu'il faut ajouter aux autres toises, & on trouvera le nombre proposé qui est 247 toises 11/45. Voyez ci-après les trois opérations qui donnent au quotient le prix de la part de chacun.

I.re OPERATION, *pour le premier.*

Si 247 toiſes 11/45 coût. 22252 l. comb. coût. 59 toiſes 7/9

```
                       24210
  45                              9
                     48420
1246                            538
 988               121050        45
                    48420
11126               48420      2690
   9                48420      2152
                            { 24210
100134 diviſeur    538720920
                    380509   { 100134
                    801072
                    0000000  { 5380 l.
                              Réponſe pour le premier.
```

II.me OPERATION, *pour le ſecond.*

Si 247 toiſes 11/45 coût. 22252 l. combien 103 toiſes 4/5

```
                       23355
  45                              5
                     46710
1246                            519
 988               116775        45
                    46710
11126               46710      2595
   5                46710      2076
                            { 23355
55630 diviſeur     519695460
                    190254   { 55630
                    233646
                    111260   { 9342 l.
                    00000      Réponſe pour le ſecond.
```

III.me OPERATION, *pour le troiſieme.*

Si 247 toiſes 11/45 coûtent 22252 l. combien 83 toiſes 2/3

```
  45                  11295        3
1246                            251
 988                 22590        45
                     56475
11126                22590      1255
   3                 22590      1004
                     22590      11295
33378 diviſeur
                    251336340   { 33378
                     176903
                     100134     { 7530 l.
                     00000 0      Rép. pour le troiſ.
```

Les trois opérations précédentes se font, comme j'ai dit ci-devant, en réduisant le premier & dernier terme en même dénomination, comme il se voit ci-devant à la premiere opération; qu'après avoir réduit ou multiplié les 247 toises 11/45 par 45, y ajoutant les 11, je multiplie encore le produit par 9 dénominateur de la fraction du troisieme terme, & ce dernier produit sera le diviseur.

Je multiplie ensuite les 59 toises 7/9 par 9 & y ajoute le numérateur 7, & je multiplie le produit par le dénominateur 45 du premier terme, afin de réduire mes deux termes en même dénomination, & ce dernier produit servira de multiplicande au second terme.

Il en faut faire la même chose pour les deux opérations suivantes.

Régle de discussion de banqueroute.

PREMIERE PROPOSITION.

Un particulier ne pouvant payer ses dettes, s'en va & quitte le pays, il ne laisse pour tout bien que 1087 l. 15 s. trois marchands auxquels il doit, ont recours à cette somme; on demande combien ils auront chacun, à proportion de ce qu'il leur est dû:

DÉMONTRÉE. 375

SÇAVOIR,

	l. ſ. d.	Réponſes. l. ſ. d.
Au premier il eſt dû...	922-17-3	il aura L. 433- 0-9
Au ſecond............	596- 9-7	 279-17-9
Et au troiſieme.......	798-15-9	 374-16-4

2 reſt.

L. 2318- 2-7. total.. L. 1087-15-0

I.re OPÉRATION, *pour le premier.*

Si pour 2318-2-7 on n'a que 1087-15, comb. pour 922-17-3

l. ſ. d.	221487 ſ.	l. ſ. d.
20		20
46362	1550409	✦18457
12	1771896	12
div. 556351	221487	221487
	155040-18	
	11074- 7	

240922484- 5 | 556351

1838208

1691554   433 l. o ſ. 9 d.

22501   *Rép. pour le premier.*

20

450025

12

5400300

Reſtant.... 393141

II.me OPERATION, *pour le second.*

l.　z ſ.　　　143155 ſ.　　　　l. ſ. d.
Si pour 2318-2-7 on n'a que 1087-15, comb. pour 596-9-7.
20　　　　　　1002085　　　　　　　20

46362　　　　　1145240　　　　　　11929
12　　　　　　143155　　　　　　　12

div. 556351 }　　100208-10

　　　　　　　　7157-15　　　　　143155

　　　　　155716851- 5 } 556351

　　　　　4444665　　　{ 279 l. 17 ſ. 9 d.
　　　　　5502081　　　*Rép. pour le second.*

　　　　　494922

　　　　　　　20

　　　　　9898445

　　　　　4334935

　　　　　440478

　　　　　　12

　　　　　5285736

Reſtant. . . . 278577.

III.me

TROISIEME OPÉRATION,

pour le troisieme.

```
        l. f. d.              191709  7 l.                    l.  f.
Si pour 2318-2-7  on n'a que 1087-15  comb. pour 798-15-9
        20                                                    20
    ________                 _________                     ________
        46362                 1341963                         15975
        12                    1533672                         12
    ________                  191709                       ________
div. 556351 3               134196- 6                       191709
                             9585- 9                     ________
                           ____________                 ⎰ 556351
                           208531464-15                 ⎱ ________
                           4162616                      ⎰ 374 l. 16 f. 4 d.
                           2681594                      ⎱ Rép. pour le troisieme.
                           456190                       ________
                           20                             restans.
                         ____________
                           9123815                      393141
                           3560305                      278577
                           222199                       440984
                           12                         ____________
                         ____________                 ⎰         ⎰ 556351
                           2666388                   1112702 ⎱  ⎱ ________
                   Restant. 440984                   000000    ⎱ 2 d. rest.
```

Il n'y a pas de difficulté dans cette régle de discussion de banqueroute, qui mérite une explication. Voyez les régles de trois par livres, fols & deniers, au premier & au dernier terme, page 348 & 349.

DEUXIEME PROPOSITION.

Un Marchand fe trouve débiteur à quatre créanciers qu'il a, de la fomme de 2108 l. 14 f. 7 d. fait voir de petites pertes dans fon commerce, leur propofe à perdre moitié sur la somme qu'il doit à chacun ; les quatre créanciers ne veulent point consentir à cela & font vendre tout ce qu'il peut avoir chez lui ; laquelle vente, étant faite, ne se monte qu'à 10487 l. 17 f. 9 den. ils veulent savoir combien il leur viendra à chacun à proportion de leur créance.

	SÇAVOIR,	Réponses.
Le I. est créancier pour	5478 l. 15 f. 6 d.	L. 2724 l. 14 f. 3 d.
Le II. .... pour	7383 — 9 — 4 —	3671 — 19 — 2
Le III. .... pour	5147 12 3	2560 — 0 — 4
Et le IV. .... pour	3078 17 6	1531 — 3 — 10
		2 r.

Créance... L. 21088 l. 14 f. 7 d.   10487 l. 17 f. 9 d.

PREMIERE OPERATION.

```
      l.   f.  d.              1314906 l.  f.  d.                 l.  f.  d.
Si pour 21088-14-7   on n'a que 10487-17-9   c. p. 5478-15-6
              20                    9204342                         20
          ________                 10519248                     ________
           421774                   5259624                      109575
              12                    1314906                         12
          ________                           105192 4-16        ________
          div 506129                          65745- 6           1314906
                                              32872-13
                                              16436- 6-6
                               1379058 6201- 1-6  { 5061295
                               36679962             { 2724 l. 14 f. 3 d.
                               12508970             { Rép. pour le pr.
                               23863801
                               3618621
                                     20
                               ________
                                72372421
                                21759471
                                 1514291
                                     12
                               ________
                                18171498
Restant.....    2987611
```

DEUXIÈME OPÉRATION.

```
            l.  f.  d.            1772032  8 f. d.              l.  f.  d.
Si pour 21088-14-7 on n'a que 10487-17-9  c. p. 7383-9-4
            20                                                    20
         ─────────                 12404224                    ─────────
           421774                  14176256                      147669
            12                      7088128                        12
         ─────────                  1772032                    ─────────
div.     5061295                        1417625-12               1772032
         ─────────                         88601-12
                                           44300-16
                                           22150- 8
                                 ─────────────────────    ⎧ 5061295
                                 18584872262- 8           ⎪ ─────────
                                   34009872               ⎨   l.    f.
                                   36421026               ⎪ 3671 — 19 — 2
                                    9919612               ⎩ Rép. pour le second.
                                    4858317
                                          20
                                 ─────────────────────
                                   97166348
                                   46553398
                                    1001743
                                        12
                                 ─────────────────────
                                   12020916
                             Reft.  1898326
```

TROISIEME OPERATION

                 l.   f. d.   123547 l. f. d.   l. f. d.
Si pour 21088-14-7 on n'a que 10487-17-9 c. p. 5147-12-3
                 20   20
      —————   8647989   —————
      421774   9883416   102952
          12   4941708   12
      —————   1235427   —————
div. 5061295   988341-12   1235427
      —————   61771- 7
                                     30885-13-6
                                     15442-16-9
                                  ———————————
                                  12957019390- 9-3 { 5061295
                                  28344293   ————————
                                  30378189   l. f. d.
                                    104190   { 2560-0-4
                                        20   Rép. pour le tr.
                                  ———————————   ————————
                                   2083809
                                        12
                                  ———————————
                                   25005711
            Restant. . 4760531

QUATRIEME OPERATION.

l. f. d.   738930 l. f. d.   l. f. d.
Si pour 21088-14-7 on n'a que 10487-17-9, c. p. 3078-17-6

```
                                                       20
          20               5172510
                           591440                    61577
        421774             2955720                     12
          12               7389300               ─────────────
      ─────────────                                   738930
   div. 5061295              591144- 0
      ─────────────           36946-10
                              18473- 5
                               9236-12-6
                          ──────────────────
                    7749814710- 7-6 ⎰ 5061295
                       26885197     ⎱        l. f. d.
                       15787221     ⎰ 1531-3-10
                        6033360     ⎱
                         972065       Rép. pour le quar.
                             20      ──────────────────
                      ────────────   Les quatre restant
                       19441307        2987613
                        4257422        1898326
                             12        4760531
                      ────────────      476120
                       51089070      ──────────────
         Restant. . . . 476120       10122590 ⎰ 5061295
                                     0000000  ⎱ ──────────
                                              ⎰ 2 d. reft.
```

Je viens de démontrer les difcuffions de banqueroute par régle de trois, qui font très-facile à faire, en réduifant le premier & dernier terme en même dénomination, c'eft-à-dire, en deniers, fur-tout quand on n'a que peu de créanciers ; je confeillerois de la faire de cette maniere, ou bien par la régle du fol,

ou marc la livre, que je vais démontrer ci-
après ; & quand on a une certaine quantité
de créanciers, il feroit à propos de faire un
tarif, que je vais auffi donner ci-après, avec
la maniere de le faire : lifez & travaillez pied
à pied, vous trouverez cette maniere fort
abrégée, fans être obligé de faire quantité
de multiplications.

*Régle du fol ou marc la livre, pour les difcuffions
de banqueroute, Département des tailles, décimes & fommes à impofer ou diminuer.*

PREMIERE PROPOSITION.

Suppofé qu'un des principaux négocians de cette ville, ait fait banqueroute
de 600000 livres, que fes biens & effets ne
foient eftimés que 95430 livres, qu'il y ait
quantité de créanciers qui y foient intéref-
fés ; & qu'il faille partager au fol ou marc
la livre les effets ci-deffus dits, on demande comment il faut faire pour que chaque
créancier ait fa part à proportion de ce qui
lui eft dû. Il faut premierement voir par
une régle de trois fur quel pied eft la créance de chacun, difant fi de 600000 liv. on
n'a que 95430 l. combien aura-t-on de 20
f. Réponfe, 3 f. 2 d. 43/250 pour la valeur
de la livre, qui eft le pied fur lequel il faut fe
régler pour faire le repartiment de chacun.

OPÉRATION.

Si de 600000 l. on n'a que 95430 l. comb. 20 f.

$$20$$

$$\left.\begin{array}{l} 1908600 \\ 108600 \\ 12 \end{array}\right\} \begin{array}{l} 600000 \\ \hline \text{f. d.} \\ 3\text{-}2\text{-} 43/250 \end{array}$$

$$1303200$$
$$1032/00/6000/00$$

Le 1/4 est . . . 258   1500
Le 1/3 86   500
La 1/2 . . . . . . 43 /   250

PREUVE.

M. . . . 600000 l.

Par. . . . . 3 f. 2 d. 43/250
____
     60000=0
     30000
     5000
     430
____
     95430 l. . . . montant des effets.
____
Si 250 donnent 2500 l. combien 43. pour 1 den.

$$43$$

     7500
     10000
____
     107500 $\left.\right\}$ 250
     750 $\left.\right\}$ 430 l.
     0000

Préfentement, pour trouver ce que chaque créancier doit toucher à proportion de fa créance, il faut multiplier ladite créance par 3 f. 2 d. 43/250, & le produit donnera ce qu'il doit toucher ; fuppofons dans cet endroit qu'il ne foient que cinq créanciers pour chacun une fomme.

PAR EXEMPLE.

créance	à toucher	dénominateur,	250
l.	l. f. d.		
I.er 100086.	15918-13- 6	99/125.	198
II. 217182.	34542-15-11	38/125.	76
III. 147029.	23384-19- 2	247/250.	247
IIV. 97836.	15560-16- 3.	99/125.	198
V. 37857.	6022-14-11.	31/250.	31
l.	l. f. d.		750 {250
600000.	95430- 0- 0.		800 {3 d.

Comme je n'ai rien négligé jufqu'ici pour l'explication de toutes les fractions que j'ai ci-devant démontrées & expliquées, je n'ai pas voulu omettre celle ci-devant, qui eft eft 103200/600000. reftante & réduite à 43/250.me partie de deniers, quoiqu'il y ait différence du divifeur de 496800 deniers, qui valent 2070 liv. il faut prendre le refte pour un denier: partant fi l'on tire la créance fur le pied de 3 f. 3 d. pour livre, qui eft 13/80 partie de la livre, on tirera 2070 l.

plus

plus que lad. créance ; lesquels 2070 l. paroisssent considérables. Mais il est facile d'ôter ces 2070 l. sur tous les créanciers à proportion de leurs créances, disant, si 600000 l. donnent 2070 de trop, combien 100086 l. on trouvera au quotient 345 l. 5 s. 11 d. 26/125, qu'il faut diminuer sur le produit desdits 100086 l. multipliées par 3 s. 3 d. le reste sera le produit desd. 100086 l. multipliées par 3 s. 2 d. $\frac{43}{250}$, ainsi des autres, suivant toujours la même régle de trois à proportion de leurs créances; car si l'on tiroit précisément la créance selon la fraction du denier, l'opération en seroit trop embrouillante & pénible pour quelqu'un ; c'est pourquoi on cherche le pied le plus approchant de l'entier que l'on peut, & on supplée, ou on ajoute le manque au produit de la multiplication, ou on diminue sur chaque créancier ce qui se trouve de plus en prenant un denier entier au lieu d'une fraction. Comme s'il est question (après avoir bien entendu ce qui est dit ci-devant) de tirer la part de la créance de chaque créancier sur les créanciers mêmes, qui seront peut-être au nombre de 45 plus ou moins, il seroit trop long de faire autant de régles de trois ; mais pour lors il faut faire un tarif : pour savoir ce que doit rendre 1 l. de même 1 s. comme aussi 1 d. ainsi des autres, lequel pied doit être juste, afin de dresser sur icelui une table proportionnelle ou tarif exact, sur lequel, sans faire aucune multiplication, on prendra les parties proportionnelles, qui étant ajoutées ensemble donneront la somme que chaque créancier doit toucher pour la part de sa créance.

Quelques-uns pourront dire, qu'il y a beaucoup de difficulté à dresser un tarif juste, sur-tout quand les deux sommes, tant sur laquelle on tire la créance que celle à tirer sont composées de livres, sols & deniers ; j'avoue qu'il est bien pénible pour ceux qui ne savent pas bien l'arithmétique, sur-tout les fractions, parce que quand il y a livres, sols & deniers à toutes les deux sommes, & même quand il n'y en auroit qu'à une des sommes, pour trouver le pied d'un denier, il faut réduire les deux sommes chacune en deniers, & posant les deniers de la somme à tirer la créance sur les deniers de la somme sur laqelle on tire, ce qui vient, qui est une fraction, est la valeur d'un denier.

Dissertation sur le Tarif ou Table proportionnelle.

Je n'ai mis ici un tarif, que pour éviter la longueur d'un grand nombre de régles de trois ; il faut entendre par ce tarif, que ce n'est qu'une suite de plusieurs nombres proportionnels difposés en forme de table, à laquelle on a recours dans plufieurs rencontres. Son utilité eft d'autant plus grande, qu'il n'y a qu'une feule régle de trois à faire, comme je l'ai fait voir ci-devant page 383, par laquelle on voit l'augmentation ou la diminution ordinairement à faire fur 1 l. ou fur quelques autres quantités que ce foit.

On fe fert de tarif dans les difcuffions de faillites ou banqueroutes, dans les départemens des tailles, ou des décimes & en plufieurs autres occafions; parce qu'au lieu d'une répétition ennuyeufe de plufieurs régles de trois à faire en cette rencontre, on fe contente d'une feule, par laquelle on veut trouver la valeur d'une des chofes propofées, pour enfuite découvrir & par dégré celle d'une plus grande quantité demandée.

Suppofez donc qu'il foit dû à 45 créanciers, ainfi reconnus par l'état du débiteur, la fomme de 600000 l. mais les effets du débiteur ne fe montans qu'à celle 95430 l. favoir ce que chaque créancier doit recevoir de net, fur ce qui lui eft dû à proportion de cette diminution. Ainfi pour établir ce tarif & trouver la partie proportionnelle d'un denier, il faut faire une régle de trois, comme celle de la page 383, pour trouver le pied de la livre, qui eſt 3 ſ. 2 d. 43/250; il faut réduire ces trois ſols deux deniers en deniers, ce qui fera 38 d. enſuite réduire leſdits 38 d. en la fraction, c'eſt-à-dire, multiplier 38 par 250 & y ajoutant 43 du numérateur, cela fera 9543 pour numérateur de la fraction que l'on cherche, qui eſt une livre, qui premierement étant réduite en deniers, fait 240 den. leſquels 240. deniers étant multipliés par le même dénominateur 250, feront 60000 pour dénominateur; ainſi la partie proportionnelle d'un denier eſt donc 9543/60000 ou par réduction en plus petit nombre 181/20000.

On pourroit dire encore, prenant la ſomme du montant des effets trouvés pour numérateur, qui eſt 95430, & pour dénominateur la ſomme dont on fait banqueroute, qui eſt 600000, de ſorte que cela feroit pour la partie proportionnelle d'un denier 95430/600000, ou auſſi par réduction en plus petit nombre de fractions, fera la même que ci-deſſus 3181/20000. cette derniere méthode pourroit ſe préférer à la précédente, parce qu'elle eſt moins embrouillante & plus abrégée.

Exemple de la premiere maniere pour trouver
la partie proportionnelle d'un denier.

Pied de la livre... 3 f. 2 d. 43/250
12
——————————
38 d. /240
250 /250
——————————
1900   12000
76   480
43
——————————
9543 /60000
Le 1/3 eft.... 3181 /20000

—————————————————————

Seconde maniere.

9543/0/60000/0
Le 1/3 eft... 3181/20000

Lefquels 3181/20000 on pofera vis-à-vis
d'un denier, & pour favoir ce que ren-
dront deux deniers, il faut doubler 3191/
20000, c'eft-à-dire, le numérateur de
cette fraction, laiffant le dénominateur tel
qu'il eft. Pour trois deniers, il faut tripler
ledit numérateur; ainfi des autres à proportion. Voyez ci-après le tarif dreffé.

L'ARITHMETIQUE

TABLE

proportionnelle ou tarif.

liv.	sols	den.		L.	fols	den.	part. de deniers.
		1					3181/20000
		2					6362/20000 ou 3181/10000
		3					9543/20000
		4					12724/20000 ou 3181/5000
		5					15905/20000 ou 3181/4000
		6					19086/20000 ou 9543/10000
		7	rend.			1	2267/20000
		8				1	681/2500
		9				1	8629/20000
		10				1	1181/2000
		11				1	14991/20000
	1					1	4543/5000
	2					3	2043/2500
	3					5	3629/5000
	4		rend.			7	793/1250
	5					9	543/1000
	6					11	1129/2500
	7				1	1	1801/5000
	8				1	3	168/625
	9				1	5	887/5000
	10				1	7	43/500
1					3	2	43/250
2					6	4	43/125
3					9	6	129/250
4					12	8	86/125
5					15	10	43/50
6			rend.		19	1	4/125
7				1	2	3	51/250
8				1	5	5	47/125
9				1	8	7	137/250

Suite de la Table ci-contre.

Liv.		Liv.	sols	d. & part
10	rend.	1	11	9. 18/25
20		3	3	7. 11/25
30		4	15	5. 4/25
40		6	7	2. 22/25
50		7	19	. 3/5
60	rend.	9	10	10. 8/25
70		11	2	8. 1/25
80		12	14	5. 19/25
90		14	6	3. 12/25
100		15	18	1. 1/5
200		31	16	2. 2/5
300		47	14	3. 3/5
400	rend.	63	12	4. 4/5
500		79	10	6.
600		95	8	7. 1/5
700		111	6	8. 2/5
800		127	4	9. 3/5
900		143	2	10. 4/5
1000		159	1	
2000		318	2	
3000		477	3	
4000	tend.	636	4	
5000		795	5	
6000		954	6	
7000		1113	7	
8000		1272	8	
9000		1431	9	

livres		livres	f.	d
10000	rend	1590	10	
20000		3181		
30000		4771	10	
40000		6362		
50000		7952	10	
60000		9543		
70000		11133	10	
80000		12724		
90000		14314		1
100000		15905		
200000		31810		
300000		47715		
400000		63620		
500000		79525		
600000		95430		
700000		111335		
800000		127240		
900000		143145		
1000000		159050		

On voit par cette table , que les parties
proportionnelles de la somme principale de
celui qui a fait banqueroute , rapportent

juftement le montant des biens & effets, qu'il a. Voyez ci-devant à 600000 l. fomme principale de la banqueroute, & vous verrez à côté ce qu'elle rend ou rapporte, qui eft 95430 pour le montant de fes effets, fomme propofée par l'état de la banqueroute. C'eft ce qui fait voir que le tarif eft jufte, & ce qui fert de preuve audit tarif.

La table proportionnelle, ou tarif de l'autre part étant ainfi difpofé, fi l'on veut favoir ce que doit toucher un des créanciers à proportion de fa créance, comme par exemple, s'il étoit dû à un des créanciers 8587 l. il faut chercher vis - à - vis

$$\text{8000 on tr. 1272 l. 8 f.}$$

Vis-à-vis de 500...	79-10-6		250
Vis-à-vis de 80...	12-14-5.	19/25.	190
Vis-à-vis de 7...	1-2-3.	51/250.	51

	l.		l. f. d.	
Pour....	8587.	il tir.	1365-15-2.....	& $\frac{241}{250}$

P R E U V E.

Faifant une addition de ces quatre fommes proportionnelles trouvées dans le tarif, comme on voit ci - deffus, il vient celle que l'on cherche, qui eft 1365 l. 15 f. 2 d. 241/250. laquelle fomme eft à donner au créancier, au lieu de celle de 8587 l. fi au contraire il avoit été befoin d'augmenter ladite fomme de 8587 l. fur le même pied,

on

on auroit confidéré 1365 liv. 15 f. 2 den. 241/250. comme une taxe, une augmentation ou un profit. On peut fe fervir de petit modele ci - devant. Pour tirer les fommes de tous les autres créanciers, & ayant fait l'addition, on peut négliger la raction qui s'y trouve, c'eft - à - dire, les parties de deniers, ou bien exiger le denier à l'entier, parce qu'il ne manque que 9/250 pour qu'il y ait un entier.

DISSERTATION

pour le département des Tailles ou Capitations.

Suppofé qu'il ait été ordonné au Confeil du Roi, qu'il fera levé l'année préfente, fur fes fujets contribuables aux tailles, la fomme de 400000 liv. d'augmentation plus que l'année derniere, qui étoit de 1600000 liv, il faut premierement diftribner ladite fomme de 400000.l. à toutes les généralités du Royaüme; la part de chaque généralité à fes élections, la part de chaque élection à fes Paroiffes, & la part de chaque Paroiffe aux habitans d'icelle.

Pour favoir, fur quel pied du fol ou marc la livre eft cette fomme, il faut dire par une régle de trois, fi 1600000 l. font augmentés de 400000 livres; combien fera augmentée 1 l. ou 20 f. Réponfe, elle fera augmentée de 5 f. c'eft-à-dire, que chaque généralité, chaque élection, chaque paroiffe & chaque habitant payera 5 f. par livre de taille, plus qu'il ne payoit l'année derniere. Préfentement pour favoir ce que chaque généralité, élection, paroiffe & habitant payera pour fa part, il faut auffi dreffer un tarif comme celui ci-devant pour la difcuffion de banqueroute, par le moyen duquel on pourra tirer juftement ce que chaque généralité, élection, &c. payera d'augmentation à proportion de celle actuelle, qui eft 400000 l. & ce de la même maniere que j'ai enfeigné qu'il faut faire, pour trouver ce que chaque créancier doit toucher à proportion de fa créance.

Par exemple, fuppofé que la ville de Nantes ait payé l'année dernierc 69900 l. & qu'il fût queftion de favoir, ce qu'elle doit payer cette année à proportion de la levée générale, c'eft-à-dire, de 5 f. par livre d'augmentation ; ayant dreffé un tarif dans le même genre que celui qui eft ci-devant, il faudra chercher dans icelui les parties proportionnelles de la levée de l'année paffée, qui eft 69900 l. & faifant addition defdites parties, on trouvera 17475 liv. d'augmentation que lad. ville de Nantes doit payer cette année. On peut encore multiplier lefd. 69900. l. par 5 f. ou tout d'un coup en prendre le quart, parce que cinq eſt le quart de la liv. cela produira les mêmes 17475 liv. mais quand il y a des ſommes compoſées de livres, ſols & deniers, dont les parties proportionnelles de la livre ne ſe trouveroient pas juſtes, & dont le nombre de paroiſſes & d'habitans ſeroit trop grand, il ſera bon d'établir un tarif pour trouver ce que chaque paroiſſe & habitant ſera contribuable : voyez ci - devant, page 389, la maniere de dreſſer un tarif.

DISSERTATION

Sur le département des Décimes.

Du département des décimes au département des tailles ou capitations, il n'y a point de différence, car les impoſitions des tailles ſe font de la même maniere que les impoſitions des décimes, excepté que pour les tailles la généralité impoſe ſur les élections, les élections ſur les paroiſſes & les paroiſſes ſur les habitans, & pour les décimes on impoſe les augmentations en général ſur les provinces, les provinces ſur les dioceſes & les dioceſes ſur les recteurs ou curés & bénéficiers contribuables ; c'eſt pourquoi, ſe ſervant des préceptes ci-devant dits, tant à la diſcuſſion des banqueroutes, qu'aux tailles ou capitations, on pourra décider toutes les queſtions qui regardent les décimes.

Mais si au lieu d'une augmentation, le Roi ordonnoit qu'on fit une diminution sur ses sujets, il faudroit opérer de la même maniere qu'est dit ci devant pour l'augmentation, excepté que pour trouver la diminution de chaque contribuable, soit en matiere de tailles ou de décimes, on ôteroit ladite diminution de la taxe de l'année derniere, au lieu qu'il l'y faudroit ajouter, s'il s'agissoit d'augmentation.

Régle conjointe ou d'égalité pour les aunages.

PREMIERE PROPOSITION.

Supposé que six aunes de Rouen rendent cinq aunes de Paris, & que quatre aunes de Paris rendent sept aunes en Hollande, de même que vingt-quatre aunes de Hollande rendroient dix cannes de Languedoc, & que sept cannes de Languedoc valent 36 l. on demande combien vingt-trois aunes de Rouen valent de livres tournois. Réponse, lesdites vingt-trois aunes vaudront 71 liv. 17 s. 6 d.

OPERATION.

```
2 fois 2 ⌠ antécédent.            conséquent
font   ⎨ 2. 6 aun. Rouen ═ 5 aun. Paris   ⌉
  4    ⎨                                  ⎬
  2    ⎩ 2. 4 aun. Paris  ═ 7 can. Hol. 1 ⎬ 25
 ───     ⎰ 2. 24 aun. Hol.  ═ 10 aun. Lang. 5 ⎬
  8      ⎱                                  ⎭
         1. 7. cannes Lang ─ 36 l. z. 1.

         8. ✕ ─────────────── 23 aun. Rouen.
                      25
                    ─────
                     115
                      46
                    ─────
                     575 ⌠ 8
                      15 ⎨ ───────────
                       7 ⎩ 71 l. 17 f. 6 d.
                    ─────
                      20
                    ─────
                     140
                      60
                    ─────
                       4
                      12
                    ─────
                      48
                       0
```

Pour faire cette régle, il y a trois choses
à observer, qui font l'antécédent, le conféquent & le figne d'égalité; l'antécédent eft
à gauche, & le conféquent eft à droite. Il
faut remarquer que le premier conféquent
doit être de même valeur que le premier antécédent, quoique de différentes efpeces,
& le fecond antécédent doit être de même

espece que le premier conséquent, ainsi des autres jusqu'à la fin de la proposition. Pour savoir le prix de 23 aunes de Rouen, on met un x devant la marque d'égalité, qui est——, lequel x signifie combien, & après avoir mis les aunages qui correspondent les unes aux autres, comme l'on voit ci-devant. On réduit le plus qu'on peut tant l'antécédent que le conséquent en plus petite denomination, c'est-à-dire, en prenant le 1/3 le 1/4, &c. on les raye, ensuite on multiplie tous les chiffres non rayés du conséquent les uns par les autres, & le produit est dividende, & les chiffres de l'antécédent multipliés les uns par les autres, font diviseur : voyez ci-devant.

DEUXIEME PROPOSITION,

Servant de preuve à la précédente.

On demande, combien on aura d'aunes de toiles de Rouen pour la somme de 71 l. 17 s. 6 d. à proportion de l'égalité des aunages suivans. Savoir, on suppose que sept cannes de Languedoc valent 36 l. dix cannes de Languedoc valent vingt-quatre aunes de Hollande, sept aunes de Hollande quatre aunes de Paris, & cinq aunes de Paris six aunes de Rouen. Réponse, on aura vingt-trois aunes de Rouen.

OPERATION.

```
       antécédent                conséquent
      ⑥ ⑶⑥ 1.          ⑺ can. de Languedoc 1
 5    5  ⑴⑥ cannes  = ⑵⑷ aun. de Hollande 4
 5    1  ⑺ aun. Hol. =  ⑷ aun. de Paris 2
───      5 aun. Paris =  ⑥ aun. de Rouen 1
 25      ⑶ pour       = 71 l. 17 f. 6 d.
                                   8
                        ─────────────────
                        750-0- : ⌠ 25
                         75      ⌡ ────────────────
                         00        23 aun. de Rouen
```

L'opération de cette preuve ſe fait de la même maniere que la précédente, ayant pour principe de mettre pour premier antécédent la même eſpece que le dernier conſéquent, comme on voit ci-devant & ci-deſſus; & quand il s'agit d'abréger, il faut faire une petite barre ſur les chiffres que l'on abrége, tant de l'antécédent que du conſéquent; car on ne peut pas abréger un antécédent ſans abréger un conſéquent. Enſuite on multiplie les chiffres non barrés du conſéquent les uns par les autres, & le produit eſt le dividende : on multiplie auſſi ceux de l'antécédent les uns par les autres, & le produit ſert de diviſeur.

L'ARITHMETIQUE

Autre régle conjointe en forme d'arbitrage.

DISSERTATION.

On nomme cette régle conjointe, parce qu'elle supplée souvent au défaut de trois, quatre, cinq & six régles de trois, & quelquefois plus, qu'il faudroit faire pour la solution de plusieurs questions que l'on peut proposer sur plusieurs sortes d'affaires; ainsi on voit clairement, que cette régle conjointe n'est autre chose qu'un abrégé de plusieurs autres sous-entendues. Mais il faut faire attention que le terme, qui fait le sujet de la question, doit être de même nom que le premier, qui est appellé antécédent; que le second, nommé conséquent vis-à-vis le premier antécédent, ait la même dénomination que le troisieme, qui est le second antécédent; ainsi de suite en même dénomination jusqu'à la fin de tous les termes proposés.

PREMIERE PROPOSITION.

Supposé qu'un écu de france soit égal, suivant le cours de change, à 85 d. g. d'Hollande, que 26 f. 9 penins d'Hollande, ou 321 d. g. valent 1 l. ou 240 l. sterl. d'Angleterre; 53 d. sterlins 1 ducat de Venise, 100 ducat de banque de Venise 56 écus d'estampe de Rome : on demande combien vaudront

100 écus de France en écus d'eſtampe de Rome. Réponſe , 67 écus d'eſtampe &
843/5671 partie d'écus ; voyez l'opération ci-deſſous.

O P E R A T I O N.

$$
\begin{array}{ll}
 & 1\ \Delta\ \text{—}\ 85\ \text{d. g.} \\
\left.\begin{array}{l}
17013 \\
100 \\
\hline
1701300
\end{array}\right\} &
\left\{\begin{array}{l}
321.\ \text{d. g}\text{—}240\ \text{d. ſt.} \\
53.\ \text{d. ſt.}\text{—}\ 1\ \text{ducat} \\
100\ \text{duc.}\ \text{—}\ 56\ \Delta\ \text{d'Eſt.} \\
x\ .\ \text{—}100\ \Delta\ \text{tourn.}
\end{array}\right.
\end{array}
\qquad
\left\{\begin{array}{l}
20400 \\
56 \\
\hline
1142400 \\
100 \\
\hline
114240000 \\
12162000 \\
2529/00 \\
843/5617
\end{array}\right\}\ \text{—}67.\ \Delta\ 843/5617
$$

Après avoir diſpoſé les termes de l'opération ci - deſſus, il faut multiplier tous les
termes antécédens, c'eſt - à - dire, ceux qui
ſont à gauche, les uns par les autres , pour
avoir au produit otal 1701300, qui ſera le
diviſeur; il faut multiplier pareillement tous
les conſéquens, c'eſt-à-dire , les termes qui
ſont à droite les uns par les autres : le produit
total qui eſt 114240000, ſera le nombre à
diviſer ; ou bien , comme j'ai dit à l'opération de la premiere propoſition, page 329,
on peut réduire en plus petite dénomination, tant les antécédens que les conſéquens.
On trouve, pour réponſe de l'opération ci-
deſſus , 67 écus d'eſtampe & 843/5671

parties d'écus; je vais en donner ci-après la preuve.

On peut se servir de cette régle pour le rapport des poids & mesures de différens lieux, comme je l'ai demontré ci-devant pour les aunages, page 329.

Je me suis servi de cette même régle pour la réduction des monnoies, dans le Traité des changes & d'arbitrages de mon volume in-4°.

DEUXIEME PROPOSITION.

Servant de preuve à l'opération ci-devant.

On demande, combien vaudront 67 écus & 843/5671 parties d'écus d'estampe de Rome, passans par les places suivantes: savoir, de Rome à Venise, le change étant à 56 écus pour 100 ducats de banque de Venise, 1 ducat pour 53 d. sterling d'Angleterre, 1 l. sterling ou 240 d. sterling pour 26 f. 9 d. d'Hollande, ou 321 d. de gros & 85 d. gros pour 3 liv. tournois, ou 1 △ de 60 f. Réponse, 100 écus tournois, ci 100 △

OPERATION.

```
        ⎧  14.  56 Δ    — 100. ducats 25. 5. 1
  224  ⎨         1 ducat —  53. d. sterling        53⎫
        ⎨ 16. 80. 240 sterl.— 321 d. g. 107    535⎬5671
   17  ⎨  17, 85. d. g. —      1 Δ                  ⎭
div: 3808⎩    x      —     67. Δ 843/5671 d'Eſt. de Rome
                         5671
                        ─────────
                         39697
                         34026
                           843, pour la fraction.
                        ─────────
                        380800 ⎧ 3808
                        000000 ⎨ ───────────────────────
                               ⎩ 100. Δ tourn. pour Rép.
```

Dans l'opération ci-deſſus, j'ai réduit en
la plus petite dénomination que j'ai pu,
tant l'antécédent que le conſéquent, en prenant d'un côté & d'autre, tant en haut
qu'en bas, les parties que j'ai pu prendre,
& cependant toujours un conſéquent avec
un antécédent, & ce afin de trouver un
moindre dividende & un moindre diviſeur,
& barrant toujours les chiffres, deſquels
j'ai pris les parties proportionnelles tant de
part que d'autre, comme l'on voit ci-deſſus.

Régle de jaugeage.

PROPOSITION.

Suppoſé, qu'on veuille jauger une petite
piece à eau-de-vie, qui a trois pieds quatre
pouces, ou plutôt quarante pouces de diamétre par ſon ouverture, vingt pouces de

diamétre de fond de dedans en dedans, & trente - un pouces de hauteur depuis le grand diamétre jufqu'au petit ; on demande combien ladite piece à eau-de-vie contiendra de veltes de quatre pots mefure de Nantes. Réponfe, 57 veltes peu moins ou au jufte 56 veltes 7 pintes 1/2 & 1/49 d'une demi-pinte.

OPERATION.

```
40. pouc. grand diam. mult.  30
20. pouc. petit diam.    par  30
—————                    —————
60.                multiplier...900
—————              par...  31 pouc. de haut.
La 1/2.... 30 pouc. diam. com.   —————
                             900
                            2700   /490. filindrique
                            —————   —————
                            27900  { 56. veltes 46/49
                            3400   { parties de veltes.
                                   { qui val. 7 pintes
                                   { 1/2 & 1/49 de
                                   { demie-pinte.
```

Pour faire cette régle, il faut ajouter les deux diamétres enfemble ; favoir, 40 & 20, ce fera 60, defquels il faut prendre la moitié qui eft 30 pouces pour le diamétre commun, qu'il faut multiplier par lui-même, c'eft-à-dire, 30 par 30, & le produit donnera 900, lequel produit il faut multiplier par 31 pouces de haut, il viendra 27900, qu'il faut toujours divifer par 490 pouces, parce qu'il faut 490 pouces pour une velte de 4 pots ; ainfi il viendra pour réponfe 56 vel-

tes 46/49, on peut dire 57 veltes, parce qu'il
ne s'en manque que 3/49 parties de velte,
chaque velte est de 4 pots mesure de Nantes :
on peut se conformer sur cette régle pour en
faire d'autres, selon les proportions qui sont
données.

Régle de la progression arithmétique.

DISSERTATION

Il y a trois sortes de progressions ; savoir,
la progression arithmétique, qui est celle que
je vais expliquer ; la progression géométrique & la progression harmonique, que je
passerai sous silence, parce qu'elles ne regardent point l'arithmétique.

La progression arithmétique est composée
de trois progressions ; savoir, la naturelle,
la continue & la non continue.

Il y a six choses à considérer ; savoir,
1°. la valeur du premier ou du plus grand
terme ; 2°. la valeur ou la somme de tous les
termes ; 3°. la valeur du premier ou du moindre terme ; 4°. l'excès ou la différence du
premier au deuxieme terme ; 5°. la quantité
des excès ; 6°. la quantité des termes.

La progression naturelle s'entend par plusieurs nombres, qui se surpassent l'un l'autre, c'est-à-dire, lorsque l'excès du second
nombre ne surpasse le premier que d'une
unité ; le troisieme ne surpasse aussi le second

que d'une unité, comme 1, 2, 3, 4, 5, 6, ^{nat} de même aussi 2, 4, 6, 8, auxquels chiffres chaque nombre ne se surpasse que de deux unités, ainsi des autres.

La progression continue s'entend quand les excès du second nombre surpassent le premier de plus d'unités que le premier ne contient, comme........2, 5, 8, 11, 14, 17, 20, 23, ^{con}

La progression non continue se doit entendre, quand l'excès ou la différence du premier au deuxieme nombre est égale à celle du troisieme au quatrieme, & ainsi de deux en deux, comme 4, 7, 8, 11, 10, 13, 14, 17, ^{non}

Remarquez que quand les termes sont en nombre pair pour toutes progressions arithmétiques, la somme des termes est égale à la somme des intermoyens, également distans des extrêmes, comme on voit en les nombres ci-dessus donnés.

Pour avoir la somme de tous les termes d'une progression arithmétique, soit naturelle, continue ou non continue, il faut ajouter le premier & dernier terme ensemble, & multiplier la somme par moitié du nombre des termes, le produit donnera la somme de tous les nombres.

PREMIER EXEMPLE

de la progression naturelle.

Addition des termes.

1. premier terme.
6. sixieme terme.

———

7. total.
Par. . . . 3. moitié des six term.

———

21. prod. desd. six term.

1
2
3
4
5
6

21, preuve.

SECOND EXEMPLE

de la progression continue.

Addit. des term

2. premier terme.
23. huitieme terme.

———

25. total.
Par. . . . 4. moitié des huit term.

100.. prod. desd. huit ter.

2
5
8
11
14
17
20
23

100. preuve.

TROISIEME EXEMPLE

de la progression non continue.

4. premier terme.
17. huitieme terme.

———

21. total.
Par. . . 4 moitié des huit termes.

———

84 prod. desd. huit termes.

Addition des termes.

4
7
8
11
10
13
14
17

84 preuve:

Par les trois exemples ci-dessus, on voit

que le produit des deux termes étant multiplié par la moitié des termes, il vient le montant de tous les termes. Ce qui se prouve en additionnant tous les termes, comme on voit ci-devant.

Par le premier exemple on voit que les deux extrêmes font 7, & la multitude des termes est 6, dont la moitié est 3; multipliant donc 7 par 3, il vient 21 pour le montant de tous les termes. Voici une proposition sur ce sujet.

PREMIERE PROPOSITION.

Une Marchande d'orange a vendue un cent d'oranges à un particulier de cette Ville, à condition que de la premiere orange il en payeroit un denier, de la seconde 2 deniers, de la troisieme trois deniers, ainsi de suite jusqu'à la centieme, augmentant toujours d'un denier, selon la progression naturelle: on demande combien ce particulier donnera d'argent à la Marchande d'orange pour ledit cent qu'il a acheté. Réponse, 21 livres o sols 10 deniers.

Pour faire cette régle, il faut ajouter le premier terme 1 avec le dernier terme qui est 100, la somme sera 101, qu'il faut mulplier par 50, moitié de 100, & le produit donnera 5050 deniers, qui valent 21 livres o sols 10 deniers pour la valeur desdites cent

oranges

oranges aux fufdites conditions. Il n'eft pas néceffaire de donner l'opération de cette régle ; le raifonnement feul la fait comprendre.

DEUXIEME PROPOSITION,

Servant de preuve à la précédente.

Un particulier a acheté pour 21 liv. o f. 10 den. d'oranges, dont il a payé la premiere orange un denier, la deuxieme deux deniers, la troifieme trois deniers, & toujours en augmentant d'un denier jufqu'à la derniere orange : on demande combien il a eu d'oranges pour la fufdite fomme de 21 liv. o f. 10 den. Réponfe 100 oranges.

Pour faire cette régle, il faut doubler 21 liv. o f. 10 den. il viendra 42 liv. 1 f. 8 den. ou, comme la queftion eft propofée par deniers, cela fera 10100 deniers, dont la racine quarrée eft 100, ainfi ce font cent oranges qu'il a acheté ; il faut obferver, que le refte de l'extraction doit fe trouver égal au quotien, autrement la régle ne feroit pas bonne. Voyez ci-deffous l'opération de la racine quarrée.

OPERATION.

Divifeurs.	10100	100 oranges.
premier.. 1	100	
fecond... 20	(reftant.	
troifieme. 200		

PREUVE.

M . . . 100
Par . . . 100
____
10000
100 restant.
____
101000

Je donnerai ci-après l'instruction de la racine quarrée, de même que celle de la racine cubique, avec des exemples & opérations.

TROISIEME OPERATION.

Deux jeunes gens ont fait gageure, savoir, que l'un auroit fait une lieue en droit chemin, c'est-à-dire, demi-lieue à aller & demi lieue à revenir, avant que l'autre auroit posé & ramassé 34 œufs dans un panier, arrangés comme il est expliqué ci-après, savoir:

On a mis dans un panier 34 œufs, qu'ensuite on a rangé en droite ligne & éloignés ou distancés par-tout de cinq pieds l'un de l'autre. On demande lequel des deux gagnera ; ce devroit être celui qui ramasse les œufs, selon l'opération de la progression; mais ils ont fini ensemble, c'est-à-dire, ils ont arrivé ensemble au but limité par la position du panier. C'est une progression

que j'ai fait faire & opérer à mes écoliers.
J'ai donné 120 pas de moins à faire à celui
qui a ramaffé les œufs, & cela pour rem-
placer le tems qu'il perdoit à fe baiffer & à
fe relever pour pofer & ramaffer lefdits
œufs.

OPERATIONS.

dernier terme. . .	340
premier terme. . . .	10
	350
1/2 des 34. term.	17
produit.	5950 pour la pofition des 34. œufs.
	5950 pour le ramas defdits œufs.
	11900 pieds
le 1/5. eft. . . .	2380 pas

PREUVE *pour la pofition.*

10	110	210	310
20	120	220	320
30	130	230	330
40	140	240	340
50	150	250	
60	160	260	1300
70	170	270	550
80	180	280	1550
90	190	290	2550
100	200	300	5950
550	1550	2550	preuve

Il eft certain qu'il faut que celui qui

pose & ramasse les œufs, fasse dix pieds pour seulement poser le premier œuf, cinq pieds pour aller & cinq pieds pour revenir; il faut aussi qu'il fasse 20 pieds pour le second œuf, dix pour aller & dix pour revenir, ainsi du reste. On se servira de cette progression 10, 20, 30, 40, 50, 60, &c. comme vous voyez à la preuve de l'autre part, & ce jusqu'au nombre des œufs proposés, qui est 34, & dont le dernier & plus grand terme est 340, auquel il faut ajouter le premier terme 10, comme vous voyez à l'opération ci-devant, cela fait 350 qu'il faut multiplier par 17, moitié du nombre des 34 termes ou des œufs proposés. Le produit sera 5950 pieds pour la position des œufs; ensuite pour les reporter dans le panier d'où ils sont sortis, il faut qu'il fasse encore 5950, ce qui fait en total 11900 pieds, qui font 2380 pas: pour réduire les pieds en pas géométriques, il faut prendre la cinquieme partie des pieds trouvés, parce qu'il faut cinq pieds pour un pas géométrique, & pour trouver des lieues, il faudroit pouvoir diviser les 2380 pas par 2500, parce qu'il faut 2500 pas géométriques pour la lieue de France; ainsi on voit qu'il manque 120 pas pour faire la lieue; c'est ce qui fait voir que celui qui ramassoit les œufs, devoit avoir fini avant l'arrivée de l'autre. Mais, comme j'ai dit ci-

devant, se baisser se relever si souventes-
fois, emporte du tems; c'est ce qui fit qu'ils
arriverent ensemble au but limité ou étoit
le panier.

Différentes mesures.

Le pas commun......		de deux pieds & demi.
Le pas géométrique...		de deux pas communs.
La lieue de France......		de 2500 pas géométr.
Le stade............		de 125 pas géométr.
Le mille d'Angleterre...		de 8 stades ou 1000 pas géométriques.
La lieue d'Espagne....	est com-	de 3400 pas.
La lieue d'Allemagne..	posée.	de 4000 pas.
La lieue de Suede & de Suisse............		de 5000 pas.
La lieue de Hongrie...		de 6000 pas.

Régle de fausse position double.

DISSERTATION.

On nomme ainsi cette régle, (régle de
fausse position double) parce qu'on suppose
deux nombres que l'on nomme faux, & par
ce moyen on trouve celui que l'on cherche.
Il faut premierement supposer un nombre,
& avec icelui poursuivre la question proposée, comme si c'étoit le nombre conçu en ladite question : & si à la fin on ne parvient pas
au nombre que l'on cherche, il faut écrire
le nombre supposé avec sa différence de plus
ou de moins, comme on va le voir par la
proposition suivante & l'opération ci-après,

de laquelle je me contenterai de donner l'explication, regardant cette régle comme plus curieuse qu'utile.

PROPOSITION.

Un Maître écrivain veut acheter la maison où il demeure, par le moyen des écoliers qu'il enseigne ; il dit que si ses écoliers lui payoient 12 écus par an, il auroit 30 écus de de reste après avoir payé sa maison ; mais que comme ils ne lui en payent que 10, il sera obligé d'en emprunter 50 pour faire le payement de ladite maison. On demande combien il a d'écoliers, & combien lui coûtera cette maison. Réponse il a 40 écoliers, & la maison lui coûtera 450 écus.

Pour cet effet, il faut trouver un nombre qui ayant été multiplié par 12 & ôté 30 du produit, fasse un nombre égal à celui qui viendra du même nombre multiplié par 10, & ajouter 50 au produit.

Présentement il est facile de trouver le prix de la maison ; il n'y a qu'à multiplier les 40 écoliers par 12 écus, le produit est 480, dont il faut souftraire les 30 écus qu'il auroit de reste, si ses écoliers payoient 12 écus par an ; le reste sera 450 pour le prix de ladite maison. Et pour preuve, je multiplie les 40 écoliers par 10 écus que chaque écolier paye par an, le produit est 400 auquel j'a-

joute les 50 écus qu'il doit emprunter, le
total donne de même 450 écus.

OPERATION.

50 Ecoliers.   50 Ecoliers
12   10
———————   ———————
600   500
30   50
———————   ———————
570   550
550
———————   ———————
20 plus.   fauſſe.
———————————————————

45 Ecoliers.   45 Ecoliers.
12   10
———————   ———————
540   450
30   50
———————   ———————
510   500
500
———————   ———————
10 plus.   fauſſe.
———————————————————

50 plus 20. . . 900
45 plus 10. . . 500
———————— ⎰ 10
400   ⎱ ——————————
000   ⎱ 40 Ecoliers.

PREUVE.

40 Ecoliers. 40 Ecoliers.
Par. . . 12   10
———————   ———————
480   400
30   50
———————   ———————
450   450

On peut suppofer d'autres régles de fauffe position double ou fimple fur ce principe, & où il fe peut trouver plus & moins de différence, je renvois le curieux à mon queftionnaire ci-après, où font renfermées toutes fortes de queftions fur les précédentes régles comme fur les fuivantes.

Autre maniere fimple d'opérer la propofition ci-deffus.

Souftraire { 12. plus   30 } additionner.
           { 10. moins 50 }

refte. . 2. divif. 80. dividende.

    80 { 2
     0 { 40 Ecoliers.

Réponfe, comme ci-deffus il a 40. Ecoliers.

40. Ecoliers.   40. Ecoliers.
à . . . . 12. écus.   à . 10. écus.

    480.   400.
ôtez . . . 30.   ajoutez 50.

    450. écus. ci. . . . 450. prix de la maifon.
Et la maifon lui coûte 450 écus.

Régles de l'extraction de la racine quarrée.

DISSERTATION.

Extraire la racine quarrée d'un nombre, c'eft en trouver un moindre qui étant multiplié par lui-même produife le même nombre dont

dont on a tiré la racine quarrée ; parce que tout nombre multiplié par lui-même est la racine quarrée du nombre qu'il produit qui se nomme quarré, comme 64 est un nombre quarré, dont la racine est 8 ; car 8 fois 8 font 64, de même que 9 fois 9 font 81, qui est un nomdre quarré, dont la racine est 9 & ainsi des autres.

Mais avant que de commencer la pratique de cette extraction, il faut avoir la connoissance des nombres quarrés, que produisent les neuf simples figures qui suivent ; savoir :

| Racines, | 1 | 2 | 3 | 4 | 5 | 6 | 7 | 8 | 9 |
| nombres quar. | 2 | 4 | 9 | 16 | 25 | 36 | 49 | 64 | 81 |

On voit par la démonstration ci-dessus que tous les nombres quarrés ne donnent chacun pour racine qu'une figure, comme aussi par la même raison, chaque simple figure ne produit pour son quarré que deux figures au plus.

PREMIERE PROPOSITION.

Si vous voulez extraire la racine quarrée d'un nombre plus grand que ceux marqués ci-dessus, comme par exemple de 1225, après avoir souligné le nombre, & y avoir mis un L. au bout de la droite, vous diviserez ces figures de deux en deux, en commençant à droite & finissant à gauche, par le moyen d'une virgule que vous mettrez entr'elles, & remarquez qu'il doit se trouver autant de figures au quotient, (c'est-à-dire, après la lettre **L**. faite en demi-cercle) qu'il y aura de divisions ou séparations, (par une virgule, que nous appellons sections) au nombre, dont on veut extraire la racine quarrée.

Ainsi, pour extraire la racine quarrée de ce nombre 1225 , je divise les quatre figures en deux sections, & je cherche la racine de la premiere à gauche qui est 12 ; je trouve qu'elle est 3, que j'écris au quotient, & encore sur la gauche pour diviseur; j'opére ensuite comme à la division enseignée ci-devant, disant 3 fois 3 font 9, à soustraire de 12, premiere section, le reste est 3, que je pose sous les 12.

Cela étant fait, je baisse la seconde section, qui est 25, proche le 3 restant ; le tout fait 325.

Après cela je double le diviseur qui est 3, le double est 6 pour second diviseur ; je cherche donc dans 32, qui font les deux premieres figures de 325, nombre à diviser, combien ce 6 y est contenu de fois, naturellement il y est 5, que j'écris au quotient proche le 3 pour seconde racine, & au devant du 6 pour diviseur, & je dis 5 fois 5 font

25, à fouftraire de 25, eft quitte, & retiens 2 :
je continue, difant 5 fois 6 font 30, & 2 que
j'ai retenu font 32, que je fouftrais de 32, il
ne refte rien ; ainfi je dis que la racine quarrée de 1225 eft 35 jufte.

Et pour preuve, je multiplie la racine
quarrée 35 par elle-même, c'eft-à-dire, 35
par 35, le produit donne les 1225, qui eft
le nombre quarré propofé à extraire.

<pre>
    OPERATION.   PREUVE.
divifeurs. ⌠ 1225 ⌠ 35. racine   35
I.....3   ⌡ 325 ⌡   35
II....65   00   ─────────
                                      175
                                      105
                                   ─────────
      nombre quarré. . . . 1225. preuve..
</pre>

DEUXIEME PROPOSITION.

De trois fections, dont la racine fera compofée de
trois figures.

Je veux favoir quelle eft la racine quarrée de 1,61,53, pour cet effet, je divife les
figures de deux en deux comme ci-devant ;
je trouve trois fections, dont la derniere
n'eft compofée que d'une figure : je dis donc
que la racine quarrée de 1, dont la fection à
gauche eft compofée, eft 1 que j'écris au
quotient pour premiere racine, & au divifeur pour premier divifeur, enfuite je dis
une fois 1, à fouftraire de 1, eft quitte ; je

double cet 1, & baiſſe la ſection ſuivante qui eſt 61, je cherche combien 2, qui eſt le double de 1, eſt contenue dans le 6 de cette ſection 61 : il ne peut y entrer que 2, que je poſe pour ſeconde racine proche la premiere, & au devant du 2 du diviſeur, pour en former ladite ſeconde racine.

Enſuite je dis 2 fois 2 font 4, que je ſouſtrais de 11, il reſte 7, que je poſe ſous le 1, & retiens 1, & 2 fois 2 font quatre, & 1 que j'ai retenu font 5 à ſouſtraire du 6 reſte 1, que j'écris au-deſſous du 6, de ſorte que le reſte eſt 17, proche duquel j'abbaiſſe la troiſieme ſection, qui eſt 53, le tout fait 1753, je double le diviſeur, qui eſt 2, le double eſt 4, que j'écris au-deſſous dudit 2, & je baiſſe l'autre 2 premier écrit proche ledit 4.

Cela étant fait, je cherche en 17 combien 2 y eſt contenu de fois; je trouve qu'il n'y peut entrer que 7, que je poſe au quotient pour troiſieme racine, & au diviſeur pour troiſieme diviſeur : je dis donc 7 fois 7 font 49, à ſouſtraire de 53 reſte 4, que j'écris ſous le 3, & retiens 5; je dis 7 fois 4 font 28 & 5 font 33, à ſouſtraire de 35, reſte 2, que je poſe ſous le 5 & retiens 3, & je dis encore 7 fois 2 font 14, & 3 que j'ai retenu font 17, que je ſouſtrais de 17, il ne reſte rien; ainſi il ſe trouve 24 de reſtant qu'il faut rapporter à la preuve, qui ſe fera comme celle de l'opération précédente.

OPERATION.   PREUVE.

```
                1,61,53 ⎧ 127          127
Diviſeurs  0 61        ⎨               127
I... 1          17 53                 ─────
II.. 22          24. reſtant           889
III. 247        ─────                  254
─────                                  127
                                     ─────────
                                       42. reſtant.
                                     ─────────
                                       16153. preuve.
                                     ─────────
```

Remarquez que s'il ſe fût trouvé quatre ſections, j'aurois encore doublé la derniere figure du diviſeur, qui eſt un 7, pour en former le quatrieme diviſeur, lequel auroit été 254, & ainſi des autres, en doublant toujours la figure du diviſeur derniere écrite, à meſure qu'il ſe trouve des ſections, dont il faut extraire la racine quarrée.

Remarquez encore que lorſqu'il ſe trouve des zeros dans la ſeconde, troiſieme & quatrieme ſection, & que le diviſeur n'eſt point contenu dans le nombre à diviſer, il faut écrire un zero au quotient pour ſeconde, troiſiéme & quatrieme racine, & mettre auſſi le même zero au - devant du diviſeur.

TROISIEME PROPOSITION.

Je veux extraire la racine quarrée de 16402500; pour cet effet, je ſépare comme ci-devant, les figures de deux en deux, prenant premierement la racine de la premiere section qui est 16, je trouve qu'elle est 4, que je met au quotient pour premiere racine, & à gauche pour premier diviseur ; je dis donc 4 fois 4 font 16, à soustraire de 16, premiere section, quitte ; je baisse la seconde section qui est 40, & je double le diviseur qui est 4, dont le double est 8, & comme je trouve que 8 n'est point contenu dans 4, j'écris un zero au quotient pour seconde racine, & au devant du 8 pour second diviseur, le tout fait 80.

Je baisse la troisieme section, qui est 25 proche la seconde 40, le tout fait 4025, nombre à diviser ; je cherche en 40 combien il y a de fois 8, je trouve qu'il y est 5, que je met au quotient pour troisieme racine, & au devant du diviseur 80.

Je dis donc 5 fois 5 font 25, à soustraire de 25 quitte, & retiens 2 : je dis 5 fois 0 n'est rien, 2 que j'ai retenu à soustraire de 2, quitte, & 5 fois huit font 40, que je soustrais de 40, quitte.

Remarquez qu'à chaque fois que j'acquitte ces figures, j'écris un zero au-dessus d'elle ; enfin je baisse la derniere section, qui est composée de 00, & comme le diviseur n'est point contenu dans le nombre à diviser, puisqu'il n'est contenu que de zeros, je porte un zero au quotient pour quatrieme racine ; ainsi on voit que la racine quarrée 1640?,500 eſt 4050. La preuve ſe fait comme les précédentes.

O P E R A T I O N.   P R E U V E.

```
                                            4050
          16,40,25,00 {4050 rac.   4050
Diviſeurs      40,25      {        ————————
   4              0 00 00          202500
  805           ————————           162000
————————                          ————————————
                                   16402500. preuve
```
══

Autre exemple & opération.

```
Diviſeurs      7,00,00,00 {  2645
I . . . 2      3 00       {
II . . 46       24 00
III . . 524      3 04 00
IV . . 5285       39 75. reſtans
```

P R E U V E.

```
        2645
        2645
      ————————
        13225
        10580
        15870
        5290
      ————————
        6996025
          3975. reſtans.
      ————————————
Preuve. - 7000000.
```

Autre exemple & opératian.

PREUVE.

Diviseurs. 1,00,00,00,00510000 racine 7 10000
1   00,00,00,002   5   10000
2   Preuve 10000000

Il sera facile de connoître les inconvéniens qui pourroient se trouver dans l'extraction de la racine quarrée, par le moyen des deux deniers exemples proposés & opérés.

Remarquez que comme le nombre du premier de ces deux exemples dernier proposé ci-dessus, n'est pas un nombre quarré; si vous voulez le rendre quarré, afin que la racine soit 2646, il faut doubler la racine déja trouvée, qui est 2645, & ajouter 1 à ce nombre doublé, vous aurez 5291, dont vous soustrairez ces 3975 de restant, le reste sera 1316, que vous ajouterez au nombre proposé, qui est 7000000, le tout sera 7001316, dont la racine quarrée est 2646.

Mais si au lieu d'augmenter la racine, vous vouliez exprimer en fraction le reste de l'extraction, qui est 3975, vous doubleriez la racine 2645, & ajouteriez 1 au nombre doublé, vous auriez 5291, comme ci-dessus, que vous écrirez pour dénominateur, & en posant le reste de l'extraction, qui est 3975 pour numérateur, vous auriez 3975/5291 pour la fraction exprimée, comme on voit par l'opération ci-contre. OPERAT.

OPERATION.

```
Diviseurs.   7,00,00,00  {  2645. 3975/5291. racine,  }
I...2        3 00        {         2          quarrée.  }
II..46        24 00      {  ────────────────────────────
III.524       3 0400     {  5291
IV..5285     3975. restant.
```

QUATRIEME PROPOSITION

d'entiers & fractions.

Si vous voulez tirer la racine quarrée d'entiers & fractions, comme par exemple, de
4522. 9/16.

Réduisez ce nombre proposé en seizieme,
vous aurez 72361/16 ; vous tirerez premierement la racine du numérateur, qui est
72361, vous aurez 269 ; vous tirerez aussi
la racine du dénominateur, qui est 16, elle
est 4, que vous écrivez dessous 269 ; la racine entiere est 269/4 ou par réduction 67.
1/4, qui disent 67 entiers 1/4. Voyez l'o-
pération ci-dessous.

OPERATION.

```
4522. 9/16                            16 { 4 rac.
   16                              4.  0 {
───────────────  { 269 racine, numérateur.
       7,23,61   {  ─
Div.   3 23      {   4. racine, dénominateur.
 2.      47 61    réduction en entiers.
                                      diviseur.
46       000      269  { 4.
529                29  { ──────────
                  1/4  { 67. entiers 1/4.
                                    H h h
```

PREUVE.

67. 1/4
4

———————

269
67. 1/4

———————

1883
1614
67. 1/4

———————

18090. 1/4
4

———————

$\left.\begin{array}{l}72361 \\ 83 \\ 36 \\ 41 \\ 9/16\end{array}\right\}$ 16

4522. entiers 9/16

4
4
———
16 div.

La preuve de cette extraction ci-dessus se fait en mettant 67. 1/4 en quarts; vous en trouverez 269, que vous multiplierez par les mêmes 67. 1/4, le produit est 18090.1/4, qu'il faudroit diviser par 4, parce que 18090 ne font que des quarts & 1/4 de reste; mais par rapport à ce 1/4, il faut réduire les 18090 en quarts, en les multipliant par 4, ce qui produit 72361, il faut multiplier le 4 par 4, ce qui produit 16 pour diviseur, & vous trouverez au quotient 4522. 9/16, nombre proposé, voyez ci-dessus.

Pour tirer la racine quarrée d'une fraction

radicale, comme si vous voulez avoir la racine quarrée de 16/36, tirez la racine de 16, qui est 4, & de 36, qui est 6, vous aurez 4/6 ou 2/3 pour la racine quarrée de 16/36.

Pour extraire la racine d'une fraction irradicale, comme de 7/9, il faut multiplier 7 par 9, le produit est 63, & au lieu de 63, il faut prendre le nombre quarré le plus proche, qui est 64, dont la racine est 8, qu'il faut écrire pour numérateur, & 9 pour dénominateur : ainsi la racine quarrée de 7/9 est 8/9, à peu près.

Pour preuve, multipliez 8/9 par 8/9, vous aurez 64/81, dont la racine quarrée est 8/9, comme ci-dessus.

Usage de la racine quarrée.

La racine quarrée est utile pour la guerre; elle sert à former un bataillon, par le moyen d'un nombre de soldats, soit qu'il soit quarré d'hommes ou quarré de terrein.

Le bataillon quarré d'hommes est celui qui a autant d'hommes de front que de flanc, c'est-à-dire, qui est égal de toutes faces; & le bataillon quarré de terrein est celui dont les hommes occupent une place de terre quarrée.

PREMIERE PROPOSITION.

Si on vouloit former un bataillon quarré

d'hommes avec 3249 soldats, combien il y en auroit-il de front & de flanc, c'est-à-dire, de chaque côté? Pour le savoir il ne faut qu'extraire la racine quarrée des 3249 soldats, on trouve qu'elle est 57 pour le nombre des hommes qu'il y aura, tant de front que de flanc.

OPERATION.   PREUVE.

Diviseurs. 32,49 } 57, rac.   57. hom. de front.
    5   7 49 }   57. hom. de flanc.
   107   0 00   ─────────────
─────────────   399
                                   285
                              ─────────────
                              3249. preuve.

DEUXIEME PROPOSITION.

Je veux former un bataillon quarré d'hommes avec 954 soldats, & savoir combien il y aura desdits soldats de front & de flanc.

Pour cet effet je tire la racine des 954, elle est 30 pour les hommes de front & de flanc, & il reste 54 soldats, dont je pourrois faire un peloton.

Cependant si je voulois que tout y fût employé, c'est-à-dire qu'il y eût 31 soldats de front & 31 de flanc, combien faudroit-il ajouter d'hommes?

Pour le favoir je double la racine 30 &
ajoute 1 au nombre doublé, le tout fait 61,
duquel nombre je fouftrais 54 reftant de
l'extraction, le refte eft 7, c'eft-à-dire, 7.
hommes que je dois ajouter aux 954.

OPERATION.

Diviseurs. { 9,54   { 30   30
3   { 0 54. reftans. {   2
60   ——
                                          60
                                           1
                                          ——
                                          61
                                          54
                                          ——
         Il faut ajouter. . . 7. hom.

PREUVE.

    954
      7   31
     ——   { 31. racine   31
    9,61   {   ——
    0 00   31
3   93
61   ——
                                961. preuve.

TROISIEME OPERATION.

On propofe un nombre d'hommes pour
faire un bataillon quarré de terrein, il faut
trouver combien le front contiendra d'hommes, & combien la file.

Pour cet effet il faut savoir premierement, qu'au bataillon quarré de terrein les hommes occupent en front 3 pieds de distance les uns des autres, & 7 en file ou en hauteur; de sorte que si on veut trouver le nombre des hommes de front du bataillon qu'on veut ranger, on fera une régle de trois, posant 3 au premier terme, 7 au second, & le nombre des hommes proposés au troisieme; ensuite on extraira la racine quarrée du quatrieme terme ou quotient de la régle de trois, la racine donnera le nombre des hommes de front.

Et au contraire, si on veut trouver le nombre des hommes de file, il faut dire: si 7 donnent 3, combien donneront les hommes proposés à mettre en bataillon.

Comme si on proposoit de mettre 4725 hommes en bataillon quarré de terrein, on demande combien il y auroit d'hommes de front. Réponse, 105 hommes de front; il faut dire:

Si 3 donnent 7, comb. donneront 4725. hommes.

$$\text{OPERATIONS.} \qquad 7$$

Diviseurs.		105. hom. de fr. 33075		3
	1, 10, 25			
1	0 10 25	03		11025. q.
205	000	007		
		15		
		0		

Et pour avoir ceux de la file, il faut dire:

Si 7 donnent 3, combien don. 4725
3

OPERATIONS.

20,25 } 45. hom. de file
4 4 25 }
85 00 }

14175 } 7
017 } 2025. quot.
35 }
0

Pour preuve, multipliez les 105 hommes de front par 45 hommes de file, vous trouverez les 4725 hommes proposés.

OPERATION de la preuve, 105. hommes de front,
par . . . . . 45. hommes de file.

525
420

4725. hom. du bataillon.

Si présentement on demandoit combien ce bataillon de 4725 hommes contient de terrein, il ne faut que multiplier les 4725 hommes par 21 pieds quarrés, que chaque homme contient; car 3 fois 7 font 21, vous trouverez au produit 99225 pieds quarrés ou 16537 toises & 3 pieds ou 1/2 toise.

OPERATION.

4725
21

4725
9450

99225. pieds quarrés.

99225. pieds quarrés.
Le 1/6. . . 16537. toises 1/2.

QUATRIEME PROPOSITION.

On veut ranger un bataillon dans une espace quarrée de terrein qui contient 3601 toises 1/2, & savoir combien il y aura de soldats de front & de file, & combien en tout.

Pour le savoir, multipliez les 3601 toises 1/2 par 6 pieds, valeur de la toise ; le produit sera 21609, que vous diviserez par 21 pieds qu'il faut à chaque soldat ; vous trouverez au quotient 1029 pour le nombre des hommes qu'il faut pour remplir les 21609 pieds de terrein.

Pour trouver les hommes de front, dites par régle de trois, si 3 donnent 7, combien donneront 1029, le quotient donnera 2401, duquel nombre vous extrairez la racine, qui sera 49 pour le nombre des hommes de front.

Et pour trouver ceux de la file, dites encore, par régle de trois, si 7 donnent 3, combien donneront 1029 ; vous trouverez au quotient 3087, dont vous extrairez la racine quarrée qui donnera 21 pour le nombre des hommes de la file : la preuve est facile à faire.

O P E R A T I O N S.

3601. toises 1/2 ou 3 pieds.

6

$$\left.\begin{array}{l} 21609 \\ 0060 \\ 189 \\ 00 \end{array}\right\} \begin{array}{l} 21 \\ \\ 1029.\ \text{hommes.} \end{array}$$

Si 3 donnent 7, combien 1029. hommes.

7

$$\begin{array}{l} \\ 24,01 \\ 801 \\ 89 \quad 00 \end{array}\left\{\begin{array}{l} 7203 \\ 12 \\ 003 \end{array}\right\} \begin{array}{l} 3 \\ \\ 2401 \end{array}$$

49. hommes de front.

Si 7. donnent 3, combien 1029. hommes.

3

$$\begin{array}{l} \\ 4,41 \\ 041 \\ 41 \quad 00 \end{array}\left\{\begin{array}{l} 3087 \\ 28 \\ 07 \\ 0 \end{array}\right\} \begin{array}{l} 7 \\ \\ 441 \end{array}$$

21. hommes de file.

Preuve des opérations ci-dessus.

49. hommes de front.
21. hommes de file.

49
98

1029. hommes pour preuve.

CINQUIEME PROPOSITION.

Il y a un bataillon qui occupe 336000 pieds quarrés d'un terrein qui a 600 pieds de longueur ; on demande combien il faut qu'il ait de largeur & combien il y a d'hommes audit bataillon.

Pour cet effet, divifez les 336000 pieds quarrés par les 600 de longueur, le quotient donnera 560 pieds pour la largeur dudit terrein. Et pour avoir le nombre des hommes du bataillon, divifez auffi 600 pieds de longueur par 3, & 560 de largeur par 7; vous trouverez au quotient 200 hommes de front & 80 de file, lefquels 200 & 80 étant multipliés l'un par l'autre, le produit donne 16000 qu'il faut audit bataillon.

Pour preuve, multipliez 16000 hommes par 21 pieds que chacun d'eux contient, vous retrouverez au produit les mêmes 336000 pieds quarrés.

Vous auriez pu auffi multiplier la largeur dud. terrein par fa longueur ; favoir, 560 par 600, vous auriez de même trouvé 336000 pieds quarrés. L'opération fe voit comme il fuit.

OPERATION.

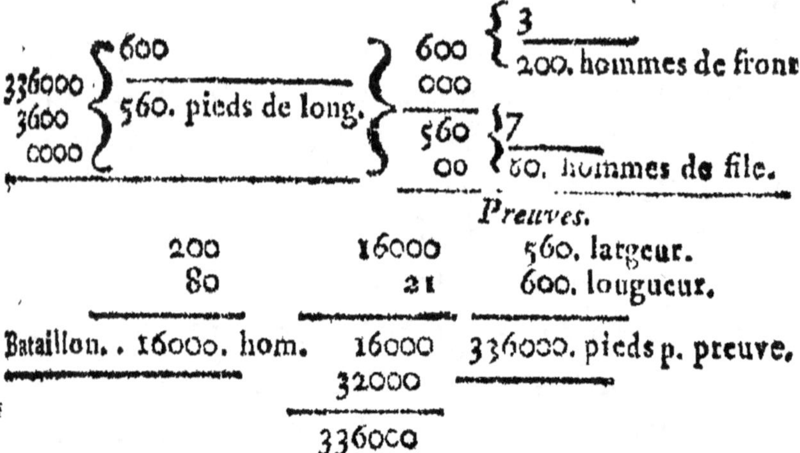

SIXIEME PROPOSITION.

Un bataillon qui occupe 69888 pieds quarrés de terrein à 104 soldats de flanc, on demande combien il y en a de front & le nombre du tout.

Divisez 69888 pieds par le produit de 104 multipliés par 7, qui est 728, le quotient donne 96 pieds dont vous devez tirer le tiers, qui est 32 pour le nombre des hommes de front, & multiplier 104 hommes de flanc ou de file par 32 de front, vous trouverez 3328 hommes qui composent le bataillon. Pour preuve multipliez les 3328 hommes par 21 pieds, le produit sera 69888 pieds.

OPERATION.

104		728	96 en prenant le 1/3
7		96. pieds de larg.	32. hommes de front.
————	ooo	*Preuve.*	
728			
————		Le total est 3328. hommes.	
104		par...... 21. pieds.	
32			
————			3328
208			6656
312			
————			
3328. hommes.			69888. pieds pour preuve)

SEPTIEME PROPOSITION.

On veut ranger un bataillon de 1728 hommes en forme rectangulaire, c'est-à-dire, que le front soit en proportion triple du flanc, comme de 1 à 3: on demande quelle espace de terrein il occupera, quelle sera sa largeur, combien il y aura d'hommes en flanc & en front.

Divisez les 1728 hommes par 3, vous aurez 576, dont la racine quarrée est 24 pour le nombre des hommes qu'il y aura en flanc. Pour avoir les hommes de front, multipliez les 24. hommes de flanc par 3, vous aurez 72 pour le nombre des hommes de front.

Pour preuve, multipliez 72 hommes de front par 24 de flanc, vous retrouverez les mêmes 1728.

Si vous voulez avoir la largeur du terrein, multipliez les 72 hommes de front par 3 pieds qu'il y a de distance entre chacun, le produit eſt 216 pour la largeur dudit terrein.

Et enfin vous trouverez ſa longueur en multipliant les 24 hommes de flanc par 7 pieds, le produit eſt 168 pour réponſe.

Pour preuve, multipliez 216 pieds de largeur par 168 de longueur, vous trouverez 36288 pieds ; multipliez auſſi 1728 hommes dont le bataillon eſt compoſé par 21 pieds, vous trouverez les 36288 pieds quarrés pour le contenu dudit terrein ; voyez l'opération ci-deſſous.

OPÉRATION.

1728 22 18 0	3 576	2 44	5,76 1 76 00	24. hommes en flanc 3	72. hommes de front.

72. hommes de front. 3	24. hom. en flanc. 7	*Preuve* 72 24
216. pour la largeur.	168. la longueur.	288 144
		1728. preuve

PREUVES.

216 168	1728 21
1728 1296 216	1728 3456
36288. pieds.	36288. pieds.

HUITIEME PROPOSITION.

On veut former un bataillon de 8192 hommes, dont le flanc foit double du front: on demande combien il y aura d'hommes en flanc & de front, quel fera le contenu du terrein qu'il occupera, fa longueur & fa largeur.

Prenez la moitié des 8192 hommes, qui eft 4096, dont vous extrairez la racine quarrée, vous trouverez 64 pour le nombre des hommes de front. Enfuite doublez les 64 hommes de front, vous trouverez 128 hommes pour le flanc, & pour preuve multipliez les 128 hommes de flanc par les 64 de front, le produit eft 8192 qui repréfentent le bataillon.

Pour trouver la largeur du terrein, multipliez les 64 hommes de front par 3 pieds, vous auriez 192. pieds pour la largeur dudit terrein.

Multipliez auffi les 128 hommes de flanc par 7 pieds, vous trouverez au produit 896 pieds pour la longueur dudit terrein, & pour trouver fon contenu en fuperficie, multipliez les 192 pieds de largeur par 896 de longueur, le produit eft 172032 pieds pour la fuperficie dudit terrein. Pour preuve multipliez les 8192 hommes dont le bataillon eft compofé par 21 pieds, vous aurez au produit les mêmes 172032 pieds.

OPERATION.   PREUVE.

```
    8192          ⎫            128. hom. de front ⎫
  ─────    64. hom. de front. ⎬  par. 64. hom. de flanc
   40,96          ⎬  2          ⎬  ─────────────────
6   4 96          ⎬  ─────      ⎬    512.
124  0 00    128. hom. de flanc. ⎭    768
                                   ─────────────
                                   8192 bataillon.
```

```
    64. hom. de front. ⎫      128. hommes de flanc.
par.... 3. pieds      ⎬      7
  ─────────────        ⎬    ─────────────────────
  192 larg. dud. terrein ⎭   896. longueur du terrein.
```

PREUVE

```
  896. longueur.            8192. hommes du batail.
  192. largeur.             par.. 21. pieds,
  ─────────                 ─────────────
   1792                      8192
   8064                     16384
    896                     ─────────────
  ─────────────            172032  preuve.
  172032. superficie dud. terrein.
```

NEUVIEME PROPOSITION.

Un Officier d'armée a 8112 hommes à ranger en bataillon, qui foit trois fois plus long que large; on demande combien il y aura de foldats en longueur & en largeur, & quelle fera la fuperficie du terrein que ce bataillon occupera: pour le favoir je fuppofe que la largeur foit 2 pieds felon la queftion, la longueur en fera 6.

Cela étant je multiplie 6 par 2, le produit donne 12, avec lefquels je divife 8112 hommes, le quotient donne 676, dont la racine quarrée eft 26, que je multiplie par 2 & par

6 chacun en particulier, je trouve 52 pour le nombre des hommes de largeur, & 156 pour ceux de longueur; & pour avoir la superficie du terrein, je multiplie 156 hommes de longueur par 7 pieds de distance des uns aux autres : le produit donne 1092 pour la longueur du terrein. Je multiplie aussi les 52 hommes de largeur ou de front par 3 pieds aussi de distance des uns aux autres, le produit est 156 pieds pour la largeur dudit terrein, duquel pour avoir la superficie, je multiplie les 1092 pieds de longueur par les 156 de largeur, le produit donne 170352 pieds, dont la sixieme partie est 28392 toises pour la superficie dudit terrein.

Pour preuve, je multiplie 156 hommes de flanc par 52 de front, le produit donne 8112 hommes, qui est le bataillon entier; je fais encore cette preuve d'une autre maniere, en divisant les 170352 pieds quarrés par 21 que chaque soldat occupe, le quotient de la division donne les mêmes 8112 hommes.

OPÉRATION.

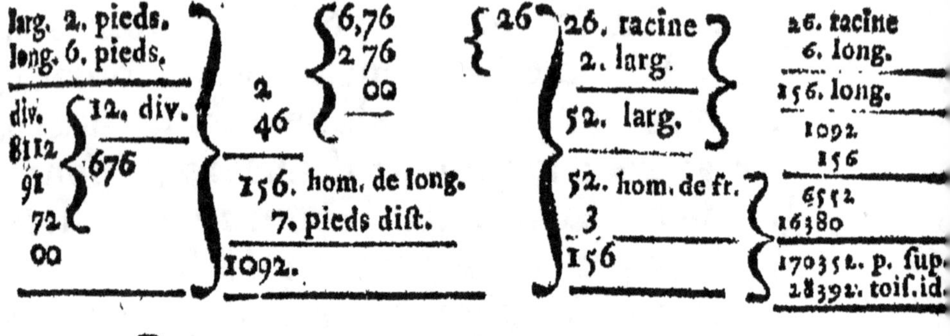

PREUVE.   PREUVE.

DIXIEME PROPOSITION.

On voudroit camper 15000 hommes, en-
forte que le terrein, qu'ils occuperoient, n'eût
que 150 pieds de front : on demande combien il y en aura en flanc, combien il y aura
de rangs de front & en flanc. Pour le favoir,
multipliez les 15000 par 21 pieds qu'ils doivent occuper chacun, le produit donne
315000 pieds, que vous diviferez par 150
pieds de front, le quotient vous donnera
2100 pieds pour le flanc dudit terrein.

Préfentement il eft facile de trouver le
nombre des hommes de front & de flanc : car

K k k

ſi vous diviſiez 150 pieds de front par 3 &
2100 de flanc ou de longueur par 7, vous
aurez 50 hommes pour les rangs de front,
& 300 pour ceux du flanc ou de file.

Pour preuve, multipliez 300 hommes de
file par 50 de front, vous retrouverez les
mêmes 15000 hommes.

OPERATION.

$$
\begin{array}{ll}
\begin{array}{l}
15000 \\
21 \\
\hline
15000 \\
30000 \\
\hline
315000 \\
150 \\
00000
\end{array}
&
150 \left\{ \begin{array}{l} 3 \\ \hline 50, \text{hom. pour le frt} \end{array} \right.
\end{array}
$$

$$
150 \left\{ \begin{array}{l} 150 \\ \hline 2100, \text{ flanc du tér.} \end{array} \right. \qquad
\begin{array}{l} 2100 \\ 000 \end{array} \left\{ \begin{array}{l} 7 \\ \hline 300, \text{ hom. p. le flanç} \end{array} \right.
$$

PREUVE.

$$
\begin{array}{r}
300 \\
50 \\
\hline
15000. \text{ hommes.}
\end{array}
$$

ONZIEME PROPOSITION.

Un Officier après avoir mis en bataillon
quarré un certain nombre de ſoldats, il lui
en a reſté 45, & voulant les y mettre tous,
il trouva qu'il lui en manquoit 60 : on demande combien il avoit de ſoldats.

Pour cet effet, ajoutez 45 avec 60, vous
aurez 105 pour le nombre des rangs de front
& de flanc, plus 1 ; enſuite ôtez cet 1 des

105, le reste sera 104, dont vous prendrez la moitié qui est 52, que vous multiplierez par eux-mêmes, vous trouverez au produit 2704, auquel vous ajouterez les 45 soldats qui lui restent ; vous trouverez qu'il avoit 2749 soldats. Vous auriez pu agir d'une autre maniere, en ajoutant 1 à 105, vous auriez eu 106 dont la moitié est 53, que vous auriez multipliez par eux - mêmes, & du produit desquels vous auriez soustrait les 60 qui lui manquoient ; le reste auroit été encore le même nombre de 2749 soldats.

Remarquez que l'une de ces deux manieres d'opérer cette proposition sert de preuve pour l'autre.

OPERATIONS.

45. hommes restans.	45. reste.
60. desdits manquans.	60. manque.
105. produits.	105
1. à souftraire.	1. à ajouter.
104. front & flanc.	106
1/2...52. pour le front.	
52. pour le flanc du multiplicat.	53. moitié.
	53. multiplicateu
104.	159
260	265
2704 produit.	2809. produit
45. à ajouter.	60. à souftraire.
2749. nomb. des Soldats qu'il avoit.	2749. preuve.

DOUZIEME PROPOSITION.

Il y a 1600 hommes dont on veut former un bataillon qui ait figure d'une lozange ; on demande combien il y aura d'hommes à chaque côté dudit bataillon. Pour faire un bataillon en forme de lozange ou rhomboïde, il faut faire deux bataillons en forme équilatérale & les joindre ensemble pour former la lozange, mais il faut qu'il y en ait un où il y ait un rang de plus.

Pour l'opération de ce qui est ci-dessus dit, il faut extraire la racine quarrée de 1600 hommes, qui est 40 pour la plus grande moitié de la lozange, qui sera équilatérale, & l'autre moitié aussi : mais les côtés de cette derniere ne seront que de 39 hommes, & joignant ces deux bataillons équilatéraux ensemble, on aura une vraie lozange de 1600 hommes.

Et pour prouver que le grand triangle a 40 de tous côtés, il faut ajouter selon la progression arithmétique naturelle le premier rang, qui est 1, avec le dernier qui est 40, on aura 41 que l'on multipliera par 20, moitié de 40, le produit sera 820 pour le nombre des hommes qui composent le plus grand triangle.

On ajoutera aussi le premier rang du petit triangle, qui est 1, avec le dernier qui est

39, on aura 40, que l'on multipliera par 19 1/2, moitié de 39, le produit sera 780 qu'on ajoutera à 820; le produit total sera 1600 hommes qui composent le bataillon en forme de lozange. Voyez l'opération ci-dessous.

OPERATION.

```
16,00 ⌠ 40. racine.    40. dernier rang.
 4  0 00 ⌡               1. premier rang.
 0  39                  ────────────────
    1                   41
 ─────                  20. moitié de 40.
    40                  ────────────────
    19. 1/2 moit. de 39  820. hom. du gr. triangle
 ─────                  780. hom. du pet. triangle
   760      preuve... 1600. hommes.
    20                 ────────────────
 ─────
  780. hommes.
```

TREIZIEME PROPOSITION.

On veut mettre en bataillon, qui soit en forme équilatérale ou triangulaire, 1152 hommes; mais on veut que le premier rang soit 1 homme, le second 2 hommes, le troisieme 3, & ainsi des autres : on demande combien il y aura de rangs & combien d'hommes au dernier rang.

Doublez 1152, & du double, qui est 2304, tirez la racine quarrée, elle sera 48 pour le dernier rang, c'est-à-dire, qu'il y aura 48 hommes pour ce rang, & 48 rangs. Pour

preuve multipliez 48 par sa moitié, savoir;
par 24, vous trouverez au produit les 1152.

OPERATION.   PREUVE.
      1152   48. dern. rang.
         2   24

Diviseur 23,04   { 48 rac. dern. rang 192
  88   7 04. {   96
             00 {   1152. preuve.

J'ai ci-devant dit que la racine quarrée étoit
utile pour la guerre, comme je viens de le
démontrer; outre cela, elle est encore nécessaire dans la Pratique de la géométrie, &
pour plusieurs questions sur le commerce,
comme nous allons le voir par les questions
suivantes.

PREMIERE QUESTION

sur la racine quarrée.

Un Banquier a donné 18000 l. à intérêt,
& au bout de deux ans, on lui a rendu 24325
l. 6 s. 3 d. pour principal & intérêt, on
demande combien les 18000 l. ont profité
la premiere année, ayant été données à mériter gain sur gain.

Pour résoudre cette question, je cherche
à combien cet intérêt peut aller pour 100:
disant par régle de trois, si 18000 l. ont gagnés 6325 l. 6 s. 3 d., combien gagneront
100 l.; le total donne 135 l. 2 s. 9 d. 3/4.

que je réduis en quarts de deniers, j'y en trouve 129735/4.

Je réduis aussi 100 l. en quarts de deniers & y en trouve 96000, avec lesquels je multiplie les autres 129735 quarts ; le produit donne 12454560000, dont la racine quarrée est 111600, que je divise par 4, le quotient donne 27900 deniers, qui étant réduits en livres, font 116 liv. 5 s. dont je souftrais 100 liv., le reste est 16 liv. 5 s. pour l'intérêt de 100 l. pour la premiere année.

Je trouve ensuite l'intérêt de 18000 liv. pour la premiere année, en disant par régle de trois, si 100 gagnent 16 l. 5 , combien gagneront 18000 l. la régle étant faite, je trouve au quotient 2925 l. pour l'intérêt de la premiere année desdits 18000.

Enfin pour avoir l'intérêt de la seconde année, je souftrais l'intérêt de la premiere année, qui est 2925 l. de celle de 6325 l. 6 s. 3 d. intérêt de la premiere & seconde, le reste est 3400 l. 6 s. 3 d. pour intérêt de la seconde année.

Je pourrois faire autrement en disant par régle de trois, si 18000 liv. donnent 2925 livres, combien donneront 20925 livres qui est le principal, & l'intérêt de la premiere année le quotient de la régle donne 3400 l. 6 s. 3 d. pour l'intérêt de la seconde année.

Et pour preuve de cette régle, j'additionne

le principal, qui est 18000 l. avec 2925 liv. d'intérêt de la premiere année, & 3400 l. 6 f, 3 d. de la seconde, le produit rend les mêmes 24325 l. 6 f. 3 d. comme la question le demande.

$$24325\ l.=6\ f.=3\ d.$$
$$18000\ =\ :\ =\ :$$

Reste. . 6325 l. = 6 f. = 3 d.

Multipliez 129735. quarts.
par. . . 96000

7784100000
1167615

Div.	1,24,54,56,00,00	111600	4
	0 24	racine	27900 den.
21	3 54	31	
221	1 33 56	36	
2226	0000,00,00	000	

111600. racine.
27900. deniers.
2325. fols.
116. livres 5 fols.
à foustraire. . . 100. livres.

l'int. de 100 l. est 16. l. 5 f. pour la prem. année.

OPERATION.

Si 18000-gag. 6325-6-3 combien 100

```
             l.   f.  d.                    l.
                                    100
         ─────────────────
              632500
               30-0
                1-5
         ─────────────────
              632531-5                   18000
               92531                 ──────────────
                2531               35 l. 2 f. 9 d. 3/4.
                  20               100  :  : ajouter.
         ─────────────────        ──────────────────
               50625              135 l. 2 f. 9 d. 3/4.
               14625                      20
                 12              ──────────────
         ─────────────────           2702
              175500                   12
              135/00   180/00    ──────────────
               27       36           32433
                3        4             4
         ─────────────────────   ──────────────────
                                 129735/4. multiplicande
                                      100 liv.
                                       20
                                 ──────────────
                                      2000
                                       12
                                 ──────────────
                                     24000
                                       4
                                 ──────────────
                                 96000 multipl.
```

Suite de l'opération ci-devant.

Si 100 l. gag. 16 l. 5 f. comb. 18000 l.   de 6325 l. 6 f. 3 d.
                    16 l. 5 f.

288000   ⎱ ôter 2925 l.
  4500   ⎰
         ⎱   3400 l. 6 f. 3 d.
2925/00 ⎰ intérêt de la fec. année.

20925

Si 18000 l. donnent 2925, combien 20925. liv.

104625
 41850
188325
 41850
61205625   ⎱ 18000
 72056   ⎰ 3400 l. 6 f. 3 d.
 05625
    20

112500
  4500
    12

 54000
 00000

PREUVE.

18000 l.
 2925
 3400 l. 6 f. 3 d.

Preuve..24325 l. 6 f. 3 d.

16 l. 5 f. pour cent.
 20

325   ⎱ 100
 25   ⎰ 3 f. 3 d. pour livre.
 12

300
000

DEUXIEME QUESTION.

Trois Marchands ont fait société; le premier a mis une certaine somme, le second a mis 7 livres plus que le premier, & le troisieme a mis 18 livres plus que le second, de sorte que la mise du premier, étant multipliée par celle du troisieme, fait 1650 liv. & avec l'argent de leurs trois mises ils ont gagnés 1200 livres; on demande combien ils auront chacun pour leur part du gain.

Pour l'opération de cette question, si vous considérez la différence qu'il y a de la mise du second à celle du troisieme, vous la trouverez être 25. Maintenant quarrez 25, c'est-à-dire, multipliez-les par eux-mêmes, vous trouverez 625, que vous ajouterez au produit de 1650 multiplié par 4, qui est 6600; le total donnera 7225, dont la racine quarrée est 85, desquels vous souftrairez ladite différence 25, le reste sera 60, dont la moitié qui est 30, est la mise du premier: il est facile maintenant d'avoir la mise du second & du troisieme; car en ajoutant 7 à 30, qui est la mise du premier, on a 37 pour la mise du second, & ajoutant 18 à 37, mise du deuxieme, on a 55 pour la mise du troisieme.

OPÉRATION.

```
7 l.              1650            85. racine.
18                   4            25. à souftraire
―――――――――――     ―――――――――        ―――――――――――――
25 différence     6600            60. refte.
25                 625            30. mife du prem.
―――――――――                         7. à ajouter.
125    divifeurs  72,25  } 85. rac.
50        8         825            37. mife du fec,
―――――――――           0.00           18. à ajouter.
625          165――――――――          53. mife du troi.
```

PREUVE.

```
              55. mife du troifieme.
Multiplicateur 30. mife du premier.
              ―――――――――――――――――――
              1650. preuve.
```

TROISIEME QUESTION.

Quatre Marchands ont fait fociété, le premier a mis une certaine fomme, le fecond a mis 10 livres plus que le premier, le troifieme a mis autant que le fecond moins 2 livres, & le quatrieme 10 liv. plus que le troifieme ; & en multipliant la mife du premier par celle du quatrieme, on trouve 40 : on demande combien ils auront chacun de 320 livres qu'ils ont gagné.

Pour réfoudre cette queftion & toutes autres dans le même genre, confidérez que la différence de la mife du premier à celle du quatrieme eft 18 ; quarrez donc ces 18, vous aurez 324, auxquels vous ajouterez le produit de 40 multiplié par 4, le total sera 484, dont la racine quarrée est 22, & si vous ajoutez la différence 18 à cette racine 22, vous aurez 40, dont la moitié est 20 pour la mise du quatrieme.

Pour avoir la mise du premier, ôtez 18 de 22, le reste est 4, dont la moitié qui est 2 donne la mise du premier ; cela étant, le second a donc mis 12 livres & le troisieme 10 livres.

Il est facile présentement de trouver le gain de chacun, par le moyen de la régle de compagnie vulgaire ; car en faisant la régle de trois, on trouvera pour le premier 14 livres 10 sols 10 deniers, pour le second 87 livres 5 sols 5 deniers, pour le troisieme 72 livres 14 sols 6 deniers, & pour le quatrieme 145 livres 9 sols 1 denier, & 2 deniers restans.

OPERATION.

Différ. 18		40	22. racine.	Mises.
18		4	18. diff. à ajouter	
		160	40	2. l. du pr.
324				12. du sec.
160	} 22. rac.		20. 1/2 de 40, p. le quatrieme.	10. du troisi.
Div. 4,84				20. du quatt
2 0 84		22		44. mise tot.
42 00		18. à soustraire.		
		4		
		2. moitié de 4 pour le prem.		

PREUVE.

Multiplicateur .. 20. mise du quatrieme.
2. mise du premier.
____

4o. preuve.

I.

Si de 44 mise totale on en gag. 320, comb. 2. mise du prem.

Il faut faire trois autres
régles comme celle-ci, à
proportion de leur mise.

2
640
200
24
20
____
480
40
12
____
480
40 d. restan.

44
14 l. 10 l. 10 d.

	l.	s.	d.	
14	-- 10	-- 10	. . . .	I.
87	-- 5	-- 5	. . . .	II.
72	-- 14	-- 6	. . . .	III.
145	-- 9	-- 1	. . . .	IV.

2. restans.

	l.	s.	d.
Preuve. L : 320	-- 0	-- 0	

QUATRIEME QUESTION.

Supposez qu'une des tours du château
de Nantes, du côté de la riviere de Loire,
contienne 120 toises de hauteur, au pied de
laquelle il y a un bras d'eau de la Loire, large
de 30 toises, & du rivage le plus éloigné de
ladite tour on veut faire une échelle pour

monter fur le fommet, (comme du bord de l'eau de la Prée de la Madelaine à aller au fommet de ladite tour) on demande quel doit être la hauteur de ladite échelle. Reponfe, 123 toifes 19/27 ou 2/3 peu plus.

Pour le favoir, multipliez 120 & 30 chacun en particulier par eux-mêmes, leurs quarrés feront 14400, & 900 que vous ajouterez enfemble, le total donnera 15300, dont la racine quarrée eft 123 toifes & 19/27 de toifes pour la longueur de ladite échelle.

La raifon de ceci eft que la tour, la riviere & l'échelle forment un triangle rectangle, dont l'angle droit prend depuis le pied de la tour jufqu'au fommet, & celui que l'échelle forme eft le plus grand de tous les angles, puifque fon quarré eft auffi grand que le quarré des deux autres enfemble.

OPERATION.

```
 120    30              1,53,00  ⎰ 123 toifes 19/27 ou 2/3
 120    30              0 53     ⎱         peu plus.
——————————  div.        900      ⎰      PREUVE.
 2400   900                      ⎱
 120             I      171/243          123
————————         22     57/81           123
 14400          243     19/27          ——————
  900                                   369
————————                                246
 15300                                  123
                                         171. reftant.
                                      ——————————
                                       15300. preuve.
```

CINQUIEME QUESTION.

J'ai acheté 55296 pieds quarrés de bois de corde, dont je veux faire une pile qui soit 96 fois plus longue que haute ; je veux sçavoir combien elle contiendra de pieds en longueur, combien en hauteur & combien de cordes.

Je suppose pour cet effet que la hauteur de ladite pile soit 4 pieds, selon la question, la longueur en sera 384, puisqu'elle doit être 96 fois plus longue que haute ; car 96 fois 4 font 384. Je multiplie donc 384 pieds de longueur supposée par 4 de hauteur aussi supposée, le produit donne 1536, avec lesquels je divise les 55296 pieds, le quotient donne 36 dont la racine quarrée est 6, ensuite je multiplie 4, premier nombre supposé, par hauteur de la pile, pour cette racine 6, le produit donne 24 pieds pour la vraie hauteur de la pile.

Et pour avoir la vraie longueur, je multiplie 384 pieds de longueur supposés par cette même racine 6, le produit donne 2304 pieds pour réponse.

Et pour preuve, je multiplie les 2304 pieds de longueur de ladite pile, par les 24 de hauteur, le produit donne 55296 pieds que je divise par 32 pieds qu'il faut pour la corde, je trouve au quotient 1728 cordes. Voyez l'opération ci-contre.

OPERATION.

OPERATION.

```
   96        55296 ⎰ 1536    36 ⎰ 6. rac.
    4        9216  ⎱ 36   ⎰div.⎱ 0 ⎱
 ──────      0000       ⎱ 6 ⎱    ──────
 384. long.
par.. 4. haut.  ────────        384. longueur.
                4. hauteur        6. racine.
 1536           6. racine   ⎱
 ──────         ────────────⎰ 2304. vraie long.
 pieds.... 24. haut. réelle ⎰
```

PREUVE.

```
M..... 2304. longueur.   55296 ⎰ 32
par. ....  24. hauteur.  . 232  ⎱ ────────
           ────────        89   ⎰ 1728. cord.
           9216           256
           4608            00
           ────────
pieds. . 55296. preuve.
```

Régles de l'extraction de la racine cubique.

Cube est un corps solide compris de six
superficies quarrées, & égales comme un
dez à jouer : tout nombre multiplié par lui-
même fait un nombre quarré, dont la racine
est le même nombre multiplié, & tout quarré multiplié par sa racine fait un nombre
cube.

Comme trois fois 3 font 9, nombre quarré, qui étant multiplié par sa racine 3 , le
produit donne 27, nombre cube, dont la racine est 3; de même 6 fois 6 font 36, nombre

quarré, dont la racine quarrée est 6 ; de sorte que multipliant ce nombre quarré 36, par sa racine 6, le produit donne 216, nombre cube, dont la racine cubique est 6, & ainsi des autres. Mais avant que d'extraire la racine cubique, il faut premierement connoître les 9 simples racines cubiques avec leur quarré & nombre cube, comme il est montré en la table ci-après, qui est divisée en trois rangs, dont le premier contient les 9 simples racines, le second contient les 9 quarrés & le troisieme les nombres cubes.

TABLE des simples racines,

racines	1	2	3	4	5	6	7	8	9
quarrés	1	4	9	16	25	36	49	64	81
cubes	1	8	27	64	125	216	343	512	729

Ayant observé cette table ci-dessus, & apprise par cœur, si vous voulez extraire la racine cubique d'un nombre qui soit contenu justement dans cette table, ou moindre que le nombre cube suivant ; vous chercherez le même dans le rang des cubes, s'il s'y trouve, & au-dessus vis-à-vis de lui vous trouverez sa racine cubique. Mais si le nombre ne se rencontre pas précisément dans la table, vous prendrez la racine cubique d'un moindre nombre, le plus approchant de celui dont vous voulez extraire la racine ; & soustrayant le nombre pris dans la table de ce nombre proposé, le reste sera écrit sur une ligne pour numérateur d'une fraction, dont il sera parlé dans la suite.

PREMIERE OPERATION.

Je veux extraire la racine cubique de 524, je cherche dans la table ci-contre au rang des nombres cubes, & je trouve que 524 se rencontre entre 512 & 729 ; c'est pourquoi je prends 512 nombre cube, qui est moindre & plus approchant du nombre proposé 524, & il reste 12 : car si vous ôtez 512 de 524 reste 12 : mais si vous voulez extraire la racine cubique d'un nombre au-dessus de 729 contenu en la table ci-contre, comme de 46268279, après avoir écrit ce nombre, vous séparerez les figures de trois en trois par une virgule, parce que le cube à trois dimensions qui sont longueur, largeur, & profondeur ou hauteur. Pour séparer les figures vous commencerez à droite, & finirez à gauche, mettant un demi-cercle à droite pour écrire la racine, comme vous pouvez voir par l'opération ci-après.

DEUXIEME PROPOSITION.

Je veux extraire la racine cubique de 46268279, nombre ci-dessus proposé.

Ayant écrit un L en cette forme sur la droite dudit nombre, & séparé les figures de trois en trois, comme il est dit ci-devant, je cherche la racine cubique de la premiere section qui est 46, je trouve qu'elle est 3, que je pose au-devant de ladite L, qui est le quotient; je cube ce 3, son cube est 27 que je soustrais de 46, le reste est 19 que j'écris sous 46, & proche desquels j'abbaisse la seconde section qui est 268; le tout fait 19268. Remarquez qu'il se trouvera au quotient autant de figures pour la racine cubique, qu'il y a de sections au nombre proposé à extraire de ladite racine; ainsi pour trouver la seconde figure de la racine cubique, ayant abbaissé la seconde section, comme il est dit ci-dessus, je cherche un diviseur, prenant pour cet effet le triple du quarré de la racine déja posée qui est 3, en disant 3 fois 3 font 9, & 3 fois 9 font 27. Remarquez que c'est là la méthode générale pour trouver tous les diviseurs dont on a besoin pour faire cette extraction, & suivez de point en point les instructions que je donne; n'ayez point envie de passer outre certaines difficultés que vous n'entendez pas; dès la premiere fois, lisez avec attention, & la plume à la main faites les opérations, vous réussirez.

Je demande donc comme à la division. En 19, premieres figures de 19268 nombre à diviser, combien il y a de fois 2 premiere figu-

re de 27 diviseur, je sai qu'il y est naturellement 9 ; mais je suppose qu'il y puisse entrer
seulement 5 fois, j'écris donc 5 au quotient
pour seconde figure de la racine, & j'en multiplie le diviseur 27, le produit est 135 que
j'écris à part : ensuite je prends le triple du
quarré de la racine derniere posée qui est
5, disant 5 fois 5 font 25, & 3 fois 25 font
75, que je multiplie par la premiere racine
qui est 3, le produit donne 225 que j'écris
sous 135 en avançant d'un dégré, mettant
le 2 sous le 3, & ainsi des autres de suite ;
enfin je cube cette racine derniere écrite qui
est 5, son cube est 125, que j'écris sous 225,
en avançant encore d'un dégré, & ajoutant
ces trois produits écrits à part l'un sous l'autre, leur total est 15875 que je soustrais de
19268, le reste est 3393 que j'écris comme
à la soustraction. Remarquez qu'en écrivant
les produits à part, comme j'ai dit ci-devant,
on voit si le total est plus grand ou moindre
que le nombre, qui est resté de la premiere
opération pour la seconde, ou de la seconde
pour la troisieme, & ainsi de suite. Et s'il arrive que le total des produits écrits à part
soit plus grand que le nombre, dont on doit
le soustraire, c'est une marque évidente que
la figure, que l'on a mise pour la racine, est
trop forte ; c'est pourquoi il en faut supposer
une moindre ; & au contraire si le total étoit

un peu moins ou égal , c'est une marque
que la racine seroit bien trouvée, comme
dans l'exemple ci-devant, le total des produits est 15875, & le reste 19268, c'est
pourquoi on peut mettre hardiment 5 pour
seconde racine ; car si on eût mis 6, on auroit trouvé le total des produits plus grand
que le reste ; ce que vous devez observer très-
exactement pour toutes les opérations de
l'extraction de la racine cubique, excepté
pour la premiere , où il ne faut que cuber la
figure retrouvée pour la racine, comme j'ai
dit ci-devant.

Pour trouver la troisieme figure de la racine , j'abbaisse la troisieme & derniere section , qui est 279, proche les 3393 de
reste , le tout est 3393279 nombre à diviser ;
& pour trouver un diviseur à ce nombre, je
prends le triple du quarré des deux racines
déja trouvées qui font 35, selon la méthode
enseignée ci-devant, le produit est 3675
pour diviseur ; ensuite pour avoir la racine
que je cherche , je demande en 33 , premieres figures du nombre à diviser , combien il y a de fois 3, je trouve qu'il y peut
entrer 9, que j'écris au quotient pour 3.me
figure ou racine ; & pour savoir si je peux
poser 9, je multiplie le diviseur 3675 par
cette racine 9, le produit donne 33075 que
j'écris à part.

Cela étant fait, je prends le triple du quarré de la racine derniere écrite qui eſt 9, le produit eſt 243 ; que je multiplie par les deux premieres racines qui ſont 35, je trouve au produit 8505, que je poſe ſous 33075 en avançant d'un dégré ; c'eſt-à-dire, que la derniere figure à main droite du nombre qu'on veut avancer, doit paſſer d'un dégré, la derniere auſſi à main droite du nombre qui eſt au-deſſus, ſans avoir égard aux figures de la gauche, comme on le verra ci-aprés en l'opération de cette extraction, où le 5 des 8505 paſſera d'un dégré celui des 33075. Enfin je cube cette même racine 9, le cube eſt 729 que j'écris ſous 8505, en avançant encore d'un dégré, comme il eſt enſeigné ci-devant ; je fais addition de ces trois produits écrits à part, le total donne 3393279, que je ſouſtrais de 3393279, il ne reſte rien ; ainſi la racine cubique de 46268279 propoſé ci-devant, eſt juſtement 359.

OPERATION.

3	racine.
3	
9	quarré.
3	racine.
27	cube à souft.
3	racine.
3	
9	quarré.
3	
27	triple.
5	racine.
135	produit.
5	racine.
5	
25	quarré.
3	
75	triple.
3	racine.
225	produit
5	racine.
5	
25	quarré.
5	racine.
125	cube.

```
46,268,279  { 359. rac.
        27
      ―――――
      19268
      15875
     ―――――――
     3393.279
     3393 279
    ――――――――――
     0000 000
  le triple du quarré.
        35                je cube.
        35                 9 rac.
     ―――――――                9
        175              ―――――
        105               81. quar.
    ――――――――――             9.
    1225. quarré.        ―――――――
        3                729. cube.
   ―――――――――――
    3675. triple.
       9. racine.
   ―――――――――――――
    33075. produit.
       9. racine.
        9
   ―――――――――――
      81. quarré.
        3
   ―――――――――――
     243. triple.
      35. racine.
   ―――――――――――
     1215
     729
   ―――――――――――
     8505. prod.
```

```
          Produits.
          135
          225
          125
        ――――――――――
        15875 à souft.
          Produits.
          33075
           8505
            729
        ―――――――――――
          3393279
        ―――――――――――
          359. racine.
          359. preuve.
        ―――――――――――
          3231
          1795
          1077
        ―――――――――――――
        128881. quarré.
          359. racine.
        ―――――――――――――
        1159929
         644405
         386643
        ―――――――――――――
        46268279. cube.
          Preuve.
```

La preuve de cette extraction ci-dessus se fait en multipliant la racine cubique, qui est 359 par elle-même, le produit donne un nombre quarré, qui étant encore multiplié par

par la même racine 359, le produit rend le même nombre cube, qui est 46268279, comme on peut voir au bas de la page ci-contre.

Remarquez que s'il se fût trouvé des restans, comme il arrive souvent dans ces extractions des racines quarrées & cubiques, je les aurois rapportés à la preuve pour y être ajoutés, comme vous verrez à la preuve de l'opération suivante.

Vous verrez aussi ci-après, par quelques questions que j'ai données, à quoi ces extractions de racine cubique peuvent se raporter ; comment & à quel sujet on peut s'en servir.

On peut suivre de point en point les instructions & modeles donnés dans ce traité, pour se perfectionner dans l'arithmétique, parce que je crois avoir mis au net très-intelligiblement tout ce que l'on peut se former & se mettre dans l'idée ; il n'y aura que certaines abréviations où l'esprit de l'homme pourra travailler. J'en ai donné quelqu'unes aussi utiles & curieuses que nécessaires dans mon Traité *in* 4°. *Guide du commerce.*

TROISIME PROPOSITION.

Je veux extraire la racine cubique de 107918166677.

	4	racine
	4	
pour 4.	16	quarré
	4	racine
	64	cube
	4	racine
	4	
	16	quarré
	3	
	48	triple
	7	racine
	336	produit
	7	racine
	7	
	49	quarré
	3	
	147	triple
	4	racine
	588	produit
	7	racine
	7	
	49	quarré
	7	racine
pour 7.	343	cube
	47	racine
	47	
	2209	quarré
	3	
	6627	triple
	6	racine
	39762	produit
	6	racine
	6	
	36	quarré
	3	

OPERATION.

107,918,166,677 { 4761. rac.
64
43 918
39 823
4 095 166
4 027 176
679 906 77
679 87 081
3 596. restaus.

Pooduits.
336
588
343
39823

Produits.
39762
5076
216
4027176

Produits.
679728
1428
1
67987081. p. à souſt.

pour 6.
6. racine
6
36. quar.
6. racine
216. cube
476. racine
par 476
226576. quarré
3
679728 tr. pr.

Ayant opéré pour avoir les trois premieres figures de la racine cubique du nombre proposé ci-contre, comme il est enseigné ci-devant; il reste à savoir, comment j'ai procédé pour trouver la quatrieme figure de ladite racine, puisqu'au nombre proposé il s'est trouvé quatre sections. Ayant donc baissé la quatrieme section, qui est 677 proche des 67990, le tout fait 67990677; & pour trouver un diviseur à ce nombre, j'ai pris le triple du quarré des trois racines déja trouvées, qui sont 476, le produit a donné 679728 pour diviseur : ensuite j'ai demandé en 6, premiere figure du nombre à diviser, combien il y a de fois 6, premiere figure du diviseur; j'ai trouvé qu'il pouvoit y entrer 1, que j'ai mis au quotient pour quatrieme racine.

Il est facile de voir qu'il auroit été inutile de multiplier le diviseur 679728 par cette racine, derniere trouvée qui est 1, parce que cela auroit fait le même produit ; c'est pourquoi je l'ai écrit, comme il est pour premier des trois produits qui doivent être mis à part.

* Cela étant fait, j'ai pris le triple du quarré de cette racine 1, qui n'est toujours que 3, parce que le quarré de 1 n'est que 1, j'ai donc multiplié les trois premieres racines qui sont 476 par ce 3, le produit

donne 1428, que j'ai écrit fous 679728 avançant d'un dégré ; enfin j'ai écrit la derniere racine qui eft 1, comme elle eft fous 1428, en avançant encore d'un dégré, je dis comme elle eft, parce que le cube de 1 n'eft toujours que 1 ; je fais enfuite l'addition des trois produits, le total eft 67987081, que j'ai fouftrait du refte qui eft 67990677 ; il s'eft trouvé 3596 de reftant à rapporter à la preuve, que vous allez voir ci-après. Ainfi la racine cubique de 10791816677 eft 4761, comme on peut voir par l'opération de l'autre part.

PREUVE de l'opération précédente.

4761. racine.

4761

———

4761
28566
33327
19044

———

22667121. quarré.

4761. racine.

———

22667121
136002726
158669847
90668484

———

107918163081

3596. reftant.

———

10791816677. preuve.

Mais si on vouloit que le nombre proposé ci-dessus fût un vrai nombre cube, c'est-à-dire, que sa racine fût 4762, au lieu de 4761 qu'elle est, combien faudroit-il y ajouter?

Pour le savoir, je prends le triple du quarré de la racine 4761, le produit donne 68001363, auquel j'ajoute le triple de la même racine 4761 & 1 de plus, le tout fait 68015647, dont je soustrais le reste de l'extraction qui est 3596; je trouve au reste de la soustraction 68012051 qu'il faudroit ajouter au nombre proposé ci-dessus, pour rendre parfaitement cube, & dont la racine cubique seroit 4762 : ceux qui voudront faire l'extraction de la racine cubique de ce nombre cube, qui est 107986178728, trouveront la vérité de ce que j'avance. Mais si on vouloit exprimer les restans en fraction, il faudroit écrire sur une ligne les 3596 restans pour numérateur, & les 68015647 sous lad. ligne pour dénominateur de lad. fraction; ainsi la racine cubique de 107918166677 est 4761 entiers, & $\frac{3596}{68015647}$ à peu de choses près, laquelle fraction ne peut être réduite en plus petite dénomination.

Vous observerez donc bien tout ce qui a été dit ci-devant pour toutes extractions cubiques; mais remarquez qu'en faisant l'extraction cubique de quelque nombre proposé, s'il reste 1 après l'extraction faite, vous écrirez cette unité pour numérateur d'une fraction, parce que 1 eſt un nombre cube & quarré, & pour dénominateur de la fraction vous prendrez le triple du quarré de la racine; comme ſi vous diſiez la racine cubique de 65 eſt 4, & il reſte un que vous écrivez ſur une ligne pour numérateur d'une fraction, enſuite prenant le triple du quarré de la racine 4, vous aurez 48 que vous écrirez ſous la même ligne pour dénominateur, ainſi le reſte de l'extraction, qui eſt 1, ſera 1/48 de tel entier qu'on voudra; mais la racine de 65 eſt 4 & 1/48.

Comme juſqu'à préſent je n'ai point fait d'extraction de racine cubique des nombres, qui ne ſoient compoſés que de la figure 1 & de zéros: comme 10, 100, 1000 ou autres ſemblables, j'en donnerai un exemple pour faire voir que l'extraction cubique de ces ſortes de nombres n'eſt pas plus difficile que celle des autres. Mais avant que de commencer, j'ai jugé à propos de dire que quand il ne ſe trouve que 1 à la premiere ſection, il faut écrire 1 au quotient pour la racine cubique, & pour chaque ſection qu'on baiſſe enſuite, qui eſt compoſée de trois zéros, il en faut poſer un au quotient proche de cet 1, c'eſt ainſi qu'on voit que la racine cubique de 1000 eſt 10, celle de 1000000 eſt 100 & celle de 1000000000 eſt 1000 ſans reſte;

mais lorsqu'il se trouve un zéro ou deux de plus ou de moins, il faut agir comme il s'en-suit.

QUATRIEME PROPOSITION.

Je veux extraire la racine cubique de 10000000.

Ayant séparé les figures de trois en trois, comme il est dit ci-devant, je cherche la racine cubique de la premiere section qui est 10, je trouve qu'elle est 2 ; cela étant fait, je baisse la seconde section qui est composée de trois zéros proche du 2 restant, le tout fait 2000 pour avoir la racine, desquels je prends le triple du quarré de la racine déja trouvé, le produit donne 12 pour diviseur ; je demande donc en 2 combien il y a de fois 1, je vois qu'il ne peut y entrer que 1, que je pose au quotient pour seconde racine ; j'écris le diviseur 12 à part tel qu'il est pour premier des trois produits, parce qu'il est inutile de multiplier par 1 ; ensuite je prends le triple du quarré de cet 1 qui n'est que 3, que je multiplie par la racine premiere trouvée qui est 2, le produit donne 6 que j'écris sous 12, mais avançant d'un dégré ; enfin j'écris la derniere racine trouvée qui est 1 telle qu'elle est sous le 6, en avançant toujours d'un dégré ; parce que le cube de 1 n'est toujours que 1, & faisant l'addition de ces trois nombres, je trouve au total 1261 que je souftrais de 2000, le refte eft 739.

Pour trouver la troifieme racine, je baiffe la troifieme & derniere fection proche des 739 ; le tout fait 739000, nombre à divifer. Enfuite pour avoir le divifeur, je prends le triple du quarré des deux racines déja trouvées, qui font 21 ; le produit donne 1323.

Je demande donc en 7 combien il y a de fois 1, je trouve qu'il n'y peut y entrer que 5, que je pofe au quotient pour troifieme racine, & avec lequel je multiplie le divifeur 1323 : le produit donne 6615 que j'écris à part, je prends le triple du quarré de la racine derniere écrite qui eft 5 ; le produit donne 75, que je multiplie par les deux premieres racines qui font 21, je trouve au produit 1575 que j'écris fous 6615, en avançant d'un dégré : enfin je cube la racine derniere écrite qui eft 5, fon cube eft 125 que je pofe fous 1575, en avançant encore d'un dégré. Et additionnant les trois produits enfemble, le total donne 677375 que je fouftrais de 739000, le refte de la fouftraction eft 61625 à rapporter à la preuve, qui fe fera comme celle des extractions précédentes. Voyez l'opération ci-après.

OPERATION.

2	racine,
2	
4	quarré
2	racine
8	cube
2	racine
2	
4	
3	
12	divif.
3	triple
2	racine
6	
21	racine
21	
21	
42	
441	quarré
3	
1323	divif.
5	racine
6615	produit
5	racine
5	
25	quarré
3	
75	triple
21	racine
75	
150	
1575	produit
5	racine
5	
25	quarré
5	racine
125	cube

10,000,000 } 215. rac.   12
8   :6:
    :1

2000. reftant.

1261. à fouftraire.   1261

739000. reftant.   *Produits.*

677375. à fo.ftraire.   6615

61625. reftans.   1575

    125

    677375

Preuve.

M. . . . 215. racine.
Par. . . 215

1075
215
430

46225. quarré.
215. racine.

231125
46225
92450

9938375
61625. reftans.

Preuve. 10000000. cube.

Ooo

Je crois avoir affez expliqué l'extraction de la racine quarrée, de même que celle de la racine cubique, pour les rendre intelligibles. Il me refte à faire voir l'ufage de la racine cubique, par le moyen de quelques queftions que je vais donner ci-après. Voyez ci-après la premiere.

PREMIERE QUESTION

fur la racine cubique.

Il y a une terraffe qui a 85766121 pieds cubes, dont la longueur contient neuf fois la largeur, & la largeur neuf fois la hauteur ou épaiffeur ; on demande quelle eft fa hauteur, fa largeur & fa longueur.

Je fuppofe pour cet effet que la hauteur foit 1 pied, la largeur fera 9 & la longueur 81 ; je multiplie donc 81 par 9, le produit donne 729 pieds cubes, avec lefquels je divife les 85766121, le quotient donne 117649 dont la racine cubique eft 49 pieds pour la hauteur ou épaiffeur ; enfuite je multiplie ces 49 pieds de hauteur par 9, le produit donne 441 pieds pour la largeur. Enfin je multiplie ces 441 pieds de largeur par ce même 9, je trouve au produit 3969 pieds pour la longueur de ladite terraffe. Pour preuve je multiplie la longueur par la largeur, & le produit qui en vient par la hauteur : je retrouve au dernier produit les 85766121 pieds cubes pour le contenu en solidité de ladite terrasse.

OPERATION.

Supposition.
Pieds.

1. hauteur.
9. largeur.
81. longueur.

729. diviseur.

85766121 { 729 / 117649
1286
5576
4731
3572
6561
000

4 racine
4
16 quarré
4 racine
64 cube
4 racine
4
16 quarré
3
48 triple
9 racine
432 produit
9 racine
9
81 quarré
3
243 triple
4 racine
972 produit
9 racine
9
81 quarré
9
729 cube

117,649 { racine. / 49. hauteur.
64 ... produits.

53649
53649   432

00000   972

729

53649

49. pieds de haut.

441. largeur.
9

3969. longueur.

Voy. la preuve ci-après.

PREUVE de l'opération de l'autre part.

3969. longueur.
441. largeur.
———
3969
15876
15876
———
1750329. produit.
49. hauteur.
———
15752961
7001316
———

Preuve.. 85766121. cube.

DEUXIEME QUESTION.

Un Banquier a donné 800 liv. à intérêt, & au bout de trois ans on lui a rendu 2700 liv. pour principal & intérêt, on demande à quelle raison les 800 liv. lui ont profité la premiere année, ayant été donnée à mériter gain sur gain.

Pour résoudre cette question multipliez 800 liv. par elles-mêmes, leur produit est 640000, que vous multiplierez encore par 2700, vous aurez 1728000000, dont vous tirerez la racine cubique, elle sera 1200, c'est-à-dire, 1200 liv. pour principal & intérêt de la premiere année. Et pour trouver l'intérêt de la seconde, dites par régle de trois, si 800 l. ont profités de 400 l. la premiere année, combien 1200 liv. profiteront - elles la seconde : ayant fait la régle, vous trouverez 600 liv. que vous ajouterez avec 1200 liv. le total sera 1800 liv. pour principal & intérêt de la seconde année.

Enfin pour trouver l'intérêt de la troisieme année, vous direz encore par même régle de trois, si 800 l. gagnent 400 l., combien auront mérités 1800 ; la régle étant faite, vous trouverez au quotient 900 liv. de forte qu'ajoutant les 900 liv. avec 1800 l., vous trouverez 2700 liv. de principal & d'intérêt, comme la question le demande. Ainsi l'intérêt de la premiere année eft donc 400 liv, celui de la seconde 600 liv. & celui de la troisieme 900 liv., par où vous voyez que ce Banquier a gagné 1900 liv. en trois ans, fur 800 livres.

OPERATION.

$$800 \text{ lv}$$
$$801$$

$$640000$$
$$2700$$

$$448000000$$
$$1280000$$

1	racine	1,728,000,000	1200. rac.
3		728	
3		728	Produits.
3	triple		6
2	racine	000 000,000	12
6	produit	PREUVE.	: 8
2	racine		728
2		1200. racine.	
4	quarré	1200	
3			
12	triple	1440000. quarré.	
2	racine	1200. racine.	
2			
4	quarré	1728000000. preuve.	
2	racine	2700 l.	
8	cube	800	
		profit. .1900	

800. l. princ.
400. l. int. de
la pr. année.
600. l. int. de
la deux.
900. l. int. de
la troif.

2700 l. princ.
& int. de 3 ans

Si 800 l. donnent 400 l. combien 1200 l.

$$1200$$

$$480000 \quad 800.$$
$$00000$$

600. Réponse.

$$1200. \text{ liv.}$$
$$600$$

$$1800$$

DE MONTRÉE.

Si 800 l. donnent 400 l. combien 1800 l.

$$1800$$

720000 ⎰ 800.
00000 ⎱ 900. l.

Je crois avoir amplement traité des régles qui regardent & concernent le commerce. Je donne cependant ci-après un questionnaire, où sont renfermées des questions très-nécessaires sur toutes les régles que j'ai ci-devant démontrées.

Je conseille à ceux qui veulent apprendre à fond l'arithmétique, qui est contenue dans ce livre, de ne pas paller une seule régle, que (la plume à la main) ils ne l'ayent opérée & prouvée telle qu'elle est sur ce livre; & pour se fortifier davantage dans l'arithmétique, ils peuvent s'en propoler d'autres à peu près dans le même genre. *Et Deo Duce*, ils réussiront en tout ce qu'ils entreprendront.

QUESTIONNAIRE

Composé de différentes questions, auffi utiles que récréatives fur les précédentes régles que j'ai données, depuis la régle d'addition jufqu'à la derniere du préfent Livre.

SECONDE PARTIE.

QUESTION SUR L'ADDITION.

On demande combien les fommes fuivantes font en un tout.

Sçavoir,

1478 l. 17 f. 3 d. 977 l. 15 f. 7 d. 837 l. 17 f. 4 d.
1527 l. 19 f. 9 d. 546 l. 10 f. 11 d. 4799 l. 7 f. 8 d.

Pour réfoudre cette queftion, il faut mettre chaque fomme l'une fous l'autre, enfuite de quoi en faire un tout, en commençant cette addition comme toutes les autres par les moindres efpeces ; en celle-ci les deniers font les moindres efpeces ; il faut donc commencer par les deniers, comme on le voit à la page 20 & 21 ci-devant, & comme on le voit ci-après.

OPERATION

OPERATION.

l.	f.	d.
1478--	17--	3
977--	15--	7
837--	17--	4
1527--	19--	9
546--	10--	11
799--	7--	8

l.	f.	d.
6168--	8--	6

4344--33-- o preuve.

Je ne mettrai que cette question d'addition, penfant que par le moyen de celle-là, on peut réfoudre toutes autres queftions, pour peu qu'on fache la valeur des monnoies, poids & mefures.

QUESTION *fur la fouftraction.*

L'Auteur de ce Livre étant né le 15 Avril 1720. à une heure 22 minutes 18 fecondes du matin, veut favoir quel âge il a aujourd'hui dixieme Juin 1759, à 6 heures 8 minutes 3 fecondes du foir. Réponfe, il a 39 ans 1 mois 25 jours 16 heures 45 minutes 45 fecondes.

OPERATION.

		mois	jours	heures	min.	fecondes
Année expirée	1758--	5--	9--	18--	8--	3
Naiffance	1719--	3--	14--	1--	22--	18

	ans.	mois.	jours.	heures.	minutes.	fecondes.
Age précis....	39--	1--	25--	16--	45--	45

		mois	jours	heures	min.	fecondes
Preuve......	1758--	5--	9--	18--	8--	3

Pour réfoudre cette queftion, & d'autres femblables, il ne s'agit que de pofer le plus grand tems le premier, ne mettant que les années, mois, jours, heures, minutes & fecondes expirées, ensuite ayant mis au desfous de ce tems celui de la naissance, en gardant le même ordre que ci-dessus, & ayant posé les especes semblables sous les semblables, vous commencerez par soustraire les moindres especes des moindres, & procéderez ainsi successivement jusqu'à la fin, empruntant sur chacun des especes, s'il est nécessaire. Et pour savoir ce que vous devez emprunter, & ce qu'il faut de secondes pour une minute, de minutes pour une heure, &c. si la mémoire ne vous fournit pas, vous pouvez avoir recours à la page 30, où est l'instruction.

On peut se servir de la même méthode que ci-dessus, pour les rentes constituées, dont les arrérages en seroient dûs depuis quelques années : observant que dans les liquidations des comptes, on ne considére l'année que de 360 jours, & le mois par conséquent de 30 jours seulement.

DEUXIEME PROPOSITION.

Un journalier étant obligé de faire une vuidange de terre jusqu'à la concurrence de 478 toises, 5 pieds, 9 pouces, 8 lignes cubes, & en ayant ôté 196 toises, 4 pieds, 10 pouces, 5 lignes, veut savoir combien il lui en reste à ôter. Réponse, 282 toises, 11 pouces, 3 lignes cubes.

OPERATION.

Vuidange à faire 478 toises 5 pieds 9 pouc. 8 lig.
Travail fait ... 196 —— 4 —— 10 —— 5

Reste à faire ... 282 toises 0 . 11 pouc. 3 lig.

Preuve ... 478 —— 5 —— 9 —— 8

L'opération de cette deuxieme proposition est si facile, qu'il ne me paroît pas nécessaire d'en donner l'explication ni la maniere de faire cette soustraction; sachant qu'il faut 12 lignes pour un pouce, 12 pouces pour 1 pied & 6 pieds de roi pour une toise, le raisonnement seul fait comprendre toutes autres soustractions qui pourroient être données dans le même genre.

QUESTION sur la multiplication par les parties aliquotes de la livre.

PREMIERE PROPOSITION.

Un Marchand a acheté pour 10000 livres de soie, qu'il veut faire employer en toile de soie, satin, taffetas & damas.

Il employe 75 femmes pour devider cette soie, à chacune desquelles il donne 12 s. par jour; elles ont été 34 jours.

Il donne à 36 moulineuses 18 s. par jour; elles ont été 25 jours à mouliner.

Il donne 25 s. par jour à 14 ourdisseuses,

qui ont été 10 jours à ourdir le tout.

Il donne au teinturier 250 livres pour teindre le tout.

Il donne aux ouvriers de la toile de soie 12 livres pour la façon de chaque piece, qui est ordinairement de 30 aunes ; ils lui en ont fait 25 pieces.

Il donne 15 livres par piece aux ouvriers de taffetas, qui lui en ont fait 30 pieces.

Il donne 16 livres aux ouvriers de satin, qui lui en ont fait 35 pieces.

Il donne 22 livres par piece aux ouvriers du damas, qui lui en ont fait 40 pieces. Toutes ces marchandises étant faites, il les vend à d'autres Marchands : SAVOIR ;

La toile de soie à raison de 75 la piece.
Le taffetas ..... à ...... 150 l.
Le satin ..... à ..... 195 l.
Et le damas. .. à ..... 360 l.

On demande à combien le tout lui revient, quelle somme il en doit recevoir , & quel gain il fait sur le total. Réponse, le tout lui revient à 14955 livres, il en doit recevoir 27600 liv. par conséquent il gagne 12645 livres.

OPERATIONS de la propofition ci-contre.

evid. 75   Moulin.   36
A. . . .   12 f.   A. . . . .   0-18 f.
———————   ———————————
C'eft. . 45 l.-0   C'eft. . 32 l. 8 f.
        20   20
———————   ———————————
        900 {75   648 {36
Preuve. . . 150 {12 f.   Preuve. . . . . 288 {18 f.
        00   00

————————————————————

Ourdiffeufes 14
   A. . . . . . 1 l. 5 f.
————————————————
            14
          3—10
————————————————
      C'eft . . 17 l. 10 f. { 14
      Preuve. . . 3   { 1 l. 5 f.
            20
————————————————
            70
            00

————————————————————

Divideuf. 34. jours.   Moulin. 25. jours.
A . . . . . 45 l. par jour.   A. . . 32 l. 8 f. par jour.
————————————   ————————————
        170   50
        136   75
————————————   10—0
C'eft. . . 1530 l. { 34   C'eft. . 810 l, { 25
Preuve. . 170 { 45. l.   Preuve. . 60 { 32 l. 8 f.
        00   10
————————————   10
                              ————————
                               200
                               00

Ourdiſſeuſes　10. jours.
A . . . .　17. l. 10 ſ. par jour.
____

170
5
____

C'eſt. . . . 175 l. { 10
Preuve. . . . 75 { ‾‾‾‾‾‾‾‾
5　　17 l. 10 ſ.
20
____

100
000

Suite de l'autre part.

F A Ç O N.

25. pieces de toile de ſoie ｝　30. piec. de raffetas;
A . . 12 l. la piece. |　A . . 15 l. la piece.
_______________________　_______________________
C'eſt 300 l. { 25 |　C'eſt 450 l. { 30
50 { ‾‾‾‾‾‾‾ |　150 { ‾‾‾‾‾‾
00 { 12 l. preuve. |　00 { 15 l. preuve.
____

35. pieces de ſatin ｝　40 pieces de damas
A . . . . 16. l. la piece. |　A . . . 22 l. la piece.
_______________________　_______________________
C'eſt . . 560 l. { 35 |　C'eſt 880 l. { 40
210 { ‾‾‾‾‾‾‾ |　80 { ‾‾‾‾‾‾
00 { 16 l. preu. |　00 { 22 l. preuve
____

Argent débourſé.

10000 l. pour l'achat. ｝ 12765 liv.
1530. pour les devideuſes. | 300 pour la faç. de la toile ſ.
810. pour les moulineuſes | 450. l. pour celle du taffetas
175. pour les ourdiſſeuſes. | 560. pour celle du ſatin.
250. pour le teinturier. | 880. pour celle du damas.
____
12765 liv. | 14955 l. que lui coûte le tout.

Pour la vente.

25. pieces de toile de soie.
A.... 75. l. la piece.
—————
125
175
—————
C'est 1875 l. { 25 piece.
125
00 { 75 l. preuve.

30. piec. taffet.
A.... 150 liv.
—————
C'est 45000 l. { 30.
150
000 { 150 l. pr.

35. pieces de satin.
A... :195 l. la piece.
—————
175
665
—————
C'est ..6825 l. { 35
332
175 { 195 l. pr.
00

40. pieces de damas.
A.... 360. l. la piece.
—————
2400
120
—————
C'est. 14400 l. { 40
240
000 { 360 l. preuve

Produits de la vente.

1875. l. pour la vente des toiles de soie.
4500. pour celle du taffetas.
6825. pour celle du satin.
14400. pour celle du damas.
—————
27600. pour la vente du tout.

—————

Sur la vente du tout . . . . 27600 liv.
Il faut souſtraire les déboursés. . 14955
—————
Le reſte qu'il gagne eſt 12645
—————
Preuve . . . . 27600 liv.

DEUXIEME QUESTION.

On demande combien produiront 11 liv. 11 sols 11 deniers, multipliés par 11 livres, 11 sols, 11 deniers. Réponse, 134 livres 9 sols 3 deniers 49/240.

Cette question n'a été proposée par tous les Auteurs arithméticiens, que pour éguiser les esprits. Car ce problême est impossible en France, parce que toute notre monnoie est ronde, donc on ne peut pas multiplier la surface de l'une par la surface de l'autre; & par le même principe, si on a égard à la solidité, on est dans l'erreur. Je crois que nous ne devons avoir égard qu'au rapport, qu'il y a d'une de ces grandeurs à l'autre. Voyez ci-après l'opération.

OPERATION

de la deuxieme queftion de ci-contre.

Multiplier 11 l. 11 f. 11 d. par 11 l. 11 f. 11 d.

12	12
143/240.	143/240

Multip 11 l. 143/240 ⎱ 11 l. 143/240
Par... 11 l. 143/240 ⎰ 240

583

C'eft. 134 l. 9 f. 3 d. 49/240 : 22

Multipliez. . . . 2783
Par 2783

8349
22264
19481
5566

| 7745089 ⎱ 57600 |
| 198508 ⎰ |
| 257089 ⎱ 134. 9. 3. 49 |
| 26689 |
| 20 |

l. f. d.

240

Mult. 240
Par.. 240

9600
480

57600. divif.

533780
15380
12

184560
1176.0/5760.0
294/1440
98/480
49/240

Qqq

PREUVE.

```
   l.   f.   d.              l.   4 f. d.                              t.
Si 11--11--11--don. 134--9--3--49/240. comb. 1
   20                       240                                       20
 ─────────                ─────────                                ─────────
   231                      5360                                     20
 ─────────                  268                                      12
   12                       96--0                                  ─────────
 ─────────                  12--:                                    240
   2783                     3--:
                            :--4--1
 ──────────────────────────────────
                         l.  f.  d.    ⎧  2783
                      32271 . 4 . 1.   ⎨ ──────────────
                       4441            ⎩  11 l. 11 f. 11 d.
                       1658

                         20            ⎫  Pour  l'explication de
                      ─────────        ⎬  cette multiplication ci def-
                       33164           ⎪  fus.  Voyez la page 287,
                        5334           ⎪  jufques & compris la page
                        2551           ⎭  291.
                          12
                      ─────────
                       30613
                        2783
                        0000
```

QUESTION *fur les parties aliquotes de* 24 *par multiplication.*

Six Particuliers ont pris une ferme de 450000 livres , ils y entrent tous au marc la livre portans un quartier d'avance ; on demande combien ils doivent porter chacun, & en particulier pour faire le payement dudit quartier, y entrans; favoir, le premier pour 4 f. 6 d. pour l., le fecond pour 3 f.

2 d , le troisieme pour 3 s. 3 d., le quatrieme
pour 3 s. 4 d., le cinquieme pour 2 s. 10 d.
& le sixieme pour 2 s. 11 d.

Pour résoudre cette question, je tire le quart
de 450000 liv., qui est 112500 liv. qu'ils
doivent avancer, & en fait des parties à raison de ce qu'ils y entrent chacun.

Le premier donnera pour sa part   25312 l. 10 s.
Le second   17812   10
Le troisieme   18281   5
Le quatrieme   18750
Le cinquieme   15937   10
Le sixieme.   16406   5
____
Qui est le 1/4 & la preuve des   112500
    opérations ci-après.

O P E R A T I O N S.
450000 liv. total.

Le 1/4 est 112500 l. pour le quartier d'avance.

A . . . . o l. $\frac{2}{4}$ s. 6 d
____
    22500--   0
     2812--   10
____
premier. . 25312 l. 10 s.
____
    112500 l. $\frac{1}{}$
A . . . . o l. 3 s. 2 d.
____
    11250--   0
     5625--   :
      937--   10
____
Second. . . 17812 l. 10 s.
____

Qqq ij

112500 l. $\frac{1}{}$

A . . . . 0 — $\frac{1}{3}$ l. 3 d.

11250 — 0
5625 — :
1406 — 5

Troisieme. 18281 l. 5 l.

112500 $\frac{1}{}$

A . . . . . . 0 l. $\frac{1}{3}$ l. 4 d.

11250 — 0
5625 —
1875 — :

Quatrieme. 18750 l.

112500   1

A . . . . 0 l. 2 l. 10 d.

11250 — 0
2812 — 10
1875 — :

Cinquieme . 15937 l. 10 l. :

112500 $\frac{1}{}$

A . . . . 0 l. 2 l. 11 d.

11250 — 0
3750 — :
1406 — 5

Sixieme . . . 16406 l. 5 l.

Remarquez que ce qu'on appelle être in-
téressé au marc la livre, c'est-à-dire, que
les intérêts des six traitans ne doivent faire

enſemble que 20 ſols, comme on le peut voir ci-deſſus, qui ſont:

```
4 ſ. 6 d.    10 ſ. 11 d.
3 --- 2      3 --- 4
3 --- 3      2 --- 10
----------   2 --- 11
10 ſ. 11     ----------
             20 ſ.  0 d.
```

QUESTION *ſur la diviſion.*

Un Aubergiſte a acheté un partis de vin, dont la barique lui revient à 42 livres, & il lui en coûte 15 livres 5 ſols par barique pour droit du Roi, 1 livre 15 ſols par barique pour le charroi, & il veut gagner 15 l. ſur chaque barique: on demande à combien revient la pinte. Réponſe, elle lui revient à 6 ſols 2 deniers.

OPERATION.

```
42 l. : : d'achat       74 l.
15 -- 5 : droit          20
 1 --15 : charroi       ------   ⎧ 240. pintes dans
15 -- : : gain          1480     ⎨        la bar.
--------------------      40     ⎩ ------------------
L : 74 -- : :            12        6 ſ. 2 d. la pinte
                        ------
                         480       Réponſe.
                         000
```

Deuxieme Queſtion.

Une Paroiſſe a 2125 livres de tailles, & on

lui donne 178 livres 17 fols d'augmentation; on demande combien il faut l'augmenter pour livre. Réponfe, de 1 f. 8 d. 424/2125.

OPERATION.

178 l. 17
20
____
3577   { 2125
1452   { 1 f. 8 d. 424/2125
12
____
17424
424/2125

PREUVE.

2125
A ... o l. 1 f. 8 d. 424
2125
____
106-- 5 :
70--16--8
1--15--4
____
178 l. 17 f. 0

QUESTION fur le rachat de rente.

On paye 127 livres 17 fols 4 deniers de rente, & on veut amortir cette rente pour la fomme de 2600 livres: on demande à quel denier fera amortie cette dernicre rente. Réponfe, ce fera au denier 20 & 320/959.

OPERATION.

127 l. 17 f. 4 d.   2600 l.
20   20
____________   ____________
2557   52000
12   12
____________   ____________
30688 d.   62.000   { 30688
                     10240   { 20 d. 320/959

Le 1/32 ..... 320/959

DEUXIEME QUESTION.

Un homme a une maison qui est louée 450 livres & il veut la vendre 8500 livres, on demande à quel denier cette maison sera vendue. Réponse, elle sera vendue au denier 18.8/9.

	OPERATION.		PREUVE.
	8500 l. ⎧ 450		450
	4000		18. 8/9
Le 1/5.. 40/0 ⎬ 18 d. 8/9		
			8100
Le 1/5.. 45/0 ⎩ 8/9		400
			8500

QUESTION *sur la tare.*

Comme les uns diminuent tant pour cent, ou dans le cent, & les autres diminuent tant sur cent ; j'ai jugé à propos d'en donner ici un éclaircissement, quoique j'aie donné la régle à tant pour $\frac{0}{0}$. à la page 251.

Diminuer tant pour $\frac{0}{0}$. ou dans le $\frac{0}{0}$. c'est quand on souftrait une quantité de cent, & qu'on livre le reste net, comme si la tare est à 8 pour $\frac{0}{0}$, on doit livrer 92 livres nets, comme on en voit des exemples à ladite page 251.

Diminuer sur 100, cela s'entend qu'il faut livrer 100, & quelque quantité au-dessus, comme si la tare est de 18 sur 100 ; l'acheteur de 118 livres ord. n'en payera que 100 livres net.

PROPOSITION.

Un Marchand a acheté 8 bariques de fucre pefantes 3780 livres ord. on demande ombien il y aura de livres net à payer, augmentant 13 livres fur 100 livres pour la tare.

OPERATION.

Si de 113. ℔ on n'en paye que 100 l. combien de 3780. ℔

```
              100
         ────────────
    378000        ⎧ 113
       390        ⎨ ─────────────
       510        ⎩ 3345 l. 15/113
        580
         15
```

PREUVE.

Si de 3780 l. on ne paye que 3345 : 15/113, comb. de 113.

```
              113
         ────────────
        10035
        36795
                    15. reftant.
         ────────────
    378000   ⎧ 3780
    000000   ⎨ ──────
             ⎩ 100
```

QUESTION sur les réductions d'aunage.

On demande combien 40 aunes de Hollande valent d'aunes de Paris. Réponse, 22 aunes 6/7 de Paris Il faut considérer que 7 aunes d'Hollande valent 4 aunes de Paris; ainsi il faut dire par une regle de trois.

OPERATION.

Si 7 aun. d'Hol. val. 4 aun. de Paris, c. 40 aun. d'Hollande.

$$4$$

160) 7
20) 2...6/7. aun. Rép.
6 (

PREUVE.

Si 40 aun. d'Hol. val. 22 aun. 6/7 de Paris, c. 7 aun. d'Hol.

$$7$$

154) 40
6 (4. aunes de Paris.

160

DEUXIEME QUESTION.

Un Marchand a acheté du drap d'Hollande, au nombre de 7 aunes, à 12 livres 15 sols l'aune de Hollande, il veut savoir à combien lui revient l'aune de Paris. Réponse, 22 livres 6 sols 3 deniers.

OPERATION.   PREUVE.

7 aunes d'Hol.   22 l. 6 f. 3 d.

    7   Par . . . . . , 4. aunes.

A . . . 12 l. 15 f.   89 l. 5 f.-0

84
4   18
7

89 l. 5 f.

Le 1/4 . . 22 l. 6 f. 3 d.   R r r

QUESTION sur la régle de trois simple.

On a acheté 18 aunes d'étoffes pour 63 l. on demande combien on en aura pour 247 liv. Réponse, 70. aunes 4/7.

OPERATION.

l.　　247 l.　　　　　　　　　　　l.
Si pour 63 on a 18 aunes, comb. on en aura-t-on pour 247.

$$\left.\begin{array}{r}4446 \\ 36 \\ \hline 63\end{array}\right\} o \left\{\begin{array}{l}63 \\ \hline 70.\ \text{aunes}\ 4/7.\end{array}\right.$$

PREUVE.

l.
Si pour 247 on a 70 aunes 4/7, comb. en aura-t-on pour 63 l.

$$\begin{array}{r}63 \\ \hline 210 \\ 420 \\ 36 \\ \hline \left.\begin{array}{r}4446 \\ 1976 \\ 000\end{array}\right\} \left\{\begin{array}{l}247 \\ \hline 18.\ \text{aunes.}\end{array}\right.\end{array}$$

DEUXIEME QUESTION.

Si 1 marc d'arg. coute 47 l. 10 s. comb. coût. 7 m. 7 on. 5 gr.

```
   8              509                    8 onces.
  ___           ______                  ________
   8             3563                      63
   8             2036                     8 gros.
  ___            ______                  ________
  64             254—10
                 ________
                24177—10 ⎰ 64    509 gros.
                  497    ⎱ 377 l. 15 s. 5 d. 5/8.
                  497              Réponse.
                   49
                   20
                  _____
                  990
                  350
                   30
                   12
                  _____
                  360
```

40/64 ou 5/8.

La preuve se peut faire par son contraire, comme celle ci-dessus, ou seulement multiplier le produit ou quotient par le diviseur, & ce dernier produit le diviser par 509. gros.

QUESTION sur le Change.

Un Marchand desirant faire un voyage de Paris à la Rochelle, a besoin d'une lettre de change de 4500 livres, & pour ce faire va trouver un Banquier qui lui fournit une lettre de change de ladite somme de 4500 liv., à recevoir sur ledit lieu de la Rochelle ; on demande combien il doit donner au Banquier, le change étant accordé entre'eux à 3 liv. pour °/° Réponse, il doit donner 4635 liv. comptant.

OPERATION.

4500	4500
3	135
——	——
135/00	4635. pour répor

DEUXIEME QUESTIO

Si on veut favoir quelle fomme on
vra net à la Rochelle, ne donnant que
livres à un Banquier de Paris, & aux
ditions de 3 livres fur 100 livres Ré
on recevra la fomme de 4368 liv. 18
den. 71/103 net à la Rochelle.

OPERATION.

Si 103 l. font réd à 100 l. à comb. feront réduites 4500

```
 450000
    380        103
    710
    920        4368 l. 18 f. 7 d. 7
     96
     20
  ————
   1920
    890
     66
     12
  ————
    792
 71/103.
```

Nota. Il faut faire atte
cette régle-ci est un e
parce que si celui qui
l'argent prenoit 3 l. po
100 l. ce qui feroit 135 l
l. prendroit le change
qu'il ne débourfe pas. A
faire attention quand le
en dehors ou en dedans
dire, quand la fon
né à efcompte Il
fe conformer à la
deffus & à celle d
300, &c.

PREUVE de la derniere opération ci-contre.

Si 4500 l. font réduit à 4:68 l. 18 f. 7 d. 71/103, comb. 103 l.

103

13104

4368

92--14-- :
2--11-- 6
8-- 7
5·--11

450000.   { 4500
000000   { 100 l.

QUESTION fur la régle d'efcompte.

Quelqu'un doit (à payer dans 4 mois) L : 1787, le créancier dit à ce quelqu'un qui eft débiteur, que s'il le veut payer préfentement, il lui efcomptera fa dette à 3. 1/2 fur °⁄₀, pour les mêmes quatre mois : on demande combien le débiteur doit payer préfentement.

OPERATION.

Si 103 l. 1/2 font réd. à 100 l. c. 1787 l.

2   2

207   3574
                               100

                             357400 207
                             1501
La preuve fe peut faire par   550 } 1726=11 f. 4 d. 56
Le contraire   1360   69
                              118   *Réponfe.*
                               20

                             2360
                             290
                              83
                              12

                             996

fe.

·

rece-
4500
con-
onfe,
fols 7

500 l.

1/103.

tion que
compte,
debourfe
r chaque
fur 4,00
es 135 l.
nfi il faut
hange eft
c'eft-à-
me tour-
aut donc
régie ci-
la page

DEUXIEME QUESTION

sur la Régle d'escompte.

Quelqu'un doit 1046 livres 15 sols, à payer au bout de sept mois, & il lui est offert par son créancier de lui escompter, à 5 3/4 sur $\frac{0}{0}$, pour lesdits sept mois du jour qu'il le voudra payer : celui qui doit, cinq mois après, trouve le moyen de payer sa dette ; on demande combien il doit payer au bout des cinq mois, au lieu des 1046 l. 15 f., qu'il devoit payer au bout des sept mois. Réponse, 1029 l. 16 f. 7 d. 743/1423.

OPERATIONS.

Si pour 7. mois on esc. 5. 3/4, c. p. 2. m. de rest.

<pre>
              2
            ─────
             10
            1—1/2
            ─────
         11—1/2 ou 10 f. ⎱   ────────
              4   ⎰ 1 l. 12 f. 10 d. 2
             20   ────────
            ─────   Réponse.
             90
             20
              6
             12
            ─────
             7²
            02/7.
            ─────
</pre>

l. ſ. d.
Si de 101-12-10-2/7, on ne paye que 100, c. pour 1046-15
20

2032
12

24394
7

170760

20935
12

251220
7

1758540
100

175854000
509400
1678800
141960
20

2839200
1131600
107040
12

1284480
8916∅|170760∅.

170760

l. ſ. d.
1029-16-7-743
1423

Réponse.

On peut faire la preuve de cette maniere ci-deſſus.

l. ſ. d.
Si de 101-12-10-2/7, il vient 1-12-10-2/7, comb. 1046-15

on trouvera pour réponſe.... 16 l. 18 ſ. 4 d. 680/1423.
Pour double preuve ajoutez.. 1029—16—7—743/1423.

Vous trouverez les........1046 l. 15 ſ.— : preuve certaine.

Table pour trouver tout d'un coup l'escompte en dedans de toute somme proposée.

Lorsque l'on paye ou que l'on reçoit quelque somme que ce soit, escomptant à raison

de 1 pour cent, il la faut div. par 101.
de 1.1/4 ···················· par 81. ou en pr. le 1/9 du 1/9.
de 2········ ············· par 51.
de 2.1/2···· ············· par 41.
de 4················ ······· par 26.
de 5 ···················· par 21. ou en pr. le 1/7. du 1/
de 6 1/4 ················ par 17.
de 8.1/3 ················ par 13.
de 10················ ······· par 11. ou en pr. le 1/11.
de 12.1/2········ ······· par 9. ou en prendre le 1/9.
de 16.2/3·············· par 7. ou en prendre le 1/7.
de 20················ par 6. ou en prendre le 1/6.
de 25·················· par 5. ou en prendre le 1/5.
de 50·················· par 3. ou en prendre le 1/3.

QUESTION *sur les deniers en dedans la livre.*

On veut ôter les 4 deniers pour livre en dedans compris dans 570 livres, & savoir à quelle somme sera réduite cettedite somme de 570 livres.

Pour ôter les quatre deniers pour livre compris dans 570 livres, il faut faire une régle de trois, & mettre pour le premier terme 244 deniers, parce qu'il y a 240 den. dans la livre, y joignant les 4 deniers que l'on veut ôter, cela fait 244 deniers; pour second terme, les 240 deniers pour la valeur de la livre; & pour troisieme terme, le montant ou la somme proposée par cette question,

tion, qui est 570 livres, ensuite faire la régle de trois, comme à l'ordinaire, ainsi qu'il est exécuté ci-dessous. Viendra pour réponse, 560 liv. 13 sols 1 denier 23/61.

OPÉRATION.

```
        d.                    d.
Si 244 don. 240 comb. 570
                       240
                    ─────────
                     22800
                     1140
                    ─────────
                    136800    {  244
                      1480    { ──────────────────
                       160    {    l.   t.   d.
                        20    {  560, 13, 1. 23/61
                    ─────────
                      3200
                       760
                        28
                        12
                    ─────────
                        56
                        28
                    ─────────
                       336
                       92/244
                       23/ 61
```

La preuve peut se faire par son contraire; je ne la mettrai point ici, parce que j'ai expliqué amplement les régles de trois, auxquelles on peut avoir recours.

Je donne ci-après une table qui est d'une

grande utilité & d'une grande abbréviation,
fans être obligé de faire des régles de trois.
La queſtion ci-devant peut ſervir de modele,
pour celles qui ſeroient propoſées dans le
même genre; ayez recours à la table ci-après.

*Table pour trouver tout d'un coup la taxation
ou remiſe en dedans de toute ſomme propoſée*

Pour prendre la taxation ou remiſe en dedans de quelque
ſomme à o l. o ſ. 2 d. pour chaque livre, il faut diviſer la ſomme propoſée par...... 121

à	3 d.	par...... 81
à	4	par...... 61
à	5	par...... 49
à	6	par...... 41
à	8	par...... 31
à	10	par...... 25
à	1 ſ.	par...... 21
à	2	par...... 11
à	4	par...... 6
à	5	par...... 5

Il faut obſerver que par le moyen d'une
ſimple diviſion faite, comme il eſt marqué
dans la table ci-deſſus, de quelque ſomme
que ce ſoit, on trouve la taxation totale ou
la remiſe en dedans, laquelle étant ſouſ-
traite de la ſomme propoſée, on aura le reſte net à payer.

Question ſur la régle des gains & pertes.

Un Marchand vend à un autre Marchand
pour 1476 l. 10 ſ. de toiles au prix coûtant;
mais le vendeur a expliqué dans ſon marché,

qu'il vouloit gagner 8 livres 3/4 pour °/°: on
demande combien il faut augmenter pour
le profit de celui qui vend à la susdite raison de 8 livre 3/4 pour 100. Réponse 129
livres 3 sols 10 deniers 1/2.

OPERATION.

```
      l.          l.                          l.    f.
Si 100 prod. 8. 3/4, comb. prod. 1476. 10
       20                                    20
   __________                        __________
     2000                               29530
   __________                              8 l. 3/4.
                                     __________
                                       236240
                                       14765
                                        7382 — 10 {2000
                                     __________
                                      258387 — 10 } 129 l. 3 f. 10 d. 1/2.
                                        5838                  Réponse.
                                       18387
                                         387
                                          20
                                     __________
                                        7750
                                        1750
                                          12
                                     __________
                                       21000
                                     3/000/2/000
                                          1/2
```

PREUVE.

Si 1476. 10 don. 129. 3. 10. 1/2, comb. 100

1. f.	2000 l.	1.
20	18000	20
29530	24000	2000
	200--0	
	100--:	
	50--:	
	33--6--8	
	4--3--4. pour le 1/2 den.	

258387-10--0 } 29530
22147 } 8 l. 15 f. ou 3/4 de l.
20

442950
147650
00000

On voit par l'opération ci-devant, que le vendeur gagnera sur son parti de toile, 129 livres 3 sols 10 deniers 1/2. La preuve ci-dessus est faite par le contraire de l'opération, c'est-à-dire, prenant le dernier terme pour le premier de la preuve; on voit aussi par l'opération de la preuve, qu'après avoir pris le produit de 4 deniers, il faut prendre le produit d'un denier pour avoir celui d'un demi-denier, qui est en la proposition. Le produit d'un denier seroit 8 livres 6 sols 8 den. par conséquent le produit d'un demi-denier, sera 4 liv. 3 l. 4 d. Voyez à la preuve ci-dessus.

DEUXIEME QUESTION
sur les gains & pertes.

Supposé qu'un Marchand de cette ville ait fait venir des toiles de Laval, & qu'elles reviennent, rendues à Nantes, tant pour l'achat, voitures que autres frais, à 3 livres 15 sols 6 deniers l'aune, il veut savoir combien il doit la vendre l'aune, pour y gagner 10 pour $\frac{o}{o}$. Réponse 4 livres 3 sols o den. 3/5.

OPERATION.

$$Si\ 100\ l.\ viennent\ à\ \overset{906}{110}\ l.\ comb.\ 3\ l.\ 15\ s.\ 6\ d.$$

20	99660	20
2000		75
12		12
24000		906

99660 ⎱ 24000
3660 ⎰
20 ⎰ 4 l. 3 s. o d. 3/5.

73200
1200
12

144/00/240/00.
48 / 80
Le 1/16.... 3 / 5

PREUVE.

Si 3 l. 15 f. 6 d. val. 4 l. 3 f. d. 3/5 , comb. 100 l.

20	24000		20
75	96000		2000
12	2400		12
906	1200		24000
	60.	Pour les 3/5.eme	
	99660	906	
	906	110 l. preuve.	
	0000		

Faux produit d'un denier , 100 l.
Le 1/5. eft 20

3

Les 3/5.mes font . . . . 60 l.

L'opération & la preuve ci-deffus n'ont rien de difficile, excepté qu'à la preuve il y a 3/5 de den. ; il faut donc faire un faux produit en prenant pour un denier, & enfuite prendre les 3/5 fur le produit d'un denier; voyez ci-deffus. Les régles de gains & pertes font affez étendues pour en avoir un grand éclairciffement : quand il y a de la perte fur quelque marchandife, on peut opérer de la même maniere que pour les profits.

QUESTION fur la Régle de troc.

Deux Marchands veulent faire un échange de marchandifes, l'un a de la toile qu'il

veut vendre argent comptant 25 fols l'aune,
en troc il la veut vendre 30 f. l'aune, & il
veut avoir un tiers en argent comptant;
l'autre a du coton, qui vaut 22 fols la livre
argent comptant; on demande combien il
la doit vendre en troc. Réponfe, 29 f. 4 d.

Pour réfoudre cette queftion il faut prendre le tiers du prix en troc de 30 f. qui eft
10 f. & diminuer ce nombre 10 de 25 & de
30, dont il reftera 15 f. & 20 f. & puis dire
par une régle de trois.

OPERATION.

Si 15 f. compt. val. 20 f. en tr. comb. 22 f. compt.

$$22$$

$$40$$
$$40$$

$$\left.\begin{array}{l} 440 \\ 142 \\ 5 \\ 12 \end{array}\right\} \begin{array}{l} 15 \\ 29\ f.\ 4\ d. \\ \textit{Réponfe.} \end{array}$$

$$60$$
$$00$$

PREUVE.

Si 22 f. valent 29 f. 4 d. combien 15 f.

$$15$$

$$435$$
$$5$$

$$\left.\begin{array}{l} 440 \\ 000 \end{array}\right\} \begin{array}{l} 22 \\ 20\ f.\ re. \end{array}$$

L'on voit par l'opération ci-devant, que la livre de coton vaudra en troc de la toise 29 fols 4 deniers. Voyez l'opération avec la preuve ci-devant.

DEUXIEME QUESTION
fur la régle de troc.

Deux Marchands troquent ou échangent un petit parti de marchandifes ; favoir, un des deux a du café créole, qu'il veut vendre 12 fols la livre comptant, & en troc il le veut vendre 16 fols ; l'autre a du poivre qu'il veut vendre 26 fols argent comptant, & en troc 30 fols : favoir lequel des deux aura plus de profit fur ce troc.

Pour réfoudre cette queftion, il faut augmenter fur le prix du café ce qu'il y a du furplus du poivre, du prix comptant à celui du troc. Ainfi comme il a 4, il faut dire par une régle de trois:

OPERATION.

Si 16 f. au lieu de 12 f. val. 20 f. au lieu de 16,
comb. vaud. 26 f.

$$
\begin{array}{r|l}
20 \;\Big\{\; 16 & \\
\hline
520 \;\Big\{\; 32\ \text{f. } 6\ \text{d.} & \\
40 \;\Big\{\; \textit{Réponfe.} & \\
8 & \\
\hline
12 & \\
\hline
96 & \\
00 &
\end{array}
$$

Le

Le Marchand de poivre perd 2 f. 6 den. pour livre pefant.

Et le Marchand de café les gagne.

Mais fi le Marchand de poivre vouloit avoir le tiers en argent comptant, on demande lequel profiteroit le plus.

Pour faire cette opération, il faut prendre la valeur du poivre en troc; le tiers eft 10 f. il faut diminuer ces 10 f. fur 26 f. & 30 f. il refte 16 f. & 20 f. & puis dire par une régle de trois fi 16 f. donnent 20 f. combien 26 f.

$$
\begin{array}{c}
20 \\
\hline
\left.\begin{array}{r} 520 \\ 40 \\ 8 \end{array}\right\} \quad
\dfrac{16}{32\ \text{f. }6\ \text{d.}} \\
12 \\
\hline
96 \\
20
\end{array}
$$

Réponfe, trente-deux fols fix den. ci 32 f. 6 d.

On voit clairement que le Marchand de poivre ayant le tiers en argent comptant, fait troc égal avec le Marchand de café; voyez & faites les opérations ci-devant.

QUESTION *pour la gaule de 7 pieds 1/2.*

On demande combien il y a de gaules quarrées dans un terrein, qui a cinq gaules fept pieds cinq pouces de longueur, fur trois gaules cinq pieds fept pouces de largeur. Réponfe, vingt-deux gaules trois pieds deux pouces 23/90.

Ttt

Il faut entendre que la gaule a sept pieds 1/2 ou sept pieds six pouces.

OPERATION.

		gaules.	pieds.	pouces de long.	
Multiplicande..........		5	7	5	
Multiplicateur.........		3	5	7	de largeur.
		15.	21.	15.	90. dénon
La 1/2. pour 3 pieds 9 pouc.		2—	7 —	5. 1/2.	45.
Le 1/3 pour 1 pied 3 pouc.		0—	7.—	5. 5/6.	75.
Le 1/3 pour : ..... 5 id.		0—	2.—	5. 17/18.	85.
Le 1/5. pour : .... 1 id.		0—	0 —	5. 89/90	89.
Le 1/5. pour : ..... 1 id.		0—	0.—	5 89/90.	89.
		gaul.	pieds. pouc.		383 (90
		22—	3—	2. 23/30.	23. (4. p̄o (& 1)

40. pieds 8 pouces à diviser par 7 pieds 6 pouces.

        12   12
    ______   ______
    488. pouces ⎰ 90   90. pouces.
    38.   ⎱ ______   ______
                 ⎱ 5. gaul. 38p̄ouc. ou 3 pieds 2 pouc

Pour faire l'opération ci-dessus, il faut commencer à multiplier les pouces de la longueur par les gaules de la largeur, & en mettre le produit sous les pouces, tant de la longueur que de la largeur, de suite les pieds & les gaules; ensuite de quoi il faut prendre, 1°. pour 3 pieds 9 pouces la 1/2. sur le total de la longueur; 2°. pour 1 pied 3 pouces, il faut prendre le tiers sur cette derniere 1/2. 3°. il faut prendre pour 5 pouces le 1/3. sur ce dernier tiers; 4°. pour les

2 pouces reftans, il faut prendre les 2/5. fur le produit de ce dernier tiers, & ayant fait ces quatre opérations, vou· aurez pris pour les 5 pieds 7 pouces de largeur fur le total de la longueur. Et pour le montant de l'addition, vous trouverez 40 pieds 8 pouces quarrés, qu'il faut divifer par 7 pieds 6 pouces, lefquels deux termes il faut réduire en pouces pour trouver des gaules. Voyez ci-contre, il y a 5 gaules 3 pieds 2 pouces.

PREUVE.

de la queftion ci - contre.

Il faut divifer les vingt-deux gaules trois pieds deux pouces 23/90, par cinq gaules fept pieds cinq pouces de longueur pour trouver le montant de la largeur. Pour ce faire, il faut réduire tant le dividende que le divifeur en même dénomination, c'eft-à-dire, en pieds, en pouces & en fraction. Voyez l'opération ci-après.

OPERATION.

gaules.	pieds.	pouces.		gaules.	pieds.	pouces.
22.	3.	2.	23/90	5.	7.	5.
7. 1/2				7. 1/2.		

157
11

168
12

2018
90

181643

42
2.1/2. ou 6. pouc.

44
12

539
90

48510

6

181643

36113
7. 1/2

252791
18056--6

270847--6
28297
12

339570
00000

48510

{ 3. gaul. 5 pieds 7 pouces de larg.
Preuve certaine pour réponse.

{ Multipliant par 7. 1/2, il faut ajouter les pieds qui font au nombre propofé, de même que multipliant par 12, il faut ajou-ter les pouces, parce qu'il faut 12 pouces pour 1 pied, multi-pliant auffi par le dénominateur de la fraction, il faut ajouter le numérateur : voyez ci-deffus.

QUESTION *fur la régle d'alliage.*

Suppofez qu'on veuille faire faire de la vaiffelle d'argent, & qu'il y ait 17 marcs d'argent pefant, à raifon de 22 liv. le marc : mais comme l'Orfévre n'a poit d'argent à ce titre, & qu'il en a à différens autres prix, il faut qu'il les allie. Il a de l'argent de qua-

tre différens prix, le premier à 20 livres le
marc, le second à 21 livres, le troisieme à
26 liv. & le quatrieme à 29 livres. Je veux
savoir combien il en doit prendre de chaque
sorte, pour faire les 17 marcs qu'on lui demande. Les réponses se voyent ci-dessous.

DÉMONSTRATION.

Livres		marcs	Réponses. marc	14. dén. com.
29. l..	prix	1	1. 3/14.	3
26...	commun	2	2. 3/7.	6
21...	22 l.	7	8. 1/2.	7
20...		4	4. 6/7.	12
		14.	17. m. 0.	28 { 14
				90 { 2. marcs.

OPERATIONS.

I. Si 14. marcs don. 1. comb. 17

$$17 \quad \begin{cases} 14 \\ 1 \text{ m. } 3/14. \\ Réponse. \end{cases}$$
$$\frac{3}{14}$$

II. Si 14. marcs don. 2. comb. 17

$$34 \quad \begin{cases} 14 \\ 2. \text{ m. } 3/7. \\ Réponse. \end{cases}$$
$$\frac{6}{14. 3/7.}$$

III. Si 14. marcs don. 7. comb. 17

$$7$$
$$119 \left\{ \begin{matrix} 14 \\ 7 \end{matrix} \right. \; 8. \, \text{m.} \, 1/2.$$
Reponse.
$$14. \, \text{ou} \, 1/2.$$

IV. Si 14. marcs don. 4. comb. 17

$$4$$
$$68 \left\{ \begin{matrix} 14 \\ 12 \end{matrix} \right. \; 4 \; \text{m.} \, 6/7.$$
Réponse.
$$14. \, \text{ou} \, 6/7.$$

Explication de la Régle ci-devant.

Il faut mettre le prix commun entre les
quatre autres prix, enluite prendre la différence qu'il y a de 29 à 22, prix commun;
il y a 7 qu'il faut écrire vis-à-vis 21, parce
qu'il elt moindre que 22; encore la différence de 26 à 22 elt 4, qu'il faut poler vis-
à-vis de 20; il faut enluite remonter, &
dire la différence de 20 à 22 elt 2, qu'il faut
poler vis-à-vis 26; il faut enfin dire la différence de 21 à 22 elt 1, qu'il faut poler
vis-à-vis 29, enluite il faut additionne
les différences, ce qui fait 14; & pour la
voir combien il faut prendre de chaque lort
d'argent, pour faire les 17 marcs; comm
pour favoir combien il en faut prendre d
celui de 29 livres le marc; il faut faire un
régle de trois, comme on voit ci-devant, d

fant. Si pour 14 marcs d'argent, il en faut 1 marc de 29 liv. combien, en faut-il pour 17 marcs Réponfe, 1 marc 3/14, ainfi de fuite pour les trois autres opérations; voyez ci-devant & ci-contre. Pour preuve additionnez les marcs de différens prix, vous trouverez 17 marcs, & c'eft la preuve. Voyez ci-devant page 517.

DEUXIEME QUESTION

fur la régle d'alliage.

Un Aubergifte a de 4 fortes de vin, & à différent prix; favoir, du vin d'Alicante à 30 fols la pinte, du vin de Bordeaux à 16 fols, du vin d'Anjou à 8 fols, du vin de Nantes à 5 fols la pinte. On va lui en demander de tous ces prix 100 pintes, à 9 fols la pinte: favoir combien il en doit prendre de chaque forte, pour faire les 100 pintes qu'on lui demande; les réponfes font ci-deflous.

OPERATIONS.

Sols.		Pintes.	Réponfes.	
30. f.		1	3.1/32.	33. den. com.
16. ..	Prix	4	12.4/33.	1
8. ..	com.	21	63.7/11.	4
5. ..	9 f.	7	21.7/33.	21
		33	100.—0	7
				33 { 33 / 1. }

OPERATIONS.

I. Si 33. pint. don. 1 pinte, combien 100

100

100 { 33
1 } 3. pintes 1/33.
33 {   *Réponse.*

II. Si 33. pint. don. 4 pintes, combien 100

100

400 { 33
70 } 12. pintes 4/33.
4 {   *Réponse.*
33

III. Si 33. pint. don. 21 pintes, combien 100

100

100 { 33
200 } 63. pintes 7/11.
      Réponse.
2100
120
21/33 ou 7/11

IV. Si 33. pintes don. 7 pintes, combien 100

100

700 { 33
40 } 21. pintes 7/33
7 {   *Réponse.*
33

Voyez

Voyez ci-devant, à la première queſtion, page 518, elle vous inſtruira pour cette queſtion ci-contre.

QUESTION ſur la Régle teſtamentaire.

Un homme, faiſant ſon teſtament, a laiſſé 5478 livres à ſa femme qui étoit enceinte, à condition que ſi elle enfante un garçon, il aura les deux tiers de ladite ſomme, & ſa femme l'autre tiers ; mais s'il arrive qu'elle enfante une fille, la femme aura les 2 tiers, & la fille l'autre tiers : il arrive qu'elle enfante un garçon & une fille ; & afin d'exécuter le teſtament, on demande la part de la mere, du garçon & de la fille. Les réponſes ſont ci-deſſous.

DEMONSTRATION.

Dénomin. com.	12	Réponſes.	d.
Les 2/3	8. pour le garç.	il rev au garç. 3130-	5- 8-4/7.
La 1/2 des 2/3 . . .	4. pour la mere,	à la mere, 1565-	2-10-2/7.
La 1/2 de la 1/2 . .	2. pour la fille,	à la fille, 782-11-	5-1/7.
	14.	Preuve...L : 5478 l.	

OPERATION.

Si 14. donnent 5478, combien 8

$$
8
$$

43824 $\Big\{$ 14
18　　3130 l. 5 f. 8 d. 4/7
42
04
20

80
10
12

120
8/14
4/7

Il faut confidérer que puifque la part du garçon eft double de la part de la mere, la part de la mere doit être double de celle de la fille ; ainfi l'on fuppofe un nombre 12, 24 ou, &c. où toutes les parties puiffent entrer. On a donc fuppofé 12, on a trouvé 8 pour le garçon, ce fera donc 4 pour la mere & 2 pour la fille, ces trois parties font 14 : il faut dire, par une régle de trois, fi 14 donnent 5468 livres, combien 8 ; on trouve au quotient 3130 livres 5 fols 8 deniers 4/7 pour la part du garçon , 1565 livres 2 fols 10 deniers 2/7 pour la part de la mere, 782 livres 11 fols 5 deniers 1/7 pour la part de la fille ; comme on voit par l'opération ci-deffus.

DEUXIEME QUESTION

sur la Régle testamentaire.

Un Marchand de cette Ville, faisant son testament, laisse à son épouse enceinte 18376 livres 17 sols 8 deniers en argent sonnant, pour être partagées aux conditions suivantes: savoir, que si elle enfante un fils, il aura 13782 livres 13 sols 3 deniers, & la mere le reste; mais si elle enfante une fille, elle aura 13782 livres 13 sols 3 deniers & la fille le reste: il arrive qu'elle enfante un fils & deux filles. Pour exécuter le testament, comment faut-il faire? La réponse & l'explication est ci-dessous.

DEMONSTRATION.

12. dénom. com.	Réponses.
	l. f. d.
Les 3/4.. 9 pour le fils, il revient au fils.	11813-14-2-4/7
Le 1/4... 3 pour la mere, à la mere......	3937-18-0 6/7
Le 1/12. 1 pour une fille, à une fille.....	1312-12-8-2/7
Le 1/12.. 1 pour l'autre fille, à l'autre fille.	1312-12-8-2/7
14	Preuve..L - 18376-17-8

OPERATION.

Si 14 don. 18376 l. 17 f. 8 d. comb. 9.

$$9$$

165391.---19---0　$\Big\{$　14
25
113
19
51
9
20

199
59
3
12

36

8/14 ou 4/7.

$\Big\{$　l. f. d.
11813. 14. 2. 4/7

Il faut remarquer que puifque le fils doit
avoir trois fois autant que la mere, quand
le fils aura 9, la mere n'aura que 3, & comme la part de la fille eft à celle de la mere,
en même raifon que celle de la mere eft à
celle du fils; la mere ayant 3, chacune des
deux filles n'aura que 1. Ainfi il faut faire
comme à la précédente queftion, prendre
12 pour nombre, où toutes les parties entre-
ront, lefquelles étant additionnées font 14
pour le premier terme d'une régle de trois;
difant, fi 14 donnent 18376 livres 17 fols 8
deniers, combien 9, on trouve au quotient
11813 livres 14 fols 2 deniers 4/7 pour la

part du fils, ensuite il faut prendre le tiers de cette somme, qui est 3937 livres 18 sols o deniers 6/7 pour la part de la mere, & prendre le tiers de cette derniere somme, qui est 1312 livres 12 sols 8 den. 2/7 pour chaque fille : additionnant ces quatre sommes, on trouve la somme totale de 18376 livres 17 sols 8 deniers qu'ils avoient à partager, & c'est la preuve. Voyez les opérations ci-contre.

QUESTION *sur la Régle de fausse position.*

Il est question de trouver un nombre duquel 3/7 : 4/5 : 7/8 & 11/12, fasse 126.

DÉMONSTRATION.

3360. dénominateur commun.

```
              7      ________________
3/7 ...... 5..1440... le 1/7 est 480
           ______                        3
             35                      ________
                                      1440. pour les  3/7.mes

4/5 ......... 2688..  le 1/5 est 672
           8                          4
           ______                   ________
             280                      2688. pour les 4/5. mes.

7/8 ..... 12..2940..  le 1/ est 420
           ______                        7
            3360                     ________
                                      2940. pour les 7/8.mes.

11/12 ......... 3080 ...Le 1/12 280
           ______                       11
           10148                    ________
                                      3080. pour les 11/12.mes.
```

OPERATION.

Si 10148. viennent de 3360, combien 126.

$$126$$

$$20160$$
$$40320$$
$$423360 \quad \Big\{ \; 10148$$
$$17440 \quad \Big\} \; 41. \; 1823/2537.$$
$$7292 \qquad\qquad Réponſe.$$
$$1823/2537.$$

Preuve.... 41: 1823/2537, dénominateur commun.

2537. dénom. com.

Les 3/7 ..... 17.2231/2537 .... 2231.
Les 4/5 ..... 33. 951/2537 .... 951.
Les 7/8 ..... 36.1278/2537 .... 1278.
Les 11/12 .... 38. 614/2537 ...... 614. $\Big\{$ 2537
Preuve... 126... 0. juſte.   5074. $\Big\{$ 2. entiers
                               0000.

OPERATION pour les 3/7. de la preuve.

17759

Le 1/7. eſt 5—6/7. 15222
     & 1823./17759. ... 1823
        3   17045
       15   3
     2. 2231/2537.   51135
Pour les 3/7.. 17.2231/2537. 51135 $\Big\{$ 17759
                            15617 $\Big\{$ 2. enr. &
                            2231/2537

OPERATION *pour les* 4/5.ᵐᵉ *de la preuve.*

$$12685$$

Le 1/15. eſt 8--1/5. 2537
    & 1823/12685. 1823

   4
   ——
   32
    1. 951/2537.

Pour les 4/5. . . 33. 951/2537. . 17440. . { 12685
            4755. . { 1. ent. &
             951/2537

4360
   4
17440

OPERATION *pour les* 7/8.

$$20296$$

Le 1/8. eſt 5--1/8 2537
 & 1823/20296. . . . 1823

  7
  ——
  35
   1. 1278/2537. 30520 } 20296

Pour les 7/8. . . 36. 1278/2537. 10224 } 1.
          1278/2537.

4360
  7

OPERATION *pour les* 11/12.

$$30444$$

Le 1/12. eſt--3--5/12. 12685
 & 1823/30444. . . 1823

 11
 ——
 33
 5. 614/2537.
 38. 614/2537.

14508
 11 } 30444
159588 } 5. ent. 614/2537. par-
 7368 { ties ent.

614/2537.

Explication de la queſtion précédente.

Comme il eſt difficile de s'imaginer un nombre, où toutes les fractions ou parties d'entiers puiſſent y entrer; alors il faut multiplier tous les dénominateurs deſdites fractions, les uns par les autres, pour trouver un dénominateur commun, qui ſera 3360, nombre ſur lequel on peut prendre toutes les fractions propoſées, on trouvera 10148. Pendant que, ſelon la queſtion, le montant deſdites fractions ne devoit être que de 126: il eſt donc conſtant que 3360 n'eſt pas le nombre que l'on cherche; pour le trouver, il faut dire, par une régle de trois, ſi 10148 viennent de 3360, combien 126; ayant fait l'opération, comme on la voit ci-devant, il viendra 4ᵗ. 1823/2537, d'où je conclus que ce dernier eſt le nombre que l'on cherche.

Pour preuve il faut en tirer les trois ſeptiemes, quatre cinquiemes, ſept huitiemes & onze douziemes, & additionnant toutes les parties qui en viennent, on trouvera juſte & ſans reſte 126; voyez les opérations ci-devant, vous y trouverez toutes les parties priſes à part.

QUESTION ſur la *Régle de trois inverſe.*

Dans le tems que le bled vaut 16 livres le ſeptier, & que l'on a 15 livres de pain

pour

pour 14 fols, on demande, lorfque le feptier de bled vaudra 24 livres, combien on aura de livres de pain pour 14 fols. Réponfe, 10 livres.

OPERATION. PREUVE.

Si 16. don. 15. comb. 24. Si 24. don. 10. comb. 16.
15   10

240 ⎰ 24   240 ⎰ 16
000 ⎱ 10. ℔   80 ⎱ 15. ℔
  Réponſe.   00 *Réponſe.*

Il faut faire attention que dans les régles de trois inverfe, on multiplie le premier terme par le deuxieme, & on divife le produit par le troifiemc ; voyez l'inftruction des régles de trois inverfe, à la page 331.

Mais il faut entendre que dans la régle de trois inverfe, il y a toujours un terme commun , qui fe reféte à quatre autres ; comme fi on difoit le bled coûtant 16 livres le feptier, on a 15 livres de pain pour 14 fols : on demande quand le feptier de bled vaut 24. liv. combien on a de livres de pain pour 14 f. on voit par cette queftion que le terme commun eft 14 fols pour le prix ; il n'y a que le feptier qui change de prix: c'eft pourquoi il faut que les livres, ci ℔. de pain que l'on aura, changent, c'eft-à-dire, que le plus

X x x

grand prix donne moins de livres de pain , & le moindre en donne plus. Il faut donc faire la régle selon qu'il est enseigné , & on trouvera 10 livres de pain pour 14 sols ; voyez l'opération avec la preuve, qui peut servir d'une autre question, comme si on demandoit combien on aura de livres de pain pour 14 sols , dans le tems que le septier de bled vaut 24 livres , & qu'on en a 10 pour 14 sols , lorsque le septier vaut 16 livres. Réponse , 15 livres. Voyez ci-devant.

DEUXIEME QUESTION
sur la régle de trois inverse.

Le Buisson a prêté à la Haie 1746 liv. de laquelle somme la Haie s'est servi pendant 9 mois ; on demande quelle somme la Haie prêtera à le Buisson pour 5 mois , afin de jouir des mêmes priviléges. Réponse , la Haie doit prêter à le Buisson, 3142 liv. 16 s.

OPERATION.

1746 liv.

Si dur. 9 mois la Haie s'est servi de 1746 l. comb. prêtera t-il pour 5 mois.

15714
07
21
14
4
20
80
30
0

$\big\{$ 5

3142 l. 16 s. *Réponse.*

PREUVE.

Si pour 5 mois il a 3142 l. 16 f. comb. aura-t-il pour 9 mois.

$$5$$

$$
\begin{array}{l}
15714\text{---}0 \\
67 \\
41 \\
54 \\
0
\end{array}
\left.\right\}
\begin{array}{l}
9 \\
\overline{} \\
17.6\ l.\ \textit{Réponse.}
\end{array}
$$

Ayant fait l'opération de la question selon le précepte ci - devant, & d'autre part don-né, on trouve que la Haie doit prêter à le Buisson 3142 livres 16 sols pour cinq mois.

QUESTION *sur la Régle de trois, double,*
droite à cinq termes.

Un Négociant a prêté à un autre 1574 l. pour 7 mois, dont il a retiré 127 livres 12 sols 4 deniers de profit, on demande com-bien il retirera d'un autre, qui lui deman-de 1210 livres à emprunter pour quatre mois, à la même condition que ci - dessus.

OPERATION.

```
        l.                        l.  f. d.                 l.
Si 1574. en 7 mois ont gag. 127-12-4 comb. 1210-en 4 m
        7                        4840                       4
      ____                      ______                    ____
      11018                      5080                      4840
                                 7016
                                 508
                                  2904——:
                                   80——13——4
                                 ______________
                                 617664 l. 13 f. 4 d.  } 11018
                                  66764                        l.  f.  d.
                                   656              {   56——1-2   1674
                                    20                                ____
                                 ___________        {   Rép.       5509
                                  13133
                                  2115
                                   12
                                 _______
                                  4234
                                  2115
                                 _______
                                  25384
                                  3348/11018
                                   1674/ 5509
```

Pour l'opération ci-dessus, il faut multiplier, comme il a été enseigné à la page
355, le troisieme, quatrieme & cinquieme
terme l'un par l'autre, il viendra 61764
liv. 13 fols 4 deniers, pour nombre à diviser. Il faut aussi multiplier le premier terme
par le deuxieme, le produit sera 11018 pour
diviseur: voyez l'opération ci-dessus.

DEUXIEME QUESTION
comme la précédence & servant de preuve à ladite.

Supposé qu'un Marchand ait prêté à un

autre 1210 livres) pour 4 mois, dont il a eu
de profit 56 liv. 1 fol 2 den., 1674/5509;
il veut favoir combien il gagnera, ou pro-
fitera fur un autre, qui lui demande 1574
livres pour 7 mois. Réponfe, 127 livres 12
fols 4 deniers.

OPÉRATION.

```
      l.                  l. f. d.                        l.
Si 1210 en 4 mois gag. 56. 1. 2. 1674/5509, c. 1574 en 7 m.
      4                 11018                              7
    ─────               ─────                           ─────
    4840                66108                           11018
                        55090
                         550--18
                          91--16--4
                          13--19-- : pour les 1674/5509.
                        ──────────────────────      ⎧ 4840
                        617664--13--4 d.             ⎨ ────────────
                         13366                       ⎩ 127 l. 12 f. 4 d.
                         36864                              Réponfe.
                          2984
                            20
                        ─────
                        59693
                        11293
                         1613
                           12
                        ─────
                        19360
                        0000
```

L'opération ci-deffus fe fait dans le même genre de la précédente; on peut fe régler
fur celles-ci, pour toutes autres qui pourroient être propofées dans le même goût.

QUESTION *sur la Régle de trois double inverse à cinq termes.*

Supposé que 850 hommes travaillans 11 heures par jour, aient fait & fini l'ouvrage qu'ils avoient à faire, en 17 jours ; on demande combien 1508 hommes, ne travaillans que 7 heures par jour, mettront de tems à finir un pareil ouvrage. Réponse, 14 jours 23 heures 11/1771 parties d'heure.

OPERATION.

Si 850 hom. trav. 11 h. ont fait en 17 j. comb. 1508 h. en 7 h.

11	7
9350	10626
17	
158950	10626
52690	14. jours.
10186	
24 heur	10626
244464	23 heur.. 11/1771.
31944	
066/1062	
33 /5306	
11/ 1771	

Plus on a d'hommes, moins il faut de tems. Ainsi selon le raisonnement, quand le plus donne le moins, la régle est inverse. Et quand le moins donne le plus, est encore inverse ; mais quand plus donne le plus, elle est droite, de même quand moins donne le moins, la régle est droite.

Dans mon Traité du Guide du commerce, premiere partie du second volume, il y a des régles de trois doubles inverses, jusqu'à onze termes, de même que beaucoup d'autres régles utiles & curieuses : on peut y avoir recours ; car c'est une partie essentielle de bien entendre les propositions d'arithmétique.

PREUVE de la Question ci-contre.

Si 1518 hom. en 7 h. ont fait en 14. j. 5093/5313. c. 850 h.
en 11. heures.

```
          7                              850
     ─────────                      ─────────
       10626                            11
    14. 5093/5313.                 ─────────
    ─────────                         9350
     148764                       ─────────
     10186. pour les 5093/5313
    ─────────
     158950   ⎰  9350
      65150   ⎱  17. jours.
      0000        Réponse
```

Pour l'opération de la question ci-contre, & la preuve ci-dessus, il faut multiplier tous les termes de la régle, qui suivent le nombre du milieu pour former le diviseur, & pour former le dividende, il faut multiplier tous les nombres qui précédent celui du milieu, & ensuite multiplier le produit par le nombre du milieu, ce qui forme le dividende, comme on voit ci-dessus.

Et pour savoir si la régle entiere est inverse, il faut remarquer que plus il y a d'hommes, moins il faut de tems à finir un ouvrage; ainsi le plus donnant le moins, elle est inverse; & moins on a d'heure par jour, plus il faut de jours; & comme le moins donne le plus, elle est toute inverse : voyez les opérations ci-devant & dessus.

Question sur la Régle de compagnie.

Il y a cinq détenteurs d'une tenue, qui doivent au Seigneur du Fief, où elle est située ;

S ç a v o i r ,

```
. . . . 12 boisseaux 9 écuellées 1/2 de froment.
. . . .  6 boisseaux 7 écuellées 1/2 de seigle.
. . . .  6 boisseaux 4 écuellées 1/2 d orge.
. . . .  9 boisseaux 5 écuellées 1/2 d'avoine.
Et . . 25 sols. . . . . . . . . . . . .  d'argent.
```

Le prem. des cinq dét. doit pour sa part du from. ci.

	boisseaux	écuellées	
ci.	3 boisseaux	4 écuellées	1/2
Le second.	4 b.x.	5 éc.	1/2
Le troisieme.	3 b.x.	4 éc.	1/4
Le quatrieme.	o	10 éc.	1/4
Le cinquieme	o	9 éc.	
Total.	12 b.x.	9 éc.	1/2

Le ségle, l'orge, l'avoine & l'argent étant dûs par chaque détenteur, à proportion de ce qu'il doit de froment ; on demande combien ils en donneront chacun en particulier : vous verrez la réponse à la fin des opérations suivantes : la réduction est ci-après.

REDUCTIONS.

Multiplier 12 boiſſeaux 9 écuellées 1/2.
Par . . . . . 12 écuellées, valeur du boiſſeau.

153 écuellées.
Par . . . . . 2 pour la demie.

Premier terme de toutes les régles de trois pour le fro-ment, attendu que ceci eſt tout le from. } 306
1

307 demies écuellées.

I. Multiplier 3 boiſſeaux 4 écuellées 1/2.
Par. . . . 12 écuel. valeur du boiſſeau.

40 écuellées.
Par. . . . . 2 pour la 1/2.

81 demies écuellées.
Second terme de la premiere opération pour la ſégle, &c. ceci eſt la part du froment du premier détenteur. Premiere régle.

II. Multiplier 4 boiſſeaux 5 écuellées 1/2.
Par. . . 12 écuel. valeur du boiſſeau.

53
Par . . . . 2 pour la 1/2.

107 demies écuellées.
Second terme de ladite premiere opération pour le ſégle, &c. ceci eſt la part du froment du ſe-cond détenteur. Seconde régle.

III. Multiplier 3 boiſſeaux 4 écuellées 1/4.
Par. . . . . 12 écuel. valeur du boiſſeau.

40
4
161 quarts d'écuellées.
Second terme de ladite premiere opération pour le ſégle, &c. & troiſieme régle de trois, ceci eſt la part du fromeut du troiſieme détenteur.   Yyy

IV.　　Multiplier 10 écuelles 1/4.
　　Par le 1/4. ci . . 4
———————————————
　　　　　41

Second terme de ladite premiere opération pour le ségle, &c. & quatrieme régle de trois, ceci est la part du froment du quatrieme détenteur.

═══════════════════════════════

Nota. Il ne faudra auffi réduire les 12 bx. y éc. 1/2 qu'en dem. comme on le voit à la cinquieme régle.

V.　　Multiplier　9 écuellées.
Par le 1/2, ci . . . 2 dem. écuel.
———————————————
　　　　　18 dem. écuel.

Second terme de ladite premiere opération pour le ségle, &c. & cinquieme régle de trois, ceci est la part du froment du cinquieme détenteur.

Nota. Comme il faut 12 écuellées pour un boiffeau, il faut réduire les boiffeaux en écuellées, en les multipliant par 12, de même que en 1/2 & en 1/4, s'il y en a, comme on voit à la troifieme régle, où il faut réduire les 12 boiffeaux 9 écuellées 1/2 en quarts, pour être en même dénomination.

Operations pour le ségle.

I. Si 307 don. 81 , comb. 6 boif. 7 éc. 1/2 de feigle.

12	159	12	12879 (736	parties de quarts.
3684	159	72	5511 (1b. 8 éc. 3/4.	& 127/37
2	1272	7	12	
div. 7368	12879.	divid. 79	66132 (Réponfe.	
		2	7188	
			par 1/4. 4	
		158	28752	
		1	6648/7368	
Multiplicateur . . . 159.			Le 1/24 eft 177/307.	

II. Si 307 don. 107, comb. 6 boif. 7 éc. 1/2

```
   12        159        12          17013   ⎰ 7368 part. de   256
 ─────     ─────      ─────         2277    ⎱        quarts.  ───
  3684       963        79            12    2 b. 3 é. 2/4 &   307
    2        535         2          ─────
 ─────       107       ─────        27324     Réponfe.
  7368     ─────        159          5220
 ─────     17013                   Par 1/4 . . 4
                                   ─────
                                    20880
                                    6144/7368
```

Le 1/24.eme eft . . 256 / 307

────────────────────────────

III. Si 614 don. 161, comb. 6 boif. 7 éc. 1/2

```
   12        159        12          25599   ⎰ 14736 part.    118
 ─────     ─────      ─────         10863   ⎱       quarts.  ───
  7368      1449        79            12    1 b. 8 é. 3/4 &   307
    2        805         2          ──────
 ─────       161       ─────        130356    Réponfe.
 14736     ─────        159          12468
 ─────     25599                   Par 1/4 . . . . . 4
                                   ──────
                                    49872
                                    3664/14736
```

Le 1/48 eft 118/307

Nota. On auroit pu mettre en toutes les régles de trois, fi 12 boiffeaux 9 écuellées 1/2 donnent 3 boiffeaux 4 écuellées 1/2 pour le premier détenteur, combien 6 boiffeaux 7 écuellées 1/2 de fégle : mais comme on voit qu'ils font réduits ci-devant, en leur plus petite dénomination, je n'ai mis pour premier terme que le montant de la rédu-ction, comme on voit ci-deffus pour les cinq détenteurs, & comme on verra dans les opérations fuivantes.

Suite de l'autre part.

IV. Si 614 donnent 41, comb. don. 6 boisseaux 7 écuel. 1/2.

12	159	12
7368	159	79
2	636	2
14736	6519	159
	12	

14736   parties de quarts,

78228   5. écuellées 1/4 & 72/307.

Par 1/4, ci.   4   *Réponse.*

18192
34 6/14736
Le 1/48 est . . . . 72 / 307

V. Si 307 don. 18, comb. 6 boisl. 7 éc. 1/2

12	159	12	34344	7368	part. de quarts
3684	1272	79	4872	4. éc. 2/4 & 198
2	159	2	Par 1/4. : 4	*Réponse.* 307
7360	2862	159	19488	
	12		47 2/7368.	

Le 1/12 est. . 198/307

34344

Pour le segle.

Le I. doit 1 boisseau 8 écuel. 3/4, &c. de ségle.
Le II. . . . 2 . . . . . 3 . . . . 1/2, &c.
Le III. . . 1 . . . . . 8 . . . 3/4, &c.
Le IV. . . . 0 . . . . . 5 . . . 1/4, &c.
Le V. . . . 0 . . . . . 4 . . . . 1/2, &c.
Restant des fractions ou surplus. 3/4.

Preuve. . . 6 boisseaux 7 écuel. 1/2.

OPERATIONS pour l'Orge.

I. Si 307 don. 81, comb. 6 boiſ. 4 éc. 1/2 d'orge.

12	153	12	12393	{7368	part. de qua.ts.
3684	153	76	5025	1 b. 8 écu. 0/4. 226/	
2	1224	2	12		307
			60300	Réponſe.	
7368.	12393	153	1356		

Par. 1/4. 4

5424/7368.

Le 1/12 . . . 226/307.

___

II. Si 307 don. 107, comb. 6 boiſ. 4 éc. 1/2. d'orge.

12	153	12	16371	{7368	part. de quarts.
3684	321	76	1635	2 b. 2 é. 1/4 & 200	
2	535	2	12		307
	107		19620	Réponſe.	
7368		153	4884		
	16371				

Par 1/4, ci . . 4

19536

4800/7368

Le 1/24 . . . 200/307

___

III. Si 614 don. 161, comb. 6 boiſ. 4 éc. 1/2 d'orge.

12	153	12	24633	{14736	
7368	483	76	9897	1 b. 8 éc. 0/4. 73	
2	805	2	12		307
	161		118764	Réponſe.	
14736		153	876		
	24633				

Par 1/4, ci 4

3504/14736

Le 1/48 . . . , 73/307.

Suite de l'autre part.

IV. Si 614 don. 41, comb. 6 boiſ 4 éc. 1/2 d'orge.

```
   12          153          12        75276 } 14736      part. de
                                                          quarts.
 7368          153          76  Par 1/4, .ci    1596 } 5 éc. 0/4. 133/307.
    2          612           2              4 }  Réponſe.
                                        6384/14736
14736          6273        153   Le 1/48 eſt 121/307
                12
               ————
              75276
```

V. Si 307 don. 18, comb. 6 boiſſeaux 4 éc. 1/2

```
   12          153          12                33048 } 7368
                                                      4 éc. 1/4. 289
 3684         1224          76  Par 1/4, ci.. 3576 }           307
    2          153           2              4 }  Rép nſe.
                                              14304
 7368         2754         153                6936/7368
                12                Le 1/24... 289/307
               ————
              33048
```

Pour l'Orge.

Le I. doit pour ſa part de l'Orge.

```
                                                         307
ci . . . . 1 boiſſeau 8 éc. 0/4. 226                 parties de
                                                      quarts.
                                     307 . . . 226
Le II. . 2 id. . . . 2 id. 2/4. 200/307. 200
Le III.  1 id. . . . 8 id. 0/4.  73/307.  73
Le IV.   0 id. . . . 5 id. 0/4. 133/307. 133
Le V. .  0 id. . . . 4 id. 1/4. 289/307. 289
                                                       921 } 307
Surplus des
quart poſés.  0 . . . . . . 0 . . . 3/4.              000 } 3/4

Preuve. 6 b. . . . 4 éc. 1/2.
```

OPERATIONS pour l'Avoine.

I. Si 307 don. 81, comb. 9 boisseaux 5 éc. 1/2 d'avoine.

```
  12              9 b. 5 éc. 1/2.
 ─────          ───────────────
 3684            729              18387 ⎱ 7368           part. des
    2             27               3651 ⎰                  quarts.
 ─────           6—9                12   2 b. 5 e. 3/4 & 241/307
 7368           3—4—1/2                      Réponse.
              ─────────────
              766—1—1/2          43812
                 12               6972
              ─────────       Par 1/4, ci.. 4
                9193           ─────────
                   2            27888
              ─────────        5784/7368
               18387      Le 1/24.. 241/307
```

II. Si 307 don. 107, comb. 9 boisseaux 5 éc. 1/2.

```
  12              9— 5—1/2
 ─────          ───────────
 3684            963              24289 ⎱ 7368
    2           35—8              2185  ⎰ 3 b. 3 écu. 2/4 &
 ─────           8—11              12            72/307
 7368           4—5—1/2                   Réponse.
              ─────────────      26220
             1012——1/2           4116
                 12           Par 1/4, ci. 4
              ─────────       ─────────
               12144           16464
                   2           1728/7368
              ─────────     Le 1/24 ,.72/307
               24289
```

III. Si 614 don. 161, comb. 9 boisseaux 5 éc. 1/2.

```
  12              9—5—1/2
 ─────          ───────────           36547 ⎱ 14736
 7368           1449                   7075 ⎰
    2            53—8                    12   2 b. 5 é. 3/4 &
 ─────           13—5                                14/307
14736           6—8—1/2            84900   Réponse.
              ─────────────       11220
            1522—9—1/2         Par 1/4, ci. 4
                 12            ─────────
              ─────────        44880
               18273           0672/14736
                   2        Le 1/48... 14/307
              ─────────
               36547.
```

Suite de l'autre part.

IV. Si 614 don. 41, comb. 9 boiſſeaux, 5 éc. 1/2 d'avoine.

```
  12            9                  111684 ⎰ 14736      part. de
 ────         ────                   8532 ⎱             quarts.
 7368         369                             ────────
    2          13——8    Par 1/4, ci.. 4}   7 éc. 2/4 & 97
 ────           3——5                   ⎰              ────
14736           1——8——1/2             34128 ⎱ Réponſe    307
              ──────────                   4656/14736
              387——9——1/2 Le 1/48.. 97/307.
                 12
              ──────────
               4653
                  2
              ──────────
              9307. il ne peut y avoir de boiſſeaux.
               12 : o boiſſeaux.
              ──────────
              111684
```

V. Si 307 don. 18, comb. 9 boiſſeaux 5 éc 1/2 d'avoine.

```
               9——5——1/2              2043 ⎰ 307
              ──────────               201 ⎱
               162                            ────────
                 6     Par 1/4, ci... 4}  6 éc. 2/4 & 190
                 1——6                  ⎰              ────
                 0——9                   804 ⎱ Réponſe.   307
              ──────────               190/307
               170——3. il ne peut y avoir de boiſſeaux.
                12
              ──────────
               2043
```

Pour l'Avoine.   partie de quarts.
     307

```
Le I.er doit 2 b. 5 éc. 3/4 & 241/307. 241
Le II. ... 3 id. 3 .. 2/4.      72/307.  72
Le III.... 2 id. 5 .. 3/4.      14/307.  14
Le IV.... o id. 7 .. 2/4.       97/307.  97
Le V. ... o id. 6 .. 2/4.      190/307. 190
                                          ────
ſSurplus des
quarts à poſés. .. o ..... 2/4.          614 ⎰ 307
                                         000 ⎱ 2/4
Preuve.. 9 b. 5 éc. 1/2.
```

OPERATIONS

OPERATIONS pour l'argent.

I. Si 307 donnent 81, combien donneront 25 fols.

$$25$$

$$405$$
$$162$$

$$2025 \quad \big\{ \quad 307$$
$$183 \quad \big\} \quad 6\ \text{f. } 7\ \text{d. \& } 47/307.$$
$$12 \qquad \qquad \text{Réponſe.}$$

$$2196$$
$$47/307$$

II. Si 307 donnent 107, comb. donneront 25 fols.

$$25$$

$$535$$
$$214$$

$$2675 \quad \big\{ \quad 307$$
$$219 \quad \big\} \quad 8\ \text{f. } 8\ \text{d. \& } 172/307$$
$$12 \qquad \qquad \text{Réponſe.}$$

$$2628$$
$$172/307$$

III. Si 614 donnent 161, comb. donneront 25 fols.

$$25$$

$$805$$
$$322$$

$$4025 \quad \big\{ \quad 614$$
$$341 \quad \big\} \quad 6\ \text{f. } 6\ \text{d. } 204/307$$
$$12 \qquad \qquad \text{Réponſe.}$$

$$4092$$
$$408/614$$
$$204/307 \qquad \qquad \text{Zzz}$$

Suite de l'autre part.

IV. Si 614 donnent 41, comb. donneront 25 sols.

$$25$$

$$205$$
$$82$$

$$1025$$
$$411$$
$$12$$

$$4932$$
$$20/614$$
$$10/307$$

$$614$$
1 f. 8. d. 10/307
Réponse.

V. Si 307 donnent 18, comb. donneront 25 sols.

$$25$$

$$90$$
$$36$$

$$450$$
$$143$$
$$12$$

$$1716$$
$$181/307$$

$$307$$
1 fol 5 d. 181/307
Réponse.

Pour l'argent.   dénominateur commun.

307.

Le I.er doit. . o l. 6 f. 7 d. 47/307.   47.
Le II. . . . . . . 0—8—8— 172/307.   172.
Le III. . . . . . 0—6—6— 204/307.   204.
Le IV. . . . . . 0—1—8— 10/307.   10.
Le V. . . . . . . 0—1—5— 181/307.   181.
Surplus des deniers. . . . . 0—0—2—   614 { 307
                                           000 { 2 d.

Preuve . . 1—5—0 ou 25 f.

Ce mémoire, pour la question de la régle de compagnie, commençant à la page 536, & finissant à la page 546, fait connoître ce que les cinq détenteurs doivent chacun en particulier, tant en froment, ségle, orge, avoine qu'en argent: & par la récapitulation suivante.

I. Le premier doit 3 boif. 4 éc. 1/2 de froment.
      1 d. 8 d. 3/4 de segle.
      1 d. 8 d. 0 d'orge.
      2 d. 5 d. 3/4 d'avoine.
Et fix f. fept d. ci. . 6 f. 7 d. d'argent.

II. Le fecond doit 4 boif. 5 éc. 1/2 de froment.
      2 d. 3 d. 1/2 de ségle.
      2 d. 2 d. 1/2 d'orge.
      3 d. 3 d. 1/2 d'avoine.
Et huit f. huit d. ci. 8 f. 8 d. d'argent.

III. Le troifieme doit 3 boif. 4 éc. 1/4 de from.
      1 d. 8 d. 3/4 de ségle.
      1 d. 8 d. 0 d'orge.
      2 d. 5 d. 3/4 d'avoine.
Et fix f. fix d. ci..... 6 f. 6 d. d'argent.

IV. Le quatrieme doit 10 écuel. 1/4 de fromen
      5 d.   1/4 de ségle.
      5 d.   0 d'orge.
      7 d.   1/2 d'avoine.
Et un fol huit d. ci .... 1 fol 8 d. d'argent.

V. Le cinquieme doit 9 écuel. : de froment.
      4 d. 1/2 de ségle.
      4 d. 1/4 d'orge.
      6 d. 1/2 d'avoine.
Et 1 fol cinq d. ci... . 1 fol 5 d. d'argent.

          Z z z ij

Nota. Pour faire le total, les cinq détenteurs payeront ensemble les restans qui suivent :

Sçavoir,

3/4. d'écuellées de ségle.
3/4. d'écuellées d'orge.
1/2. d'écuellées d'avoine.
Et 2. deniers en argent.

Il faut remarquer pour la question de la régle de compagnie ci-devant, que dans les opérations des régles de trois pour les grains, c'est-à-dire, pour les fromens, ségles, orges & avoines, j'ai multiplié par 12, parce que le boisseau est composé de 12 écuellées, & que pour le mettre en écuellées, il faut le multiplier par 12, de même que pour réduire les écuellées en quarts; il faut les multiplier par 4 ; car comme il faut quatre quarts, ci 4/4, pour faire un entier, de même aussi il faut quatre quarts d'écuellées pour faire une écuellée.

On opérera de la même maniere que ci-devant, pour toutes propositions faites dans ce genre.

Question sur la régle de fausse position double.

Un Capitaine étant interrogé sur le nombre des soldats de sa compagnie, répondit que (si on ôtoit le tiers de ce qu'il en a été ôté) le reste seroit autant au-dessous de 40;

comme il est à présent au dessus desdits 40
on demande combien il avoit de soldats.
Réponse, 48.

Je suppose que ce Capitaine eût 24 soldats,
si on en ôte 1/3, qui est 8, le reste sera 16,
qui est un nombre autant moins de 20; comme 24 est plus de 20; cependant il devoit
être moins de 40; ma premiere position est
donc fausse, puisque la différence est 20; cela
étant, j'écris le nombre pris à plaisir, avec son
signe & différence, en cette sorte 24 moins 20.

Je prends un autre nombre à plaisir, &
suppose qu'il y eut 36 soldats, si on en ôte
1/3 qui est 12, le reste sera 24, qui est un
nombre autant au-dessous de 30, comme 36
est au-dessus de 30 : cependant la question est
que 24 soient moins de 40, ma seconde position est encore fausse, puisqu'il se trouve 10
de différence : j'écris encore le nombre pris
à plaisir avec son signe & différence, en
cette sorte 36 moins 10; & je continue le
reste de la régle en multipliant 36 par 20, ce
qui produit 720, que je mets à côté de 20;
& je multiplie encore 24 par 10, ce qui fait
240, lesquels étant soustraits de 720, il reste
480, qui étant divisés par 10, produisent
48; ce qui fait voir que ce Capitaine avoit
48 soldats. Voyez ci-devant la régle de fausse
position double, page 413 & l'opération ci-
contre.

OPERATION de la régle ci-contre.

$$
\left.
\begin{array}{l}
24.\ 16. \\
1/3.\quad 8.\ 20. \\
\hline
16.\ 24.
\end{array}
\right\}
\left.
\begin{array}{l}
36.\ 24 \\
1/3.\ 12.\ 30 \\
\hline
24.\ 36
\end{array}
\right\}
$$

$$
\left.
\begin{array}{l}
24.\ \text{moins}\ 20.\ 720 \\
36.\ \text{moins}\ 10.\ 240 \\
\hline
10.\ 480 \\
\hline
80 \\
\text{or}
\end{array}
\right\}
\left.
\begin{array}{l}
\text{to} \\
\hline
48.\ Rép. \\
\text{Soldats.}
\end{array}
\right\}
\left.
\begin{array}{l}
48.\ 32 \\
1/3.\ 16.\ 40 \\
\hline
32.\ 48
\end{array}
\right\}
$$

AVERTISSEMENT.

Je pourrois facilement remplir ce volume de plusieurs autres questions sur les fausses positions simples & composées ; mais comme elles sont plus curieuses que nécessaires, attendu qu'elles sont rarement en usage, je me suis contenté de ce peu d'explication. Ceux qui auront dessein de s'y exercer, pourront avoir recours aux doctes Auteurs mathématiciens, sur-tout à M. Clavius dans son Arithmétique.

Diverses questions sur l'Arithmétique.

PREMIERE QUESTION.

Un homme a fait faire une muraille qui a 84 pieds de longueur sur 12 de hauteur, je demande combien il y a de toises dans ladite muraille, & combien il faut payer au maçon qui a fourni de toutes matieres, à raison de 10 livres 12 sols la toise, qui contient 36 pieds quarrés.

Pour opérer cette régle, je multiplie la longueur par la hauteur, & divise le pro-duit par 36 ; le quotient donne des toises quarrées.

O P E R A T I O N S.

84. longueur		PREUVE.		28 toises.
12. hauteur			28 toif.	6
1008	36	par	36	A. 10 l. 12 f.
288			168	280
00	28. toises		84	16-16
	Réponse.		1008	2961.16 f.
				Réponse.

P R E U V E.

276 l. 16 f.   28

16

20

336

56

00

10 l. 12 f. la toise.

Preuve.

D E U X I E M E Q U E S T I O N.

On a acheté une Terre de 25,900 livres, combien doit-on payer pour le contrôle & insinuation du contract d'acquêt, payant pour 1000 liv. celle de 18 liv. 12 sols, tant pour contrôle qu'insinuation.

Pour opérer cette question, il faut faire une régle de trois en cette sorte.

Si 1000 l. payent 18 l. 12 f. combien 25900 liv.

$$466200$$
$$15540$$
$$481/740$$
$$20$$
$$14/800$$
$$12 \Big\} \quad par . . 1000$$
$$9/600$$

Réponse.

C'est 48 l. 14 f. 9 d. 3/5

481000
700 -- 0
25
12 -- 10
2 -- 10 p.r les 3/5

Preuve . . . $481740 \Big\{ \dfrac{25900}{18 l. 12 f.}$
$$222740$$
$$15540$$
$$20$$
$$310800$$
$$51800$$
$$0000$$

Remarque pour ce qu'il faut payer au con-trôle pour l'achat de quelque bien : SAVOIR, de 1000 liv. on paye 5 liv. 10 fols pour le contrôle du contrat d'acquêr, & pour l'in-finuation dudit contrat de 1000 liv. on paye 10 liv. outre cela il appartient 4 fols pour livre dû au Roi ; ainfi pour le contrôle & infinuation defdites 1000 liv. c'eft 15 liv. 10 fols, les 4 f. pour livre font 3 liv. 2 f. de forte

que

que le tout ſe monte à 18 liv. 12 ſ. pour tout droit de contrôle ſur 1000 liv.

TROISIEME QUESTION.

On a fait faire un contrat de conſtitution de 17900 liv. & placé au denier 20, dont il eſt dû les intérêts, depuis le 14 mai 1737 juſqu'au 2 octobre 1744, & dont on veut faire le rembourſement : on demande combien il eſt dû d'années, de mois & de jours, & quelle ſomme pour le rembourſement du principal & de l'intérêt.

OPERATION

```
1744.  9. mois 2. jours  ) 17900  ( 20
1737.  4. ——     14.     )   190  ( ————
————————————————————————  )   100  ( 895 pour l'in-
       7. ans 4 mois 18 j.)    00  (     térêt d'un
 895 l.                                  an.
par. . . . 7 ans 4 m. 18 jours         PREUVE.
 6265                                        5
  298 —— 6 —— 8   par. . . 14 ans  9 m. 6 jou.
   37 —— 5 —— 10   ————————————————————————
    7 —— 9 —— 2     6258
————————————————————  223 ———— 15
 6608 l. — 1 ſ. — 8 d. 111 ———— 17 —— 6
                         7 ——  9 —— 2
principal. 17900 l.      7 ——  : —— :
intérêt. . . . 6608 — 1 ſ. 8 d. ————————————————
————————————————————————  6608 l. — 1 ſ. — 8 d.
total. . . 24508 l. 1 ſ. 8 d.
```

QUATRIEME QUESTION.

Un Receveur fait une recette, dans laquelle il a 18 deniers de profit pour livre, & le profit total eft 9710 liv. on demande quelle eft la recette totale.

Pour réfoudre cette queftion, je multiplie le profit total par 20, & le produit par 12; enfuite je divife ce dernier produit par 18 d. le quotient qui en proviendra, fera la recette; & pour preuve, je fais une partie aliquote à 1 fol 6 d. à l'addition de laquelle on trouvra les 9710 l. de profit; ce qui fera voir que la régle eft bien faite & jufte.

OPERATION. PREUVE.

OPERATION.	PREUVE.
9710 liv.	129466. l. 2/3
20	par.... 1 f. 6, ou 18 d.
194200	6473 l. 6 f.
12	3236 — 13
2330400 { 18	1 f.
{ 129466 l. 13 f. 4 d.	p.r les 2/3
53	9710 l. — 0
170	
84	
120	
120	
12/18 ou 2/3	
20	
240	
60	
6	
12	
72	
00	

CINQUIEME QUESTION.

Cinq Particuliers ont pris une Ferme de
10000000 liv. ils y entrent tous au marc la
livre.

SÇAVOIR,

Le premier pour. . . . . 4 f. 8 d.
Le fecond 4---6
Le troifieme 4---3
Le quatrieme. 3--10
Et le cinquieme. 2---9

Ils doivent porter d'avance à la caiffe trois
huitiemes defd. 10000000 l. & le bail étant
fini, ils ont trouvé avoir gagné 30. 1/2 pour
$\frac{o}{o}$, je demande combien chacun doit avancer pour fa part, combien ils auront chacun
en particulier du profit, & combien en général ; & à quel denier leur argent leur a
profité par an, leur bail n'étant que de
trois ans.

Pour opérer cette régle, 1°. afin de favoir
combien ils porteront chacun à la caiffe, je
tire les trois huitiemes de 10000000 liv.
dont je fais des parties aliquotes, pour ce
qu'ils y entrent chacun ; le produit de chaque partie aliquote donnera la part d'un
chacun. 2°. Pour favoir quel eft le profit
total, je fais une régle de trois, difant, fi
100 l. gagnent 30. 1/2, combien gagneront
10000000 l. le quotient me donne le profit

total. 3°. Pour ſavoir quel eſt le profit d'un chacun, je fais des parties du profit général par la miſe d'un chacun, l'addition de chaque partie aliquote me donne le profit d'un chacun en particulier. 4°. Pour ſavoir à quel denier leur argent eſt placé, je diviſe 100 par 30. 1/2, ayant mis l'un & l'autre en demies. 5°. Pour ſavoir quelle eſt le profit de chaque année, je tire le tiers du profit total. Voyez les opérations ci-après.

OPERATION *de la Queſtion ci-deſſus.*

```
                1000000 l.
Le 1/8.me    1250000
                      3
             ─────────────
Les 3/8. .   3750000
                                  2
1°. A . . . . . . . . . . . . . l. 4 ſ. 8 d.
─────────────────────────────────────────
             750000—0
             125000—:
             ─────────────
             875000 l.
─────────────────────────────
             3750000
                               2
A. . . . . . . . o l. ── ſ. 6 d.
                       4
─────────────────────────────
             750000—0
              93750
             ─────────────
             843750
─────────────────────────────
```

```
             3750000
                           2
A. . . . . . o l. 4 ſ. 3 d.
─────────────────────────────
             750000—0
              46875
             ─────────────
             796875
             ─────────────
             3750000        1
A. . . . . o l. 3 ſ. 10 d.
─────────────────────────────
             375000—0
             187500—:
              93750
              62500
             ─────────────
             718750
─────────────────────────────
             3750000        1
A. . . . . o l. 2 ſ. 9 d.
─────────────────────────────
             375000—0
              93750—:
              46875
             ─────────────
             515625 l.
```

2°. Si 100 l. don. 30. 1/2, comb. donneront 10000000 l,

                                    30. 1/2.
                                    ―――――――
                                    30000000
                                     5000000
                                    ―――――――
                                    305000/00
                                 ci... 3050000

PREUVE.

pour les cinq parties aliquotes ci-contre.

875000 liv.
843750
796875
718750
515625
―――――――
3750000. preuve.

3°.   3050000 $\frac{2}{4}$
A............. o l. 4 f. 8 d.
610000— 0
101666—13—4
―――――――
Pour le I.   711666 l. 13 f. 4 d.

           3050000 $\frac{2}{4}$
A............. o l. 4 f. 6 d.
610000—0
76250—0
―――――――
Pour le II.   686250 l. 0

           3050000 $\frac{2}{4}$
A............. o l. 4 f. 3 d.
610000—0
38125
―――――――
Pouv le III.   648125 l.

           3050000 $\frac{1}{}$
A........ o l. 3 f. 10 d.
305000—0
152500
76250—:
50833—6— 8
―――――――
Le IV. 584583 l. 6 f. 8 d.

           3050000 $\frac{1}{}$
A........ o l. 2 f. 9 d.
305000—0
76250—:
38125—:
―――――――
Le V.. 419375 l.

4°.   100   30. 1/2. preuve.
       2   2
      ―――   ―――   61
       200   61   3
rest. 17 {   ―――
           3. 17/61.   183
                            17 restant.
                               ―――
                               200

PREUVE.

711666 l. 13 f. 4 d.
686250
648125
584583— 6 8
419375
―――――――
3050000 l. o f. d.

5°. Profit, total. . . . 3050000 l.

Le tiers. . . . . 1016666 l. 13 f. 4 d.
Par. 3
—————————————————
Les 3/3. . . . . 3050000—0—0 preuve.

Suite de ci-contre,

Maintenant vous pouvez voir par l'opération de cette régle, 1°. qu'ils doivent porter à la caisse en général, 3750000 liv.

S ç a v o i r ,

Le premier . . . . 875000 liv.
Le second. 843750
Le troisieme . . . . : 796875
Le quatrieme 718750
Et le cinquieme. 515625
—————————————————
3750000

Vous voyez encore qu'ils ont gagné en général, 3050000 liv.

S ç a v o i r ,

Le premier . . . . 711666 l. 13 f. 4 d.
Le second. 686250
Le troisieme. 648125
Le quatrieme . . . . 584583—— 6——8
Et le cinquieme. . . . , . . 419375
—————————————————
3050000

Enfin, vous voyez que le profit de chaque année est 1016666 l. 13 f. 4 d. & que leur argent leur a profité au denier 3, & 17/61 partie de denier.

SIXIEME QUESTION.

Un Particulier a acheté une Terre de 35000 liv. je demande combien il doit payer au Seigneur pour les lods & ventes ; pour l'ordinaire quand l'on paye dans l'an, le Seigneur remet un tiers, sinon on les paye à l'entier, qui est un douzieme.

Pour l'opération de cette régle, je tire la douzieme partie des 35000 l. ensuite je tire le tiers de la douzieme.

OPERATION.

35000	
Le 1/12.me est 2916 l. 13 s. 4 d	
Le 1/3 est . . . . 972 — 4 — 5. 1/3	
1944 l. 8 s. 10 d. 2/3	

Cette opération fait voir que si on paye les lods & ventes à l'entier, on doit payer 2916 liv. 13 s. 4 d. au Seigneur ; mais si le Seigneur remet un tiers, on ne lui doit payer que 1944 l. 8 s. 10 d. 2/3.

SEPTIEME QUESTION.

Un Receveur fait une recette de 111000 l. dont il lui appartient 11 den. pour livre : on demande quel profit il a.

Pour opérer cette régle, je fais une partie aliquote à 11 den. le produit qui reviendra, sera le profit total.

OPERATION.　　　　PREUVE.

111000 liv.　　　　　　5087 l. 10 f.
───────────　　　　　　　20
A..... o l. o f. 11 d.　　───────
───────────　　　　101750
3700　　　　　　　　　　　12
1387--10　　　　　　　───────
───────────　　　1221000 ⎰ 111000
C'est 5087 l. 10 f. Réponse　111000 ⎱ 11 den.
───────────　　　00000 ⎰

HUITIEME QUESTION

servant de preuve à la septieme.

Un Receveur fait une recette, dans laquelle il a 5087 liv. 10 fols de profit, n'ayant que 11 den. pour livre, on demande combien se monte la recette. Réponse, 111000 liv.

Pour opérer cette régle, je multiplie les 5087 liv. 10 f. par 20, pour les réduire en fols, ensuite le produit qui en vient par 12, pour le réduire en denier, ensuite je divise le dernier produit par 11; le quotient qui en proviendra, sera la somme totale.

OPERATION.

5087 l. 10 f.
20
─────────
101750
12
─────────
1221000 ⎰ 11
12　　　 ⎱ 111000 l.
11　　　 ⎰ *Réponse.*
0000

Vous pouvez maintenant voir que la recette se monte à 111000 liv. felon l'opération qui en est faite ci-deffus.

Neuvieme

NEUVIEME QUESTION.

Un homme dit avoir perdu, sur la diminution des especes, la somme de 790 liv. l'écu de 6 liv. 2 f. 6 d. ayant été mis à 6 liv. je demande combien il falloit qu'il eût d'écus, quelle somme il avoit devant & après la diminution.

Pour résoudre cette question, je multiplie la perte par 20, & le produit par 12 ; ensuite je divise par 30 d. qu'il y a de perte sur chaque écu. Vous verrez dans l'opération, quelle somme il avoit avant la diminution.

OPÉRATION.

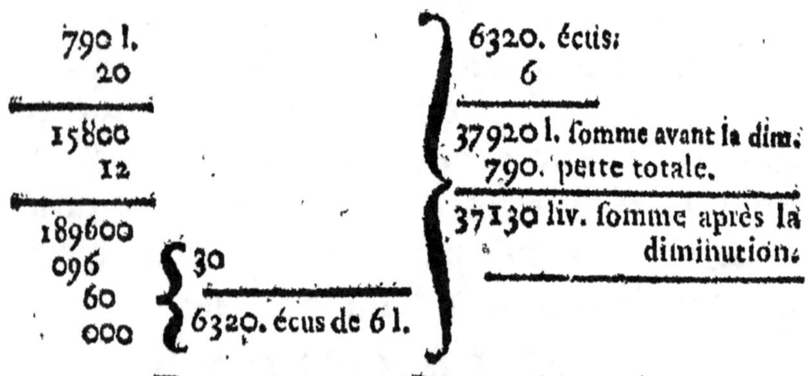

DIXIEME QUESTION.

26045 liv. font composées du principal & de l'intérêt d'un an au denier 18 ; je demande que vous me détachiez l'intérêt d'avec le principal.

L'opération de cette régle, fe fait par une régle de trois, difant que 18 au bout de l'an ont produit 19, & arrangeant ma régle comme suit ; si 19 viennent de 18, d'où viendront 20045 liv. le quotient donnera le principal, que vous souftrairez de la fomme propofée, le refte de la fouftraction fera l'intérêt,

OPERATION.

Si 19 don. 18 , comb. don. 20045 liv.

```
   20045 l.              18
   18990             ⎰ 19
   ─────         360810 ⎱ 18990 principal
    1055 l. intérêt.  170
                      188
                      171
                       00
```

ONZIEME QUESTION.

L'ombre d'une Pyramide porte 78 pieds, un bâton de 6 pieds, à proportion porte 7 pieds 1/2 d'ombre, je demande quelle eft la hauteur de la pyramide. Cette régle s'opére par une régle de trois ; difant, fi 7 pieds 1/2, portent 6 pieds de hauteur, combien porteront 78 pieds. Mettant les 7. 1/2. en demi, & difant :)

Si 7 pieds 1/2 d'ombre portent 6 pieds de hauteur, combien 78 pieds d'ombre.

```
                                      2
   2                               ─────
 ─────                              156
  15                                 6
                                   ─────
                                    936 ⎰ 15
                                     36 ⎱ 62 p. 2/5.
                                    6/15   Réponfe.
```

Vous voyez par l'opération de la régle, que la pyramide a 62 pieds 2/5, ou 10 toiſes 2 pieds 4 pouces 9 lignes 7 points 1/5 de points.

Douzieme Question.

Le Tréſorier Général des guerres a un envoi à faire de 1900000 liv. cette ſomme eſt compoſée de l'envoi & des trois deniers en dehors de la livre, qui appartiennent au Tréſorier pour les taxations ; je demande quel ſera l'envoi & ſes taxations.

Pour réſoudre cette queſtion, il faut réduire la livre en deniers, y ajoûtant les 3 den. & trouver un certain nombre qui diviſe juſte le nombre de deniers, & ce ſera le diviſeur pour diviſer les 1900000 l. ce ſera 81, qui ſervira de diviſeur.

OPERATION.

1 l. ou 20 ſ. 3 d.   1900000 l. ⌠ 81
     12   280
                          370   ⌠   l.   ſ.   d.   17
   243 ⌠ 81   460   ⌠ 23456. 15. 9. ——
    00 ⌠ 3   550   27
                          64
                          20
                         ————
                         1280
                          470
                           65
                           12
                         ————
                          780
                          51/81
                          17/27

PREUVE.

23456 l. 15 f. 9 d. 27/27
81
———————
23456
187648
56 ——— 14
4 ——— 1
2 ——— 0 ——— 6
1 ——— 0 ——— 3
4 ——— 3 pour les 17/27.
———————
1900000 ——— 0 ——— 0
23456 ——— 15 ——— 9. 17/27
1876543 l. —— 4 f. —— 2 d. 10/27

} On voit par l'opération de cette Question, que le diviseur est 81, que le Tréforier a pour es taxations 23456 l. 15 f. 9 d. 17/27, que l'envoi qu'il doit faire est 1876543 l. 4 fols 3 d. peu près.

TREIZIEME QUESTION.

Un Marchand a acheté pour 20000 liv. de moufleline, à raifon de 6 liv. 10 fols l'aune ; tous frais payés, il veut y gagner 9. 1/3 pour 100 ; je demande quel profit il fera, combien il y a d'aunes, combien il la vendra, & à quel denier fon argent lui aura profité.

Pour réfoudre cette queftion, je fais premierement, afin de favoir combien il aura de profit, une régle de trois, arrangée comme vous la verrez ci-contre. Secondement pour favoir combien il y a d'aunes, je divife les 20000 liv. par 6 liv. 10 fols, les ayant

miſes en ſols. Troiſiememement pour ſavoir combien il vendra l'aune, je diviſe l'achat & le
profit additionnés enſemble, par le nombre
des aunes; quatriememement pour ſavoir à quel
denier ſon argent lui aura profité, je diviſe
100 par 9. 1/3, ayant mis l'un & l'autre nombre en tiers.

O P E R A T I O N.

1º. Si 100. gagnent 9. 1/3, combien 20000 liv.

$$20000$$

$$180000$$
$$6666\text{--}13\text{-}4$$
$$186666\text{-}13\text{-}4\ d.$$
$$20$$

$$13/33$$
$$12$$

$$4/00$$

2º. 20000 l.   61 l.--10 ſ.
   20   20

$$400000 \quad 130$$
$$1000$$
$$900 \quad 3076.\ \text{aunes}\ 12/13.$$
$$20/130.$$
$$12/13.$$

3°. { 20000 l. |
     { 1866--13 f. 4 d.
____

21866--13---4 d.   { 3076
   334   {
    20   { 7 l. 2 f. 2 d.   86
                     {   769
                       l'aune.
____

   6693   { 100   9. 1/3
    541   4°.   {   3   3
     12   {___________________
_____________________________   3
   6496   { 300   { 28
   344/3076   { 20/28   {
    86/769   {   5/7   { 10 d. 5/7

Réponse de la Question ci-dessus.

1°. Il aura de profit. . . . . 1866 liv. 13 f. 4 d.
2°. Il aura. . . . . 3076. aunes 12/13
3°. Il vendra l'aune. . . . . 7 liv. 2 f. 2 d.
4°. Il a placé son argent au denier 10. 5/7.

QUATORZIEME QUESTION.

Un Particulier me demande combien produiront 17 fols 11 den. étant multipliés par 12 fols 7 den. je réponds qu'ils me produiront 225 fols 5 den. 5/12.

OPERATION.

Multiplier 17 f. 11 d. par 12 f. 7 den.

```
        12              12
      ______          ______
       215             151
       151            ______
      ______
       215             12
      3225             12
      ______          ______
     32465             144
       366            ____________
       785            225. f. 5 d. 5/12.
        65
        12
      ______
       780
      60/144
       5/12
```

Pour opérer cette régle, il faut réduire le multiplicande & le multiplicateur en deniers ; ensuite les multiplier l'un par l'autre, & le produit le diviser par 144, parce que 12 fois 12, qui sont les deux multiplicateurs, font 144.

PREUVE.

Si 17 f. 11 d. donnent 225 f. 5 d. 5/12, comb. 1 f.

```
     12            12                 12
   ______        ______            ______
    215           2705               12
   ______          0 5
               ____________
                2705 f. 5 d.  {  215
                  555          _________
                  125          12 f. 7 d.
                   12
               ____________
                 1505
                  000
```

QUINZIEME QUESTION.

On demande combien produiront 12 l. 11 fols
5 d. multipliés par 12 l. 11 f. 5 d. Réponse, 158
l. o f 6. d. 49/240.

OPERATION.

Multiplier 12 l. 11 f. 5 d. par 12 l. 11 f. 5 den.

<table>
<tr><td>12</td><td>12</td></tr>
</table>

Mult.., 12--137/240. par 12--137/240
240

2880   Multiplier... 240
137   par..... 240

Mult. 3017   9600
par.. 3017   480

21119   57600. divif.
3017
9051

9102289 } 57600
334228   }
462289   } 158 l. o--6 d. 49/240.
1489
20

29780
12

357360
1176/0/5760/0
588/2880
294/1440
147/ 720
49/ 240

PREUVE.

Si 12 l. 11 f. 5 d. don. 158 l. o. 6 d. 49/240, c. 1 l.

```
      20                    240                      20
    ─────                 ─────                    ─────
     251                  6320                       20
      12                  316                        12
    ─────                    6                      ─────
    3017           0-4 f. 1 d. p. les 49/240         240
    ─────                 ─────
                      37926-4--1  ⎧ 3017
                       7756       ⎨ ─────────
                       1722       ⎩ 12 l. 11 f. 5 d.
                      ─────              Preuve.
                        20
                      ─────
                      34444
                       4274
                       1257
                         12
                      ─────
                      15085
                       0000
```

Plusieurs Questions très-curieuses.

PREMIERE QUESTION.

Dix-huit perfonnes, tant hommes que femmes, ont dépenfé 9 liv. 18 f. les hommes ont payé 18 fols & les femmes 7 f. 6 d. on demande combien il y avoit d'hommes, & de femmes, mais qu'ils ne fuffent que dix-huit en tout; la réponfe eft ci-après.

Je fuppofe qu'il y eût deux hommes à 18 fols, font 36 fols, & qu'il y eût 16 femmes qui à 7 fols 6 den. font 120, que j'ajoûte avec les 36 f. le tout fait 156 f. Cependant

je devois trouver 9 liv. 18 f. qui font 198
fols ; il y a donc erreur de 42 f. que je pofe
en cette forte, 2. moins 42. Enfuite je fuppofe qu'il y eût 4 hommes à 18 f. il y a donc
14 femmes à 7 f. 6 d. le tout fait 177 f. il y
a donc encore 21 f. de moins ; car je devois
trouver 198, qu'ils ont dépenfé ; cela étant,
j'écris le nombre pris à plaifir avec fon figne
& différence, comme s'enfuit, 4 moins 21,
& faifant l'opération de la régle, je trouve
au quotient qu'il y avoit 6 hommes, qui, à
18 f. font 5 liv. 8 fols ; ainfi puifqu'il y avoit
6 hommes, il falloit donc qu'il y eût 12 femmes, lefquelles à 7 f. 6 d. font 4 l. 10 f. qui,
étant ajoutées avec les 5 l. 8 f. le total donne
9 liv. 18 f. comme la queftion le demande.
Voyez ci-deffous l'opération qui en eft faite.

Opération de la Queftion ci-deffus.

```
   2. hom.  ⎫    16. fem.  ⎫    9 l. 18 f.  ⎫    4. h
A  18 f.    ⎬  A  7 f. 6 d. ⎬    20          ⎬    18 f.
 ─────────  ⎪   ─────────   ⎪   ─────────    ⎪   ─────────       198 f.
   36. hom. ⎬    112         ⎬    198. f.      ⎬    72 h          177
   120. fem.⎪    8           ⎪    156          ⎪    105 f.        mol. 21
 ─────────  ⎪   ─────────   ⎪   ─────────    ⎬    177 f
   156      ⎭    120. f.     ⎭    42. moins.  ⎭   ─────────
                                                   8 h.          12. fe.
   14. fem. ⎫    2. moins 42. 168               à  18 f.         à 7 f. 6 d.
A  7 f. 6 d. ⎬    4. moins 21.  42              ─────────       ─────────
 ─────────  ⎪   ─────────                       108 f. h.        8.
   98       ⎬       21. 126 ⎰ 21                 90 f. f.         6
   7        ⎪       00      ⎱ 6. hom.           ─────────       ─────────
 ─────────  ⎭                                    198 f.          90
   105. f.                                      ─────────
                                                9 l. 18 f. preuve.
```

DEUXIEME QUESTION

Un jeune homme se promenant sur le soir, rencontra une bande de Demoiselles, auxquelles il dit bon soir les douze belles Demoiselles ; une d'entre elles lui répondit : Monsieur, nous ne sommes pas 12, mais si nous étions encore 4 fois autant que nous sommes, nous serions autant plus de 12 ; comme nous sommes à présent moins de 12, devinez combien nous sommes.

Ce jeune homme sachant l'arithmétique, dit en lui-même, je suppose qu'elles soient 6 avec 4 fois autant, font 30, qui surpassent 6 de 24 : cependant je ne veux que 12, ainsi la différence est 12, que j'écris en cette sorte, 6 plus 12.

Il continua ainsi, disant, puisque je n'ai pu trouver le vrai nombre par le moyen de ma premiere position, je prends un autre nombre à plaisir, supposant qu'elles fussent cinq avec quatre fois autant, font 25, qui surpassent 18 de 7 ; & néanmoins je ne demande que 12, la différence de 12 à 18 est 6, que j'écris comme on voit ci-après, 5 plus 6 ; ensuite opérant la régle, je trouve qu'elles étoient quatre Demoiselles.

La preuve est facile, parce que si à ces 4 Demoiselles, on y ajoute 4 fois autant, on aura 20, qui font autant au-dessus de 12, comme 4 sont au-dessous.

OPERATION.

```
6. plus 12. . . . 60
5. plus  6. . . . 36
─────────    ─────────    6
     6.        24    {  ─────────
─────────    ─────────
               0    {  4. Demoiselles
```

TROISIEME QUESTION.

Vingt-sept personnes, tant hommes que femmes & enfans, ont dépensé 27 sols, les hommes ont payé 6 sols, les femmes 1 sol 6 d. & les enfans 3 d. on demande combien il y avoit d'hommes, de femmes & d'enfans.

Je suppose qu'il n'y ait que des enfans, les 27 à 3 den. chacun, doivent avoir payé 81 d. qui font 6 s. 9 d. que je souftrais de 27 s. le reste est 20 s. 3 d. ou 81/4 de sols, que j'écris à part.

Je considere combien les hommes ont plus payé que les enfans, je trouve 5 sols 9 d. ou 23/4 de sols.

Je cherche aussi combien les femmes ont plus payé que les enfans, je trouve 1 sol 3 d. ou 5/4 de sols.

Ensuite je divise 81 en deux nombres, de sorte que le premier se puisse diviser par 23, & le dernier par 5; & pour cette effet, je souftrais 5 de 81, jusqu'à ce qu'il me reste un nombre divisible par 23, je trouve que c'est 46, la division étant faite, le quotient

donne 2 pour le nombre des hommes : &
pour trouver le nombre des femmes, je cherche la différence qu'il y a depuis 46 jusqu'à
81, elle est 35, que je divise par 5, le quotient donne 7, c'est-à-dire, 7 femmes, il est
facile de voir qu'il y a 18 enfans ; car 2 hommes 7 femmes & 18 enfans, font 27 personnes, comme la question le demande.

OPERATION.

27. enfans.
à..3 d. chacun
-----
81 d.
ou 6 f. 9 d.
-----
de..27 f.
ôter..6—9 d.
-----
reste.20 f. 3 d.
4
-----
ou 81/4 de fols
-----
de..6 f. ch. ho.
ôter 0 f. 3 d.
-----
reste 5 f. 9 d. de pl.
4
-----
ou 23/4 de fols.

de......1 f. 6 d. chaque femme.
ôter... 0 f. 3 d. enfant.
-----
reste...1 f. 3 d. de plus.
4
-----
ou..... 5/4. de fols.

de..81
ôter 5
-----
reste 76
ôter 5
-----
reste 71
5

66
5

61
5

6
5

55
5

51
5
-----
46 { 23
    { 2. hom.

81
46. reste à souftr. du total.
-----
35 { 5
   { 7. femmes.
-----
2. hom. à 6 f. f. 12 f.
7. fem. à 1 f. 6 d. f. 10-6 d.
18 enfans à 0 3 d. 4-6

Preuve.......... 27 f.

QUATRIEME QUESTION.

Cinq hommes étant à parler de leur âge, comme il arrive très-souvent : le premier dit qu'il avoit 60 ans, le second dit que si ses années étoient doubles, il en auroit autant plus que le premier, de ce que le premier en a présentement plus que lui ; le troisieme dit la même chose des siennes, si elles étoient triplées ; le quatrieme aussi, si elles étoient quadruplées ; & enfin le cinquieme de même si elles étoient quintuplées : de sorte qu'ils auroient chacun un nombre d'années, surpassant celui du premier, de ce que celui du même premier surpasse celui de chacun d'eux ; on demande quel est l'âge des quatre derniers.

Pour résoudre cette question, prenez quatre nombres selon l'ordre naturel, qui soient de suite ; comme 2, 3, 4 & 5, à cause du doublement, triplement, &c.

Remarquez qu'il faut former des fractions pour chacun des quatre, en cette sorte. Pour 2, vous mettrez 1/3, parce qu'il y a même proposition de 1 à 2, comme de 2 à 3, ainsi pour 3, vous mettrez 2/4, pour 4, 3/5, & pour 5, 4/6 : cela fait, j'ôte 1/3 des 60, le reste est 40 pour le nombre des années du second ; je souftrais 2/4 ou la 1/2 des mêmes 60, le reste est 30 ans pour l'âge du troisie-me ; pour avoir l'âge du quatrieme, ôtez

3/5 de 60, le reste est 24 pour le nombre de ses années; enfin vous souftrairez 4/6 des mêmes 60, vous trouverez de reste 20 ans pour l'âge du cinquieme; voyez ci-dessous, l'opération y est faite.

Opération de la Question ci-devant.

60 ans	60	60	60
1/3 ... est 20	1/2 .. est 30	3/5 ... 36	4/6 ... 40
reste 40	reste ... 30	reste .. 24	reste .. 20

	60. ans, âge du premier, ci .	60
Doublez.. 40.	du deuxieme, c'est. . .	80
Triplez... 30.	du troisieme.	90
Quatruplez 24.	du quatrieme	96
Quintupl. 20.	du cinquieme.	100

CINQUIEME QUESTION.

Il y a huit poires qui coûtent moins de 19 sols, de ce que cinq autres coûtent plus de 7 sols : on demande combien coûte chaque poire.

Pour le savoir, ajoutez les 19 f. avec les 7 f. vous aurez 26 sols, que vous diviserez par le nombre des poires qui est 13, vous trouverez au quotient 2 sols pour le prix de chaque poire. Cependant si les 8 poires coûtoient plus de 19 f. de ce que les cinq coûtent plus de 7 f. il faudroit pour lors diviser la différence des sols qui seroit 12, par la différence des poires qui seroit 3; le quotient donneroit 4 ſols pour la valeur de chaque poire, on feroit la même choſe, s'il y avoit moins de part & d'autre.

Pour preuve du premier exemple, je mets 5 poires à 2 ſ. la piece, elles font 10 ſ. qui ſurpaſſent 7 de 3 ſ. de même que mettant 8 poires à 2 ſ. font 16 ſ. qui ſont au-deſſous de 19 de 3 ſ. auſſi.

Et pour preuve du dernier exemple, je mets 8 poires à 4 ſols, qui font 32 ſols, je compte auſſi les 5 poires à 4 ſols qui font 20 ſols, & je conſidére que ce nombre 20 ſurpaſſe 7 de 13, de même que celui de 32 ſurpaſſe 19 de 13 auſſi.

OPERATION.

```
19 ſ.            12  ⎧ 3
 -7               0  ⎨ ─────────
─────────            ⎩ 4 ſ. chaque poire.
 26       ⎧ 13
 00       ⎨ ─────────
          ⎩ 2 ſ. chaq. poire.
```

PREUVE.

	5. poires à 2 ſ.	8. poires à 2 ſ.	8. poires à 4	5. poires à 4 ſ.
	ſurpaſſe 10 ſ.	16 ſ.	32 ſ. ſurp.	20 ſ. ſurp.
	7	19. ſurp.	19	7
	de ... 3	de 3	de 13	de 13 ſ.

SIXIEME QUESTION.

Trois perſonnes vont ſe mettre au jeu, ayant chacun un certain nombre d'écus, ceux

du

du premier avec ceux du second, font 93
écus, ceux du premier avec ceux du troisieme, font 88, & ceux du second avec ceux
du troisieme, font 85; on demande combien
ils avoient d'écus chacun en particulier.

Pour le savoir, ajoutez 93, 88 & 85 ensemble, vous trouverez au total 266, que
vous diviserez par le nombre des personnes
moins 1, ce sera donc par 2; car le nombre
des écus de chacun a été répété deux fois,
vous trouverez au quotient 133 pour le nombre des écus des trois personnes ensemble.

Ensuite ôtez 93, qui est le nombre d'écus
du premier & du second, le reste de la soustraction donnera 40 pour les écus du troisieme;
ôtez encore 88; nombre d'écus du premier
& du troisieme des mêmes 133, vous trouverez de reste 45 pour le nombre des écus
du second, & enfin soustrayez de 133 les
écus du deuxime & du troisieme, qui font
85, le reste donnera 48 pour les écus du
premier.

Pour preuve, additionnez 48, 45 & 40,
font les trois nombres d'écus de chacun en
particulier; le total est 133, comme il est
dit ci-dessus.

OPERATION.

$$
\begin{array}{c}
93 \\
88 \\
85 \\
\hline
266.\ \text{à diviser.}
\end{array}
\left\{
\begin{array}{c}
266 \\
06 \\
06
\end{array}
\right\}
\begin{array}{c}
2 \\
\hline
233
\end{array}
\left\{
\begin{array}{c}
133 \\
93 \\
\hline
40.\ \text{éc.}
\end{array}
\right\}
\left\{
\begin{array}{c}
133 \\
88 \\
\hline
45
\end{array}
\right\}
\left\{
\begin{array}{c}
133 \\
85 \\
\hline
48
\end{array}
\right.
$$

Dddd

PREUVE.

48. écus pour le premier.
45. id. pour le second.
40. id. pour le troisieme.
____

133. écus. Preuve.
____

SEPTIEME QUESTION.

Un Marchand a laissé par testament un certain nombre d'écus à ses parens, à condition qu'après son décès, le premier en aura 1/9 & 200 de plus, le second 1/9 & 400 davantage; le troisieme 1/9 du reste & 600 de plus, & ainsi des autres consécutivement jusqu'au dernier, & il s'est trouvé qu'ils ont eu autant les uns que les autres; on demande combien il avoit de parens & d'écus.

Pour résoudre cette question, je soustrais 1 du dénominateur 9, le reste est 8 pour le nombre des parens de ce Marchand. Et pour trouver ce qu'il avoit d'écus, je multiplie le dénominateur 9 par le nombre des parens, qui est 8, le produit donne 72 que je multiplie encore par 200, qui est l'augmentation, je trouve au produit 14400 écus qu'il a laissés. Cette question est, comme si on disoit, que le premier en auroit 1/8, le second 1/7 du reste, le troisieme 1/6, & ainsi des autres. La preuve se fera en tirant les fractions.

OPERATION.

1/9. fract. propofée.		14000		7200
	1/8 eft	1800	1/4 eft	1800
1. à fouftraire.				
8. nomb. des parens.	refte	12600	refte	5400
9. dénominateur.	1/7 eft	1806	1/3 eft	1800
72. produit.	refte	10800	refte	3600
200. augmentation.	1/6 eft	1800	1/2 eft	1800
14400. écus du Marchand.	refte	9000	refte	1800
	1/5 . . .	1800		
	refte	7200		

Preuve.

1800. écus.

par. . . . . 8. parens.

14400. écus.

Autre PREUVE.

1800
1800
1800
1800
1800
1800
1800
1800. dernier refte.

14400. écus.

HUITIEME QUESTION.

Un homme difoit un jour qu'il y avoit 24 ans qu'il avoit époufé fa femme, qui étoit fort jeune à l'égard de lui, puifque mes années, difoit-il, étoient en proportion des fiennes comme 2 à 1, & cependant elle paroît préfentement prefque auffi âgée que moi;

quoique mon âge, à l'égard du sien, soit encore en proportion comme de 5 à 7; on demande quel âge ils avoient lorsqu'ils s'épouserent, & encore lorsqu'il fit ce discours.

Pour la résolution de cette question, je multiplie les deux propositions en croix, savoir, 5 par 2 & 7 par 1, & des deux produits qui font 10 & 7, je prends la différence qui est 3, que je garde pour diviseur. Cela étant fait, je multiplie ces deux nombres, qui font la derniere proportion, savoir, 7 & 5 chacun en particulier par 24, les produits font 1 8 & 1 20; dont la différence est 48, que je multiplie par les deux nombres qui composent la premiere proportion, savoir, 2 & 1, je trouve aux deux produits 96 & 48, que je divise chacun en particulier par la premiere différence qui est 3, les deux quotiens donnent 32, & 1 6 pour le nombre des années qu'ils avoient quand ils s'épouserent, savoir, 32 ans pour le mari, & 1 6 ans pour la femme; ainsi on voit que ces nombres font en proportion double.

Et si j'ajoute 24 ans à 32 & à 16, j'aurai 56 & 40 pour l'âge qu'ils avoient, lorsque le discours fut fait, ces deux derniers nombres font en proportion comme de 7 à 5; car le huitieme de 56 est 7, de même que le huitieme de 40 est 5; voyez l'opération.

OPÉRATION de la Question ci-contre.

```
2  X  1      19    7. proportion    5
7     5       7    24.              24
        diviseur 3   168.              ___
                    120.              120

différence.......... 48.            48
                      2.             1
                      ___           ___
              96  } 3 ___      48 } 3
              06  } 32. ans   18 { ___
               0  }            0  { 16. ans de la fem.
```

32. ans, âge de l'hom.   16. ans, âge de la femme,
  24   24
  ___   ___
  56. ans pour l'hom.   40 ans pour la femme,
Le 1/8. est 7. proport. Le 1/8. est 5.

NEUVIEME QUESTION.

Supposé qu'un Capitaine de Navire soit mécontent de son équipage, qui est au nombre de 48 Matelots, lesquels s'étant révoltés contre lui, il en fait rapport au Gouverneur de l'Isle où il est arrivé; mais comme il y en a douze qui ont été cause de la révolte, & par conséquent plus coupables que tous les autres, il les fait septimer, c'est-à-dire, que les ayant rangés de 12 en 12, il fait punir le septieme, le faisant mettre à part, & recommençant le rang jusqu'au nombre desdits douze qu'il doit faire punir.

Pour faire tomber le sort sur les coupables, on demande comment il faut s'y prendre.

Voyez l'opération & l'explication qui est ci-après.

OPERATION du probléme de l'autre part.

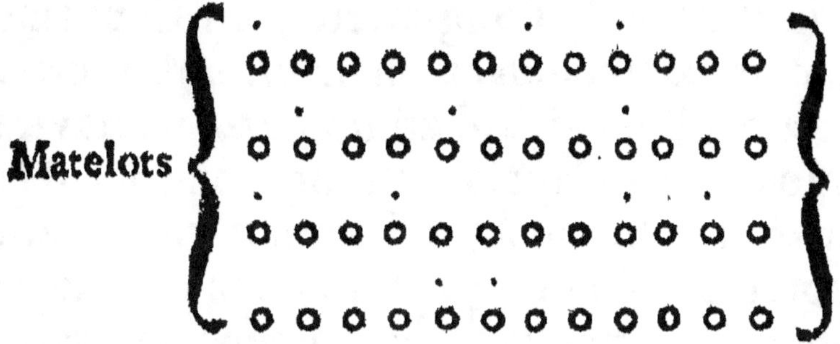

Matelots

Pour réfoudre cette queſtion, il faut écrire autant de zeros qu'il y a de Matelots coupables, leſquels zeros repréſentent les Matelots ; il faut commencer à compter par le premier zero, & faire un point ſur celui qu'on veut faire punir, qui eſt le ſeptieme, comme on voit ci-deſſus ; faiſant la même choſe en recommençant le rang, & paſſant les zeros marqués d'un point, juſqu'à ce qu'on ait pointé le nombre douze qu'on veut faire punir ; il faut ranger les Matelots de la même maniere qu'on a rangé les zeros, & mettre le plus coupable au lieu où ſe trouveront les zeros pointés ou marqués d'un point. Voyez ci-deſſus.

On peut appliquer cette queſtion ou problême à quelque nombre que ce ſoit, & à quelque quantiéme, qu'on veuille rejetter d'un nombre déterminé.

DIXIEME QUESTION.

Suppofé que dans un tems de guerre, entre la France & l'Angleterre, un Capitaine françois commandant un navire Marchand de cette Ville, ait été attaqué par un navire anglois, & qu'après un long combat, il fe foit trouvé beaucoup d'hommes morts tant de part que d'autre ; le Capitaine du navire françois ne pouvant faire amener le navire anglois, le coule à fond, il fe fauve à fon bord, quinze anglois lui demandant grace, il les reçoit ; le Capitaine françois n'avoit plus que 15 hommes françois de refte, le combat étant fini ; & 15 anglois entrant à fon bord, cela faifoit 30 ; quelques jours fe paffent tranquillement, mais ledit Capitaine françois ayant examiné le tems qu'il lui falloit, pour fe rendre au premier port, vit qu'il lui falloit encore 50 jours, en même-tems examina ce qu'il avoit de vivres, il vit qu'il n'en n'avoit plus que pour 25 jours, à être réduit à 1/2 once de pain par jour ; voyant cela, appelle fes quinze hommes & les 15 anglois, & leur tint ce difcours : mes enfans, afin que la moitié de nous vive quelque tems, après avoir confulté Dieu & la Sainte Vierge, j'ai jugé à propos que l'autre moitié foit jetté à la mer ; il n'y a pas, ce me femble, d'autre parti à prendre, & celui fur qui le fort tombera fera jetté à la mer, c'est-à-dire, des trente que vous êtes, il faut qu'il y en ait quinze jettés à la mer, & ce de neuf en neuf, un, c'est-à-dire, le neuvieme, & vous serez entremêlés, tant françois qu'anglois; ils se résolurent tous à la mort, ou plutôt à être jettés à la mer à qui le sort tomberoit; on demande de quelle maniere le Capitaine a disposé ces trente personnes, afin qu'il n'y eût que les anglois qui se trouvassent condamnés à être jettés en mer, ou plutôt quel secours il a imploré pour sauver les 15 françois. Cela étant supposé, pour sauver les 15 françois, il tira la disposition de ces 30 personnes de ce vers latin, implorant le secours de la Sainte Vierge:

Populeam virgam Mater Regina ferebas.

OPERATION.

○○○○ ●●●●● ○○ ● ○○○ ●

4 françois, 5 anglois, 2 françois, 1 angl 3 franç 1 angl.
po——— pu——— le——— am———vir———gam

○ ●● ○○ ●●● ○ ●● ○○ ●

1 franç. 2 angl. 2 franç. 3 angl. 1 franç 2 angl. 1 franç 1 ang.
ma———ter———re———gi———na———fe———re———bas.

Pour résoudre cette question, il faut faire attention aux voyelles a, e, i, o, u, qu'il y a dans les syllabes des mots qui composent ce vers. Il faut supposer que a vaut 1, e vaut 2, i vaut 3, o vaut 4, & u vaut 5; on commencera

mencera à ranger des françois, puis des anglois, & ainsi de suite jusqu'à ce que les 30 personnes soient rangées. Cela étant supposé, l'*o* qui est dans la premiere syllabe (*po*), fait voir qu'on doit ranger, . , ...
ci. . . . [*po*]
Premierement, 4 françois. L'*u*, qui est dans la seconde syllabe (*pu*) fait
ci. . . . [*pu*]
connoître qu'on doit ranger ensuite 5 angl. L'*e* qui est dans la trois. syllabe [*le*] montre qu'on doit disposer 2 franç. L'*a* de la quatrieme syllabe [*am*] montre aussi qu'on doit mettre 1 angl. L'*i* de la cinq. syllabe [*vir*] fait connoître qu'on doit ranger 3 franç. L'*a* de la six. syllabe [*gam*] fait voir qu'il faut mettre 1 angl. L'*a* de la septieme syllabe [*ma*] montre qu'il faut ranger 1 franç. L'*e* de la huitieme syllabe [*ter*] fait voir qu'il faut mettre 2 angl. L'*e* de la neuvieme syllabe [*re*] fait voir qu'il faut mettre 2 franç. L'*i* de la dixieme syllabe [*gi*] fait voir qu'il y a 3 angl. à mettre. L'*a* de la onzieme syllabe [*na*] montre qu'un franç. doit y être mis. L'*e* de la douzieme syllabe [*se*] fait voir qu'il y a 2 angl. à mettre. L'*e* de la treizieme syllabe [*re*] dit qu'il doit y avoir 2 françois. L'*a* de la quatorzieme syllabe [*bas*] fait connoître, pour achever le nombre des 30 en total, qu'il doit y avoir un anglois.

Les trente zeros ci-contre font voir la maniere que les trente personnes doivent être rangées, les zeros sont les françois, & les petits ronds noirs sont les anglois, lesquels ronds noirs sont ceux qui doivent être jettés à la mer, en les comptant de neuf en neuf, recommençant par le premier zero, & passant ceux que l'on aura marqués d'une croix ou double croix, pour se ressouvenir de ceux qui ont passé; c'est-à-dire, qui ont été jettés à la mer, & on verra par l'arrangement qui a été fait, qu'il n'y a que les anglois qui ont subi le fort ; c'est le même problême de la question précédente, page 581.

ONZIEME QUESTION.

Si vous voulez deviner le nombre que quelqu'un a pensé, dites-lui, qu'il le triple, & de ce triple qu'il en prenne la moitié, s'il est pair, ou la plus grande moitié s'il est impair, & qu'il triple encore la moitié qui lui reste ; ensuite faites-lui soustraire, sans qu'il puisse faire attention au nombre, autant de fois 9 qu'il s'en trouve audit nombre, & retenez secrettement le nombre des 9, qu'il aura soustrait un à un, & quand il n'en pourra plus ôter, dites-lui qu'il ôte ce qui lui reste, 1, 2 ou 3, &c. afin de découvrir combien il lui en reste. Cela étant fait, vous retiendrez autant de fois 2, que vous lui aurez fait soustraire de fois 9, & si vous avez découvert qu'il lui restât quelque chose outre les neuviemes, cela vous fera connoître que ce fera 1.

EXEMPLE.

Supposé qu'il eût pensé 6, son triple est 18, dont la moitié est 9, le triple duquel 9 est 27.

Maintenant faites-lui soustraire autant de fois 9 que faire se pourra, c'est-à-dire, jusqu'à ce qu'il vous dise qu'il ne peut plus,

comme dans cet exemple, il pourra souftraire jusqu'à trois fois 9, dites-lui pour la
quatrieme fois qu'il souftraie encore 9, pour
lors il vous dira qu'il ne peut; cependant
dites-lui qu'il en ôte 1 ou 2, il vous dira encore qu'il ne peut; c'est pourquoi en considérant
que vous lui avez fait ôter trois fois 9 justement, vous lui direz qu'il avoit pensé 6,
parce que trois fois 2 font 6.

AUTRE EXEMPLE.

Je suppose que quelqu'un eût pensé 5, son
triple auroit été 15; dont la plus grande
moitié est 8, qui étant triplé produit 24,
dans lesquels il y a deux fois 9; j'aurois donc
retenu secrettement 4 pour ces deux 9, &
aurois ajouté le reste qui est 1, le produit
auroit donné 5 qu'il auroit pensé.

DOUZIEME QUESTION.

Si vous voulez découvrir ce qu'une personne a dans sa bourse, dites-lui, qu'elle triple le nombre qu'elle a, soit de livres, d'é-
cus, ou de louis, & qu'elle tire du total autant de points, qu'il y a de fois 9; ensuite
vous lui demanderez quel est le nombre de
points qu'elle a retenu, & si le reste est pair
ou impair, que s'il est pair, vous compterez 2; mais s'il est impair, vous ne compterez que 1, & pour chaque neuf ou point,
vous compterez 3.

EXEMPLE d'un nombre pair.

Je suppose qu'une personne ait 8 écus, si elle les triple, le nombre sera 24, desquels ayant ôté 2, pour les 2 fois 9 qu'ils contiennent, le reste est 22, nombre pair; de sorte que je compte 6, (pour les deux fois 9, mettant 3 pour chaque 9,) & 2 pour le nombre pair qui est 22, c'est donc 8; ainsi on peut répondre que cette personne a 8 écus.

EXEMPLE d'un nombre impair.

Si quelqu'un disoit j'ai pensé un nombre qui étant triplé, en fait un autre, duquel ayant tiré 3 points pour trois fois 9 qui s'y trouvent, le reste est un nombre impair; devinez quel nombre j'ai pensé. Je compte pour cet effet 9 pour les 3 points, & 1 pour le nombre impair font 10; ainsi je pourrois répondre qu'il avoit pensé 10.

Mais remarquez que cette méthode n'est bonne qu'autant que les nombres suivans, ne se rencontrent point dans la bourse, ou dans la pensée de celui qui veut faire deviner, savoir, 1, 2, 3, 6, 9, 12, 15, & ainsi des autres qui ont cette proportion.

EXEMPLE.

Je suppose que quelqu'un ait pensé le nombre 27, s'il le triple, il y aura 81, nombre qui contient 9 fois 9 ; il ôtera donc 9 points qu'il me déclarera, le reste est 72 qui est un nombre pair, pour lequel je compte 2, que j'ajoute avec 27 que je compte pour les 9 points, mettant 3 pour chacun, le tout fait 29, qui est le nombre qu'il devroit avoir pensé ; cependant il n'a pensé que 27, ce qui fait connoître que cette méthode est fort incertaine, c'est pourquoi on se servira de la méthode ci-devant enseignée, étant plus certaine.

TREIZIEME QUESTION.

Si vous voulez savoir le nombre des pieces que quelqu'un aura dans sa main, dites-lui qu'il en mette autant dans l'une que dans l'autre, ensuite faites-lui mettre quel nombre il vous plaira de la main gauche en la droite, & retirer de ladite main droite pour mettre dans la gauche, autant qu'il en avoit laissé, après en avoir ôté un nombre ; cela étant fait, vous devez être assuré qu'il aura dans la main droite le double du nombre des pieces, que vous lui avez fait mettre de la gauche en la droite.

EXEMPLE.

Je suppose qu'une personne ait sept pieces en chaque main, & que je lui dise d'en mettre 6 de la gauche dans la droite, il ne reſtera dans ladite main gauche qu'une piece, & il y en aura 13 dans la droite ; & ſi je lui dis d'en ôter une de la droite pour mettre dans la gauche, qui eſt autant qu'il en reſtoit, les 6 étant ôtées, le reſte qui eſt dans la droite eſt 12, nombre double de 6 : ainſi je peux dire hardiment que cette perſonne a 12 pieces dans ſa main droite.

QUATORZIEME QUESTION.

Je ſuppoſe que je me trouvaſſe dans une compagnie de pluſieurs perſonnes , & qu'on me propoſât de deviner qui ſeroit celle à qui on auroit donné une bague, à quelle main & à quel doigt on l'auroit miſe.

Pour cet effet, je ferois ranger toutes les perſonnes par ordre, je me retirerois enſuite dans un lieu ſéparé de la compagnie, & dirois à l'un des ſpectateurs qui ſeroit debout, qu'il donnât l'anneau ou bague à la perſonne qu'il lui plairoit.

Ce qui étant fait, je lui dirois qu'il doublât le nombre des perſonnes , en comptant par l'un des deux bouts de la rangée, juſqu'à celle qui auroit la bague, qu'à ce nombre doublé il ajoutât 5 ; qu'il multipliât le nombre qui en viendroit par 5 , & qu'il ajoutât au produit total le nombre des doigts de la perſonne ſeulement qui a la bague.

Enſuite je demanderois quel nombre il

auroit, ce que m'ayant déclaré j'en fouftrairois 25, le refte me donneroit un certain nombre, dont la premiere figure me marqueroit le nombre des doigts, c'eft-à-dire, la figure qui feroit à droite, & le refte qui feroit à gauche, dénoteroit le nombre des perfonnes qui auroit la bague, c'eft la feptieme ou huitieme, comme on voit dans l'exemple & dans l'opération ci-après que c'eft la huitieme perfonne qui a ladite bague au neuvieme doigt.

Exemple de la Queftion ci-contre.

Je fuppofe que la huitieme perfonne ait la bague au neuvieme doigt, en comptant depuis la premiere perfonne proche la porte de la chambre, jufqu'à celle qui a la bague.

Je dis à une de la compagnie de doubler le nombre des perfonnes, il fe trouve 16, auxquels je fais ajouter 5, & multiplier le produit par 5 ; le produit eft 105, à quoi je lui dis de joindre le nombre des doigts, qui eft 9 ; le total donne 114 qu'il me déclare, & dont je fouftrais fecrettement 25, le refte eft 89, dont la premiere figure à droite qui eft 9, marque le nombre des doigts, & l'autre devant 9 qui eft 8, marque le nombre des perfonnes, c'eft-à-dire, que c'eft la huitieme perfonne qui a la bague au neuvieme doigt.

OPERATION.

8.me perſonne au 9.me doigt.
2

—————

16. produit de 8. doublé.
5. ajoutés.

—————

21. total.
5. multiplicateur.

—————

105. produit.
9. nombre des doigts ajoutés.

—————

114. produit total.
25. à ſouſtraire.

—————

perſonnes 8/9. nombre des doigts pour réponſe.

———————————————————

Remarquez que ſi les perſonnes étoient
rangées ſur la droite en entrant dans la chambre, la bague ſe ſeroit trouvée au doigt annulaire de la main droite de la huitieme perſonne, parce qu'en comptant par la perſonne la plus proche de la porte, juſqu'à celle
qui a la bague; on compte premierement par
le petit doigt de la main gauche de cette
perſonne qui a la bague juſqu'au neuvieme,
qui eſt le doigt annulaire de la main droite.
Et au contraire ſi les perſonnes étoient rangées ſur la gauche, en entrant dans la chambre, la bague ſe trouveroit au doigt annulaire de la main gauche de la même perſonne, attendu qu'en comptant par le bout de
la

la rangée, qui eſt du côté de la porte ; on commence à compter auſſi par le petit doigt de la main droite de la perſonne qui a la bague, & on arrive aſſez ſouvent au doigt annulaire de la main gauche, qui eſt le neuvieme doigt.

Q U I N Z I E M E Q U E S T I O N.

Dans le premier exemple j'ai fait connoître la perſonne qui avoit la bague, à quelle main & à quel doigt elle étoit, c'eſt-à-dire, dans la queſtion précédente ; mais dans cette queſtion-ci, je vais enſeigner à découvrir à quelle jointure ladite bague ſera miſe.

Je ſuppoſe qu'on eût mis la bague à la ſeconde jointure du quatrieme doigt de la douzieme perſonne, dont la rangée ſeroit ſur la droite en entrant dans la ſalle.

Pour deviner tout ce que deſſus, je fais doubler le nombre des perſonnes qui eſt 12, le double eſt 24, auxquels on ajoute 5 ; on a 29, que l'on multiplie par 5, le produit donne 145 ; enſuite je fais ajouter le nombre des jointures, qui eſt 2 au-devant de 145, c'eſt-à-dire, proche le 5, en cette ſorte 1452, & fais encore mettre ſous le même 5 le nombre des doigts qui eſt 4, l'addition qu'on en fait donne 1492 que l'on me déclare ; de ſorte que par le moyen de ce dernier nombre ſeulement, je dois découvrir la per-

F f f f

sonne qui a la bague, à quelle main, à quel doigt & à quelle jointure elle est mise ; aussi-tôt que l'on me déclare que le dernier nombre est 1492, je rentre dans la chambre d'où j'étois sorti, après avoir soustrait 250 de 1492, le reste, qui est 1242, me marque la personne, la main, le doigt & la jointure en cette sorte.

Premierement le 2 qui est à droite, me marque que c'est à la deuxieme jointure qu'est la bague, le 4 qui précéde le 2, marque que c'est au quatrieme doigt de la main gauche, & les deux autres figures qui précédent le 4, qui sont 12, marquent que c'est la douzieme personne. C'est pourquoi je peux dire hardiment à la douzieme personne qu'elle a la bague à la deuxieme jointure du quatrieme doigt de la main gauche.   *OPERATION.*

12.me pers. 4.me doigt, 2.me jointure.

     2
———————
   24. double.
    5. à ajouter.
———————
   29. à multiplier.
par..... 5
———————
145/2. jointures.
  4.   doigts.
———————
1492
 250. à soustraire.
———————
pers. 12/ 4 /2. jointure.
     doigts

AVERTISSEMENT.

Dans les deux précédentes questions, je vous ai fait voir la maniere qu'il falloit s'y prendre pour les opérer ; dans la premiere on souſtrait 25 du dernier produit, & dans la seconde 250, la raison de ceci est que dans la premiere question, on ne demande pas à découvrir à quelle jointure du doigt peut être la bague ; mais dans la seconde on cherche à la connoître ; c'est pourquoi vous obſerverez très-exactement ces deux exemples.

Voici une autre remarque qui n'est pas moins à obſerver que la précédente : quand vous aurez fait votre souſtraction, s'il se trouve un zero, au lieu de la figure qui doit marquer le nombre des doigts, vous devez être aſſuré que la bague est au dixieme doigt ; mais souvenez-vous auſſi d'avertir celui ou celle que vous avez prépoſé pour doubler, ajouter & multiplier, de ne point ajouter le nombre des doigts au nombre multiplié par 5, lorſqu'il ſaura que la bague sera au dixieme doigt, quoique vous lui diſiez de le faire, la question qui ſuit, ſuffit pour vous donner l'intelligence de tout ce qui vient d'être dit.

Suppoſé qu'on eût mis la bague à la troiſieme jointure du dixieme doigt de la cinquan tieme perſonne, dont la rangée ſeroit ſur la gauche en entrant dans la chambre.

Pour deviner où eſt ladite bague, je ſors de la chambre, en diſant que quelqu'un de la compagnie qui n'eſt point compris dans la rangée, double le nombre des perſonnes, qu'il y ajoute 5, qu'il multiplie le tout par 5, qu'il ajoute les jointures au produit & le nombre des doigts, (comme il eſt enſeigné aux précédentes queſtions); le tout fait 5253 qu'il me vient déclarer : ce qu'ayant appris, j'en ſouſtrais 250, le reſte eſt 5003, dont je retranche le 3 qui marque les jointures; le zero marque le dixieme doigt, & le reſte la cinquantieme perſonne ; de ſorte qu'en entrant dans la chambre, je demande à la cinquantieme perſonne la bague qu'elle a à la troiſieme jointure du petit doigt de la main gauche.

Remarquez que quoique j'aie dit d'ajouter le nombre des doigts, on ne l'a cependant pas ajouté, parce que j'ai averti ci-devant de ne le pas faire, lorſqu'on mettroit la bague au dixieme doigt.

OPÉRATION.

'50e. perſonne 10e. doigt 3.e jointure.

$$2$$

100. doublé.
5. à ajouter.

105. à multiplier.
par. . . . 5

5253. dernier produit.
250

perſ. 50/ o /3. jointure.
doigt

DIX-SEPTIEME QUESTIO...

Si vous voulez ſavoir combien quelqu'un aura dans ſa poche, dites-lui qu'il double le nombre d'écus, de livres ou de ſols qu'il pourra avoir, & qu'il multiplie ce nombre doublé par 5 ; le produit donnera un certain nombre qu'il vous déclarera, & dont vous tirerez la dixieme partie en vous - même ; cette dixieme vous donnera à connoître le nombre de ce qu'il aura dans ſa poche : comme ſi on avoit 12 écus, le double eſt 24, qui étant multiplié par 5, le produit donne 120, dont la dixieme partie eſt 12 pour réponſe.

DIX-HUITIEME QUESTION

pour découvrir une personne qui auroit caché quelque chose.

S'il arrivoit que dans une compagnie quelqu'un eût caché une tabatiere ou autre chose, & qu'il n'y eût qu'une personne qui l'eût vu, laquelle ne le voulat pas dire directement, promet seulement le doubler le rang que tient la personne, qui a pris la chose, d'ajouter 5 au nombre doublé, de multiplier le tout par 5, & de dire le produit de cette multiplication : il sera très-facile de connoître la personne, en retranchant la derniere figure du montant de cette multiplication, & soustrayant 2 de la premiere ou des premieres s'il y en a deux.

C'est la même chose que si on en ôtoit 25, & qu'en retranchant le zéro qui se trouveroit à la fin, c'est-à-dire, sur la droite ; je suppose que la septieme personne ait caché la chose.

OPERATION.

7.me personne.	Supposé qu'un quelqu'un eût pensé 25.
2	25. nombre pensé.
——	2
14	——
5. à ajouter.	50. nombre doublé.
——	5. à ajouter.
19	——
5. multiplic.	55. nombre à multiplier.
——	5. multiplicateur.
9/5	——
2. à soustraire.	275
——	25. à soustraire.
7.me personne.	——
	25/0. nombre pensé.

DIX-NEUVIEME QUESTION.

Nous sommes tant, une fois autant, la 1/2 de tant, le 1/4 d'autant & 1, cela fait cent, savoir, combien nous sommes, réponse, 36.

Pour répondre à cette question, il faut penser quel nombre il peut entrer pour faire cent, prenant tant, c'est-à-dire, tel nombre qu'on voudra, encore autant, la moitié d'autant, le quart de tant, & 1 qu'il faut ajouter au produit, de sorte que pour cette question, c'est 36. On peut en supposer d'autres sur le même systême.

OPERATION.

36. nombre que l'on est.
36. une fois autant.
18. la 1/2 de tant.
9. le 1/4. d'autant.
1. à ajouter.

———————————

100. Preuve.

———————————

Autre supposition.

Nous sommes tant, une fois autant, le tiers de tant, le cinquieme d'autant, & un tiers du cinquieme d'autant, le tout fait trente-neuf, savoir, combien nous sommes.

OPERATION.

15. nombre que l'on est.
15. une fois autant.
5. le 1/3 de tant.
3. le 1/5 d'autant.
1. le 1/3 du 1/5.me d'autant.

39. preuve.

Pour répondre à cette question, il n'y a qu'à multiplier les deux dénominateurs des deux dernieres fractions l'un par l'autre, le produit donnera le nombre que l'on est, comme 1/5 multiplié par 1/3 donne 15. pour le nombre que l'on est.

EXEMPLE.

1/5
1/3
___
11/15.

VINGTIEME QUESTION.

On propose de prendre le tiers & demi d'un entier, je dis que c'est la moitié, puisqu'il faut trois tiers pour faire un entier, comme par exemple le 1/3 & 1/2 de 8. est 4, par conséquent c'est la 1/2.

Opération pour la démonstration.

Nombre proposé. . . 8
Le 1/3 est. . . . . . 2 . . 2/3
Le 1/2 du 1/3 est. . 1 . . 1/3

ainsi le 1/3 & 1/2 de 8 est . . . 4.

Je

Je n'ai mis cette question que parce qu'un de mes éleves l'a proposée à un fameux Arithméticien, qui ne put y répondre, quoique dans le principe de cette question, il n'y a rien de difficile ; mais par le peu d'attention, & ne voulant peut-être pas répondre à une chose de si peu de conséquence, ne voulut pas le contenter.

VINGT-UNIEME · QUESTION.

Un homme a 7 enfans, chaque enfant a 7 habits ; dans chaque habit il y a 7 poches, & dans chaque poche il y a 7 deniers, ils ont dépensé 10 liv. on demande combien il leur reste. Réponse, 1 denier.

Pour operer cette régle, il faut multiplier les 7 enfans par les 7 habits, ce qui fait 49 ; ensuite il faut multiplier les 49 habits par 7 poches, ce qui fera 343 poches ; de plus, il faut multiplier les 343 poches par 7 deniers, il viendra au produit de cette multiplication 2401 deniers, qui étant divisés par 240 deniers, valeur de la livre, il viendra au quotient dix livres un denier, ci 10 l. o f. 1 den. Ce qui fait voir qu'il ne leur restera qu'un denier, après qu'ils auront payé leur dépense.

Ggg

OPERATION.

Multiplier	7. enfans.		240
par....	7. habits.	2401	———
		0001	10 l. 0 f. 1 d.
produit	49. habits.		
par....	7. poches.		*Réponse.*
produit	343. poches.		
par....	7. deniers.		
	2401. deniers.		

VINGT-DEUXIEME QUESTION.

On demande si on pourroit exprimer le nombre 4. par trois nombres impairs ; cette question embarrasseroit celui qui ne sauroit point les fractions. Pour y répondre, je mets 3 entiers avec 3/3, & je trouve 4, parce que 3 entiers valent 3, & 3/3 valent 1 entier qui font 4 ; ainsi l'on voit qu'on peut exprimer 4 par trois chiffres impairs.

Pour exprimer 12. par 4 chiffres impairs, cela est facile, il faut quatre 3, ci 3, 3, 3, 3, lesquels font 12, ou bien on peut encore se servir de 11, 1/1, qui sont aussi quatre nombres impairs, & qui font 12.

Pour exprimer 100 par quatre chiffres impairs, c'est 99. 9/9, ce sont quatre 9, qui font 100. On peut former beaucoup d'autres petites questions dans le même genre, & différemment.

QUESTION *sur l'addition.*

Un Particulier me proposa un jour une addition assez curieuse, que je n'ai pas voulu oublier de mettre ici dans mes questions récréatives. Et malgré que j'aie donné de toutes sortes de régles, j'ai voulu encore joindre les quatre principales régles, qui sont l'addition, la soustraction, la multiplication & la division; & encore la racine quarrée en matiere de récréation : tel j'ai commencé, tel je finis; car il me semble me divertir quand je suis occupé à l'Arithmétique.

Ce Particulier commença par me dire, qu'il auroit fait le montant ou produit d'une addition, sans qu'il sçût le nombre que je lui aurois proposé ; il me fit mettre la premiere rangée de chiffres ci-après, & lui fit le montant qui est au-dessous, sans savoir les chiffres que je mettrois.

EXEMPLE.

Ensuite de quoi il me dit de mettre 3. rangées de chiffres, tels que je voudrois sous la premiere que j'ai faite ci-contre ; je lui mis les suivantes,

    1478.
    2784.
    1721.

{ 2378

{ 32375

& lui y mit dessous les miens derniers, les trois nombres ci-après. 8521.
    7215.
    8278.

L'addition de tous ces nombres se trouva juste au produit, qu'il avoit donné, comme on le voit ci à côté.

Gggg ij

On demande comment il s'y prit pour réuſſir à cette opération : j'avois dit que je n'aurois point donné d'éclairciſſement à la fin de mes queſtions, ayant envie de faire un peu penſer le Lecteur. Mais cependant je ferai l'explication le plus clairement qu'il me ſera poſſible de celle-ci, l'ayant opéré après celui qui me l'a propoſée.

O P E R A T I O N.

Ma Ire poſition.   2278.   nombre propoſé.

Ma IIe poſition.   { 1478   2784   1721. }   nombres que je mis après qu'il eut fait le montant.

Sa IIe poſition.   { 8521.   7215.   8278. }   nombres qu'il mit après

Sa Ire poſition.   32375.   montant qu'il mit auſſi-tôt après ma premiere poſition ci-deſſus.

Pour opérer cette queſtion, il faut avoir un nombre dans l'idée tel que celui-ci, qui eſt 9 & 3, lequel il faut multiplier par 3 en ſon idée, & ſans le déclarer pour donner plus de difficulté à deviner comment on s'y eſt pris pour l'opération. Je dis donc en moi-même 3 fois 9 font 27, & 8 qu'il y a à droite du nombre propoſé font 35, je poſe 5 tout au bas, à une certaine diſtance (& vis-à-vis du 8) pour montant de l'addition

& retiens 3 : je continue, difant en mon
idée, 3 fois 9 font 27, & 3 que j'ai retenu
font 30, & 7, qui eft devant 8, font 37, je
pofe 7 audit montant ; je dis encore 3 fois
9 font 27, & 3 de retenu font 30, & 3 qui
eft devant 7, font 33, je pofe 3 & retiens 3.
Enfin je dis 3 fois 9 font 27, & 3 de retenu
font 30, & 2, qui eft devant 3, font 32, je
pofe 2 & avance 3, de forte que le produit
ou montant de l'addition eft 32375.

AVERTISSEMENT.

Si on propofoit d'ajouter quatre nombres, il faudroit dire 4 fois 9 font 36, &c.
de même fi on propofoit d'ajouter cinq nombres, il faudroit dire 5 fois 9 font 45, & continuer de prendre le nombre propofé, comme on a fait ci-deffus.

Enfuite après que j'ai eu pofé les trois
nombres, tels que je voulus fous le premier
nombre, fans penfer au nombre qu'il me
falloit, (pour en pofer trois autres nombres
à la fuite) j'ai fait une efpece de fouftraction, commençant par le premier chiffre à
gauche de mon premier nombre, qui eft fous
la petite raie, & difant 1 à aller à 9 il y a 8,
(que je pofe fous ledit 1) pour quatrieme
nombre. Je continue allant toujours de gauche à droite, & je dis 4 à aller à 9 eft 5, que
je pofe après 8. Je dis encore 7 à aller à 9,

il y a 2 que je pose après 5. Enfin je dis 8 à aller à 9 est 1, que je pose après 2, comme on voit ci-contre au nombre qu'il a mis. On s'y prend de la même maniere pour les deux autres nombres qui suivent en recommençant, & disant toujours de tant à aller à 9 est tant. Il en sera de même pour quelque nombre qu'il y ait, selon la proposition qui auroit été faite à y ajouter 4 ou 5 nombres. L'opération pour 3 nombres ci-contre, peut servir d'instruction pour tout autre nombre proposé, en suivant ce qui est dit à l'avertissement ci-devant.

Question sur la Soustraction.

On propose de soustraire la somme de 4769 l. 17 s. 7 d. sur celle de 7983 l. 16 s. 6 d. lesdites deux sommes étant disposées comme suit, & sans mettre les termes de dette, ni de paie, pour ne point donner à connoître ce que l'on fait. Réponse, il reste 3213 l. 18 s. 11 d.

Exemple et Operation.

```
4769 l. 17 s.  7 d.
7983 l. 16 s.  6 d.
_______________________

3213 l. 18 s. 11 d.
_______________________

4769 l. 17 s.  7 d.

7983 l. 16 s.  6 d.
```

Pour réfoudre cette queſtion, il faut ſouſtraire du bas au haut, diſant, qui de 6 d. paie 7 d. ne peut, il faut emprunter 1 ſ. & dire, qui de 18 paie 7, reſte 11, ainſi de ſuite juſqu'à la fin ; je n'ai que faire de l'expliquer, j'ai aſſez donné d'exemples de ſouſtractions ci-devant : la premiere preuve de celle-ci ſe fait en faiſant une autre ſouſtraction de la ſomme due avec celle qui reſte à payer pour trouver celle que l'on a payée ; la ſeconde preuve ſe fait en additionnant la ſomme qui reſte à payer avec celle que l'on a payée, pour trouver la ſomme principalement due. Voyez l'exemple & l'opération ci-contre.

QUESTION ſur la multiplication.

On propoſe de multiplier tout d'un coup, ou de faire un ſeul produit de 99999, multipliés par 9999. Réponſe, c'eſt 999890001.

OPERATION.

```
Multiplier. . . . . 99999. multiplicande.
Par . . . .   9999. multiplicateur.
─────────────────────────────────────
    999890001. produit.
```

Pour réfoudre cette queſtion à multiplier tout d'un coup, & ne faire qu'un produit général, il faut multiplier le premier 9 du multiplicande, de droite à gauche par le

premier 9 du multiplicateur, auſſi de droite
à gauche, diſant 9 fois 9 ſont 81. Il faut
poſer 1 & retenir 8 dans ſon idée, ſouſtraire
tous les 9 du multiplicande au multiplicateur autant qu'il y en a à la propoſition ; &
quand on a fini ou qu'il n'y en a plus à ſouſtraire, il faut mettre à la ſuite le 8 que l'on
a retenu dans ſon idée, & poſer tous les 9
qui ſe trouvent après le premier 9 de droite
à gauche qui eſt au multiplicateur : le produit donne 999890001. Voyez l'opération
de l'autre part, on peut en propoſer d'autres par tels nombres de 9, que l'on jugera
à propos, tant au multiplicande qu'au multiplicateur, exécutant le même ordre qu'il
eſt ci-deſſus expliqué.

QUESTION ſur la diviſion.

On demande ſi lorſqu'on diviſe un nombre pour un autre, le quotient peut être plus
grand que la ſomme qu'on a diviſée. Réponſe, cela ſe peut ; comme par exemple, ſi on
diviſe 15 par 2/3, on aura au quotient 22.
1/2, lequel nombre eſt plus grand que le
nombre propoſé 15 ; de même auſſi diviſez
5/7 par 3/8, il y aura au quotient 1. entier,
& 19/21 qui eſt plus grand que 5/7 & 3/8 ;
car un entier contient 7/7 ou 8/8.

OPERATION.

OPERATION.

Diviser 15. par 2/3

$$\begin{array}{l} 3 \\ \hline 45 \\ 1 \\ \hline 2 \end{array} \left\{ \begin{array}{l} 2 \\ \hline 22.\ 1/2 \\ \textit{Réponse.} \end{array} \right.$$

Diviser 5/7 par 3/8.

$$\begin{array}{l} 8/3 \\ \hline 40 \\ 19 \\ \hline 21 \end{array} \left\{ \begin{array}{l} 21 \\ \hline 1.\ \text{ent.}\ 19/21 \\ \textit{Réponse.} \end{array} \right.$$

QUESTION *sur la racine quarrée.*

Il a été dépensé trente sols un denier : on demande combien ils ont été de personnes à dépenser lesdits 30 sols 1 denier, à ne pas mettre les uns plus que les autres. Réponse, 19. personnes.

OPERATION.

1 l. 10 s. 1 d.	2 00	19. personnes
20	3,61	& 19. deniers.
30	1,29	
12		
361. deniers.		

PREUVE.

19. personnes.
A. . . . . . . 1 s. 7 d.

0 — 19 s.
9 — 6
1 — 7

1 l. 10 s. 1 d.

Hhhh

Pour opérer cette question, il faut réduire 1 l. 10 f. 1 d. en fols & en deniers, comme on voit ci-devant, ce qui fera 361 deniers, defquels il faut en prendre la racine, qui eft 19 jufte & fans refte, & 361 eft un nombre quarré, dont la racine eft 19; car 19 fois 19 font 361, d'où je conclus qu'ils ont été 19 perfonnes à dépenfer 1 l. 10 f. 1 d. & qu'ils ont mis & contribué chacun pour leur part 19 deniers ou 1 fol 7 deniers.

FIN.

TABLE

De ce qui eft contenu dans le préfent Traité.

PREMIERE PARTIE.

Différentes Additions.

TABLE.

QUESTIONNAIRE *sur les précédentes Régles.*

SECONDE PARTIE.

Fin de la Table.

De l'Imprimerie de GRANGÉ, rue de la Parcheminerie.